海洋天然气水合物开采基础理论与技术丛书

海洋天然气水合物开采热电参数评价及应用

陈　强　刘昌岭　吴能友 等　著

科学出版社

北　京

内容简介

本书是作者近年来在海洋含天然气水合物岩心热学性质和电学参数实验研究领域的成果总结，既提供了大量翔实的实验模拟与数值模拟结果，又结合我国海洋天然气水合物勘探开发最新进展，综合研究形成一批原创性理论和技术成果。

本书可供从事天然气水合物勘探开发的科研人员和相关专业的研究生参考。

图书在版编目(CIP)数据

海洋天然气水合物开采热电参数评价及应用 / 陈强等著. —北京：科学出版社，2022. 3

（海洋天然气水合物开采基础理论与技术丛书）

ISBN 978-7-03-071946-1

Ⅰ. ①海… Ⅱ. ①陈… Ⅲ. ①海洋-天然气水合物-气田开发-数值模拟-研究 Ⅳ. ①TE5

中国版本图书馆CIP数据核字（2022）第049193号

责任编辑：焦 健 韩 鹏 李亚佩 / 责任校对：何艳萍

责任印制：吴兆东 / 封面设计：北京图阅盛世

科学出版社出版

北京东黄城根北街16号

邮政编码：100717

http://www.sciencep.com

北京中科印刷有限公司 印刷

科学出版社发行 各地新华书店经销

*

2022年3月第 一 版 开本：787×1092 1/16

2022年3月第一次印刷 印张：13 3/4

字数：326 000

定价：188.00 元

（如有印装质量问题，我社负责调换）

"海洋天然气水合物开采基础理论与技术丛书"
编　委　会

丛书序一

为了适应经济社会高质量发展，我国对加快能源绿色低碳转型升级提出了重大战略需求，并积极开发利用天然气等低碳清洁能源。同时，我国石油和天然气的对外依存度逐年攀升，目前已成为全球最大的石油和天然气进口国。因此，加大非常规天然气勘探开发力度，不断提高天然气自主供给能力，对于实现我国能源绿色低碳转型与经济社会高质量发展、有效保障国家能源安全等具有重大意义。

天然气水合物是一种非常规天然气资源，广泛分布在陆地永久冻土带和大陆边缘海洋沉积物中。天然气水合物具有分布广、资源量大、低碳清洁等基本特点，其开发利用价值较大。海洋天然气水合物多赋存于浅层非成岩沉积物中，其资源丰度低、连续性差、综合资源禀赋不佳，安全高效开发的技术难度远大于常规油气资源。我国天然气水合物开发利用正处于从资源调查向勘查试采一体化转型的重要阶段，天然气水合物领域的相关研究与实践备受关注。

针对天然气水合物安全高效开发难题，国内外尽管已经提出了降压、热采、注化学剂、二氧化碳置换等多种开采方法，并且在世界多个陆地冻土带和海洋实施了现场试验，但迄今为止尚未实现商业化开发目标，仍面临着技术挑战。比如，我国在南海神狐海域实施了两轮试采，虽已证明水平井能够大幅提高天然气水合物单井产能，但其产能增量仍未达到商业化开发的目标要求。再比如，目前以原位降压分解为主的天然气水合物开发模式，仅能证明短期试采的技术可行性，现有技术装备能否满足长期高强度开采需求和工程地质安全要求，仍不得而知。为此，需要深入开展相关创新研究，着力突破制约海洋天然气水合物长期安全高效开采的关键理论与技术瓶颈，为实现海洋天然气水合物大规模商业化开发利用提供理论与技术储备。

因此，由青岛海洋地质研究所吴能友研究员牵头，并联合多家相关单位的专家学者，编著出版“海洋天然气水合物开采基础理论与技术丛书”，恰逢其时，大有必要。该丛书由6部学术专著组成，涵盖了海洋天然气水合物开采模拟方法与储层流体输运理论、开采过程中地球物理响应特征、工程地质风险调控机理等方面的内容，是我国海洋天然气水合物开发基础研究与工程实践相结合的最新成果，也是以吴能友研究员为首的海洋天然气水合物开采科研团队“十三五”期间相关工作的系统总结。该丛书的出版标志着我国在海洋天然气水合物开发基础研究方面取得了突破性进展。我相信，这部丛书必将有力推动我国海洋天然气水合物资源开发利用向产业化发展，促进相应的学科建设与发展及专业人才培养与成长。

中国科学院院士

2021年10月

丛书序二

欣闻青岛海洋地质研究所联合国内多家单位科学家编著完成的“海洋天然气水合物开采基础理论与技术丛书”即将由科学出版社出版，丛书主编吴能友研究员约我为丛书作序。欣然应允，原因有三。

其一，天然气水合物是一种重要的非常规天然气，资源潜力巨大，实现天然气水合物安全高效开发是全球能源科技竞争的制高点，也是一个世界性难题。世界上很多国家都相继投入巨资进行天然气水合物勘探开发研究工作，目前国际天然气水合物研发态势已逐渐从资源勘查向试采阶段过渡。美国、日本、德国、印度、加拿大、韩国等都制定了各自的天然气水合物研究开发计划，正在加紧调查、开发和利用研究。目前，加拿大、美国和日本已在加拿大麦肯齐三角洲、美国阿拉斯加北坡两个陆地多年冻土区和日本南海海槽一个海域实施天然气水合物试采。我国也已经实现了两轮水合物试采，尤其是在我国第二轮水合物试采中，首次采用水平井钻采技术，攻克了深海浅软地层水平井钻采核心关键技术，创造了“产气总量”“日均产气量”两项世界纪录，实现了从“探索性试采”向“试验性试采”的重大跨越。我多年来一直在能源领域从事勘探开发研究工作，深知天然气水合物领域取得突破的艰辛。“海洋天然气水合物开采基础理论与技术丛书”从海洋天然气水合物开采的基础理论和多尺度研究方法开始，再详细阐述开采储层的宏微观传热传质机理、典型地球物理特性的多尺度表征，最后涵盖海洋天然气水合物开采的工程与地质风险调控等，是我国在天然气水合物能源全球科技竞争中抢占先机的重要体现。

其二，推动海洋天然气水合物资源开发是瞄准国际前沿，建设海洋强国的战略需要。2018年6月12日，习近平总书记在考察青岛海洋科学与技术试点国家实验室时强调：“海洋经济发展前途无量。建设海洋强国，必须进一步关心海洋、认识海洋、经略海洋，加快海洋科技创新步伐。”天然气水合物作为未来全球能源发展的战略制高点，其产业化开发利用核心技术的突破是构建“深海探测、深海进入、深海开发”战略科技体系的关键，将极大地带动和促进我国深海战略科技力量的全面提升和系统突破。天然气水合物资源开发是一个庞大而复杂的系统工程，不仅资源、环境意义重大，还涉及技术、装备等诸多领域。海洋天然气水合物资源开发涉及深水钻探、测井、井态控制、钻井液/泥浆、出砂控制、完井、海底突发事件响应和流动安全、洋流影响预防、生产控制和水/气处理、流量测试等技术，是一个高技术密集型领域，充分反映了一个国家海洋油气工程的科学技术水平，是衡量一个国家科技和制造业等综合水平的重要标志，也是一个国家海洋强国的直接体现。“海洋天然气水合物开采基础理论与技术丛书”第一期计划出版6部专著，不仅有基础理论研究成果，而且涵盖天然气水合物开采岩石物理模拟、热电参数评价、出砂管控、力学响应与稳定性分析技术，对推动天然气水合物开采技术装备进步具有重要作用。

其三，青岛海洋地质研究所是国内从事天然气水合物研究的专业机构之一，近年来在天然气水合物开采实验测试、模拟实验和基础理论、前沿技术方法研究方面取得了突出成绩。早在21世纪初，青岛海洋地质研究所天然气水合物实验室就成功在室内合成天然气水合物样品，并且基于实验模拟获得了一批原创性成果，强有力地支撑了我国天然气水合物资源勘查。2015年以来，青岛海洋地质研究所作为核心单位之一，担负起中国地质调查局实施的海域天然气水合物试采重任，建立了国内一流、世界领先的实验模拟与实验测试平台，组建了多学科交叉互补、多尺度融合的专业团队，围绕水合物开采的储层传热传质机理、气液流体和泥砂产出预测、物性演化规律及其伴随的工程地质风险等关键科学问题开展研究，创建了水合物试采地质-工程一体化调控技术，取得了显著成果，支撑我国海域天然气水合物试采取得突破。“海洋天然气水合物开采基础理论与技术丛书”对研究团队取得的大量基础理论认识和技术创新进行了梳理和总结，并与广大从事天然气水合物研究的同行分享，无疑对推进我国天然气水合物开发产业化具有重要意义。

总之，“海洋天然气水合物开采基础理论与技术丛书”是我国近年来天然气水合物开采基础理论和技术研究的系统总结，基础资料扎实，研究成果新颖，研究起点高，是一份系统的、具有创新性的、实用的科研成果，值得郑重地向广大读者推荐。

中国工程院院士

2021年10月

丛 书 前 言

天然气水合物（俗称可燃冰）是一种由天然气和水在高压低温环境下形成的似冰状固体，广泛分布在全球深海沉积物和陆地多年冻土带。天然气水合物资源量巨大，是一种潜力巨大的清洁能源。20 世纪 60 年代以来，美、加、日、中、德、韩、印等国纷纷制定并开展了天然气水合物勘查与试采计划。海洋天然气水合物开发，对保障我国能源安全、推动低碳减排、占领全球海洋科技竞争制高点等均具有重要意义。

我国高度重视天然气水合物开发工作。2015 年，中国地质调查局宣布启动首轮海洋天然气水合物试采工程。2017 年，首轮试采获得成功，创造了连续产气时长和总产气量两项世界纪录，受到党中央国务院贺电表彰。2020 年，第二轮试采采用水平井钻采技术开采海洋天然气水合物，创造了总产气量和日产气量两项新的世界纪录。由此，我国的海洋天然气水合物开发已经由探索性试采、试验性试采向生产性试采、产业化开采阶段迈进。

扎实推进并实现天然气水合物产业化开采是落实党中央国务院贺电精神的必然需求。我国南海天然气水合物储层具有埋藏浅、固结弱、渗流难等特点，其安全高效开采是世界性难题，面临的核心科学问题是储层传热传质机理及储层物性演化规律，关键技术难题则是如何准确预测和评价储层气液流体、泥砂的产出规律及其伴随的工程地质风险，进而实现有效调控。因此，深入剖析海洋天然气水合物开采面临的关键基础科学与技术难题，形成体系化的天然气水合物开采理论与技术，是推动产业化进程的重大需求。

2015 年以来，在中国地质调查局、青岛海洋科学与技术试点国家实验室、国家专项项目“水合物试采体系更新”（编号：DD20190231）、山东省泰山学者特聘专家计划（编号：ts201712079）、青岛创业创新领军人才计划（编号：19-3-2-18-zhc）等机构和项目的联合资助下，中国地质调查局青岛海洋地质研究所、广州海洋地质调查局，中国科学院广州能源研究所、武汉岩土力学研究所、力学研究所，中国地质大学（武汉）、中国石油大学（华东）、中国石油大学（北京）等单位的科学家开展联合攻关，在海洋天然气水合物开采流固体产出调控机理、开采地球物理响应特征、开采工程地质风险评价与调控等领域取得了三个方面的重大进展。

（1）揭示了泥质粉砂储层天然气水合物开采传热传质机理：发明了天然气水合物储层有效孔隙分形预测技术，准确描述了天然气水合物赋存形态与含量对储层有效孔隙微观结构分形参数的影响规律；提出了海洋天然气水合物储层微观出砂模式判别方法，揭示了泥质粉砂储层微观出砂机理；创建了海洋天然气水合物开采过程多相多场（气-液-固、热-渗-力-化）全耦合预测技术，刻画了储层传热传质规律。

（2）构建了天然气水合物开采仿真模拟与实验测试技术体系：研发了天然气水合物钻采工艺室内仿真模拟技术；建立了覆盖微纳米、厘米到米，涵盖水合物宏-微观分布与动态聚散过程的探测与模拟方法；搭建了海洋天然气水合物开采全流程、全尺度、多参量仿真模拟与实验测试平台；准确测定了试采目标区储层天然气水合物晶体结构与组成；精细刻画了储层声、电、力、热、渗等物性参数及其动态演化规律；实现了物质运移与三相转化过程仿真。

（3）创建了海洋天然气水合物试采地质-工程一体化调控技术：建立了井震联合的海洋天然气水合物储层精细刻画方法，发明了基于模糊综合评判的试采目标优选技术；提出了气液流体和泥砂产出预测方法及工程地质风险评价方法，形成了泥质粉砂储层天然气水合物降压开采调控技术；创立了天然气水合物开采控砂精度设计、分段分层控砂和井底堵塞工况模拟方法，发展了天然气水合物开采泥砂产出调控技术。

为系统总结海洋天然气水合物开采领域的基础研究成果，丰富海洋天然气水合物开发理论，推动海洋天然气水合物产业化开发进程，在高德利院士、孙金声院士等专家的大力支持和指导下，组织编写了本丛书。本丛书从海洋天然气水合物开采的基础理论和多尺度研究方法开始，进而详细阐述开采储层的宏微观传热传质机理、典型地球物理特性的多尺度表征，最后介绍海洋天然气水合物开采的工程与地质风险调控等，具体包括：《海洋天然气水合物开采基础理论与模拟》《海洋天然气水合物开采储层渗流基础》《海洋天然气水合物开采岩石物理模拟及应用》《海洋天然气水合物开采热电参数评价及应用》《海洋天然气水合物开采出砂管控理论与技术》《海洋天然气水合物开采力学响应与稳定性分析》等六部图书。

希望读者能够通过本丛书系统了解海洋天然气水合物开采地质-工程一体化调控的基本原理、发展现状与未来科技攻关方向，为科研院所、高校、石油公司等从事相关研究或有意进入本领域的科技工作者、研究生提供一些实际的帮助。

由于作者水平与能力有限，书中难免存在疏漏、不当之处，恳请广大读者批评指正。

吴能友

自然资源部天然气水合物重点实验室主任

2021 年 10 月

前　言

天然气水合物（俗称可燃冰）是一种潜力巨大的清洁能源。我国高度重视天然气水合物开发工作，并于2015年正式启动海洋天然气水合物试采工程，在中国地质调查局的主导下分别于2017年和2020年先后成功实施探索性开采和试验性开采，将我国天然气水合物产业化开发能力推向世界领先水平。为系统总结2015年以来天然气水合物开采领域的基础研究成果，并更好地服务未来海洋天然气水合物产业化开发工作，在高德利院士、孙金声院士等专家的大力支持和指导下，吴能友研究员组织编写了“海洋天然气水合物开采基础理论与技术丛书”。

丛书第一阶段由六部专著组成，本书是丛书第四部，主要介绍海洋含天然气水合物岩心的热学性质和电学参数在天然气水合物形成分解过程中的演化规律。众所周知，天然气水合物的成藏演化与其储层热力学环境密不可分，同时天然气水合物动态聚散又伴随着显著的热交换行为，并且直接对开采效率产生影响。因此，天然气水合物储层热学性质既能有效反映其热动力学过程，又是评价天然气水合物储层产气潜力、预测天然气水合物开采传质传热规律的重要线索；含天然气水合物岩心电学参数不论在前期的资源勘查还是在开采中的动态监测等方面都可发挥巨大的作用。电阻率测井一直是天然气水合物资源勘查与评价的重要手段，储层中不同分布类型和含量的天然气水合物是改变电阻率响应的最主要因素。而随着研究的深入，以电阻率数据为基础的成像技术在天然气水合物储层动态演化监测方面显示出巨大的应用潜力。此外，近年来将电化学技术引入含天然气水合物岩心测试，结果表明复电阻率在剖析天然气水合物形成分解机制以及储层饱和度估算等方面有独特的优势。

本书共分为七章：第一章绪论，主要对含天然气水合物岩心的热电参数类型、测试原理和主要技术手段进行介绍；第二章含天然气水合物岩心分解热效应测试与应用，主要以天然气水合物反应热为线索，探讨其热力学稳定性、储层在天然气水合物分解过程中的传热特征和天然气水合物分解动力学规律；第三章含天然气水合物岩心热导率测试与影响因素，聚焦含天然气水合物岩心导热能力随天然气水合物饱和度的变化，在此基础上对天然气水合物加热法开采的传热过程进行模拟与评价；第四章天然气水合物热激法开采实验，介绍不同实验条件组合下分别以电加热和注热水两种手段获得的天然气水合物产气产水模拟实验结果，据此为优化天然气水合物开采技术提出建议；第五章含天然气水合物岩心电阻率主控因素研究，在含天然气水合物岩心电阻率测试与模拟实验技术的基础上，结合微观测试结果提出了电阻率响应特征与天然气水合物在岩心孔隙中的分布模式的相关关系，据此对沉积物中天然气水合物饱和度计算模型进行分析和优化；第六章含天然气水合物岩心电阻率成像技术与应用，重点介绍针对含天然气水合物岩心的电阻率成像正演反演模型的建立和优化，并通过模拟实验手段对成像技术的准确性和可靠性进行验证，旨在为发展新型天然气水合物储层动态监测技术提供技术支撑；第七章含天然气水合物岩心复电阻率响应特征，将电化学分析测试手段引入天然气水合物模拟实验研究，获得不同条件下天然气水合物生成分解的复电阻率变化特征，进而讨论含天然气水合物岩心变化过程的频率散射机理和规律，结合经典的复电阻率模型提出新的天然气水合物饱和度计算方法。

本书的组织和编写得到了国内天然气水合物研究领域的同行专家的大力支持，陈强正高级工程师负责全书的组织和统稿工作，吴能友研究员和刘昌岭研究员为书稿提供了大量数据和材料，邹长春教授在实验数据的分析和解释方面给予了大量的指导，撰写过程中得到了青岛海洋地质研究所、中国地质大学（北京）、中国石油大学（华东）等单位科学家的大力支持。各章编著分工如下：第一章由陈强、吴能友、李彦龙完成；第二章由吴能友、刘昌岭、陈强完成；第三章由刘昌岭、陈强、岳英杰完成；第四章由孙建业、刘昌岭、吴能友完成；第五章由陈强、陈国旗、刘昌岭完成；第六章由邹长春、李彦龙、苗雨坤、刘洋完成；第七章由吴能友、邢兰昌、王彩程、陈强完成。全书图表编排由孙建业、刘洋、郝锡荦完成；全书内容校验与修改得到了李彦龙、李承峰、黄丽、郝锡荦、孟庆国、卜庆涛等项目组同事的大力支持。同时，感谢胡高伟、万义钊、刘乐乐、张永超等团队成员对图书撰写所提供的宝贵建议。

本书的出版得到了国家专项项目“水合物测试技术更新”（编号：DD20221704）、山东省泰山学者特聘专家计划（编号：ts201712079）、山东省自然科学基金重点项目“海洋天然气水合物开采工程储层电阻率成像实时监控技术研发”（编号：ZR2020KE026）、青岛创业创新领军人才计划（编号：19-3-2-18-zhc）的联合资助，特致谢意。

希望读者能够通过本书获得海洋天然气水合物热学与电学研究与发展的启发，为科研院所、高校、石油公司等从事相关研究或有意进入本领域的科技工作者、研究生提供一些实际的帮助。由于作者水平与能力有限，书中难免存在疏漏、不妥之处，恳请广大读者不吝赐教，批评指正。

陈　强

2022 年 1 月

目　　录

丛书序一
丛书序二
丛书前言
前言
第一章　绪论 …… 1
　第一节　含天然气水合物岩心主要热学参数概述 …… 1
　第二节　含天然气水合物岩心主要电学参数概述 …… 7
　参考文献 …… 13
第二章　含天然气水合物岩心分解热效应测试与应用 …… 17
　第一节　基于 HP DSC 技术的天然气水合物分解热研究 …… 17
　第二节　天然气水合物分解热效应研究与应用 …… 26
　参考文献 …… 48
第三章　含天然气水合物岩心热导率测试与影响因素 …… 51
　第一节　含天然气水合物岩心热导率测试技术 …… 51
　第二节　含天然气水合物岩心热导率与天然气水合物饱和度相关关系 …… 58
　第三节　天然气水合物储层热扩散特性实验 …… 69
　参考文献 …… 74
第四章　天然气水合物热激法开采实验 …… 75
　第一节　天然气水合物热激法开采现状 …… 75
　第二节　天然气水合物热激法开采实验设计 …… 77
　第三节　天然气水合物电加热开采实验 …… 79
　第四节　天然气水合物注热水开采实验 …… 82
　参考文献 …… 91
第五章　含天然气水合物岩心电阻率主控因素研究 …… 93
　第一节　含天然气水合物岩心电阻率实验模拟研究进展 …… 93
　第二节　含天然气水合物岩心电阻率传感器设计 …… 101
　第三节　岩心电阻率与天然气水合物饱和度相关关系 …… 106
　第四节　天然气水合物微观分布与岩心电阻率响应 …… 111
　第五节　天然气水合物饱和度与岩心电阻率关系模型 …… 132
　参考文献 …… 140
第六章　含天然气水合物岩心电阻率成像技术与应用 …… 145
　第一节　含天然气水合物岩心井间电阻率成像实验 …… 145
　第二节　含天然气水合物岩心二维电阻层析成像实验 …… 165

参考文献 …… 174
第七章　含天然气水合物岩心复电阻率响应特征 …… 176
第一节　含天然气水合物岩心复电阻率实验 …… 176
第二节　天然气水合物生成分解过程复电阻率特征 …… 179
第三节　含天然气水合物岩心复电阻率频散特性分析 …… 182
第四节　含天然气水合物岩心复电阻率模型研究 …… 189
参考文献 …… 204

第一章　绪　　论

海洋天然气水合物是指一定条件下（温度、压力、气体组分及饱和度、孔隙水盐度等）由水分子和甲烷等天然气分子组成的似冰状且非化学计量的笼形晶体化合物（Sloan，1998），广泛分布于海洋大陆架边缘海。已有调查研究结果表明，具有开采价值的“资源级”海洋天然气水合物的总量约为 $2.8\times10^{14}m^3$（Boswell et al.，2011）。巨大的资源潜力使天然气水合物成为接替常规石油、天然气的新型能源，引起了世界各国的重视，纷纷制定并开展了天然气水合物资源勘查与开发工作。

1969 年，苏联首次在西西伯利亚冻土带的麦索亚哈气田尝试过冻土区的天然气水合物开采。2002～2012 年，加拿大和美国相继在麦肯齐三角洲和阿拉斯加北坡等冻土区开展四次天然气水合物试采（吴能友等，2013），但产气量极小，仅达到了开采方法评价的目的。2013 年开始，日本和中国开始主导海洋天然气水合物开采并相继取得跨越性进展（Konno et al.，2017；Li et al.，2018），2020 年中国在南海神狐海域（叶建良等，2020），攻克钻井井口稳定性、水平井定向钻进、储层增产改造与防砂、精准降压等一系列难题，实现连续产气 30 天，总产气量 $86.14\times10^4m^3$，日均产气量 $2.87\times10^4m^3$，为天然气水合物产业化开发点亮胜利的曙光。

然而，随着天然气水合物试采的进程不断推进，对天然气水合物储层的精细刻画、开采产能的有效评价、开采过程的有效监控等研究需求也愈发强烈。海洋天然气水合物开采热电参数评价及应用对上述需求有直接且坚实的支撑，有必要开展从实验到现场等不同尺度的综合研究。

第一节　含天然气水合物岩心主要热学参数概述

一、天然气水合物反应热

天然气水合物是由甲烷等天然气分子在低温高压环境下与水分子结合形成的笼形固体。维持天然气水合物稳定的临界温度、压力符合一定的函数关系，该函数形成的温压曲线被称为天然气水合物相平衡曲线（图 1.1）。

气源充足的条件下，当温度、压力条件在相平衡条件以内时，天然气和水可以持续生成天然气水合物；而当温度、压力条件超出相平衡条件，天然气水合物则分解释放出天然气和水，该过程如式（1.1）所示。值得注意的是，天然气水合物生成过程会释放出大量热量，分解过程则需要吸收额外的热能从而破坏分子间作用力。

$$\text{NG(气相)} + H_2O\text{(液相)} \xrightarrow[\text{分解}]{\text{生成}} \text{NG}\cdot nH_2O\text{(固相)} \pm Q_{\text{反应}} \tag{1.1}$$

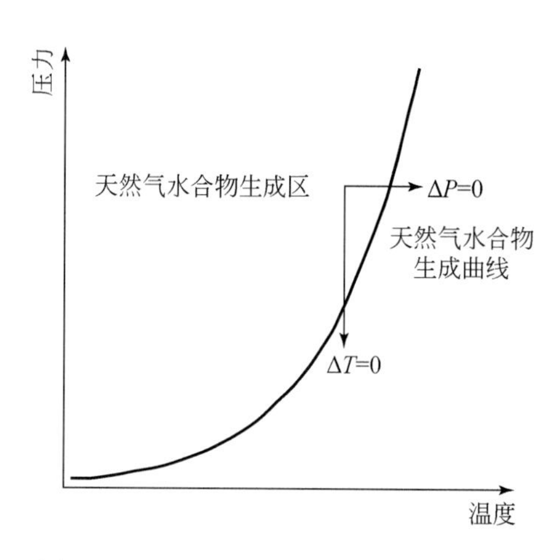

图 1.1　天然气水合物相平衡曲线示意图

为了区别反应过程的热量变化是吸收还是放出，一般在反应热 Q 之前用“+”表示放热，“-”表示吸热。

起初，天然气水合物分解热受高压低温环境的限制不能直接测出，研究人员将相平衡与热力学数据代入克拉伯龙方程求解分解热。Sabil 等（2010）研究了二氧化碳（CO_2）和四氢呋喃（THF）水合物的稳定条件，并将实验获得的相平衡数据结合克拉珀龙方程计算出不同组分水合物的分解热，并指出 CO_2 水合物在一定的温度区间内分解热在 56.85 ~ 75.37kJ/mol，而混入不同比例的 THF 水合物后，体系分解热范围在 112.37 ~ 152.27kJ/mol。李栋梁等（2008）同样利用相平衡数据和克拉伯龙方程计算了甲烷（CH_4）-四丁基溴化铵（TBAB）水合物的分解热，结果表明 CH_4-TBAB 水合物的分解热远大于纯 TBAB 水合物，并且其变化范围与 TBAB 浓度有关。董福海等（2008）基于能量守恒对反应系统进行热量衡算，从而计算出天然气水合物分解热，提出了采用混合量热技术确定常压下天然气水合物分解热的实验方法，并给出了 THF 水合物和一氟二氯乙烷水合物的分解热计算结果。

近年来，使用量热仪进行天然气水合物分解热测量成为主要手段，开始阶段仍以常压下的天然气水合物分解热测量为主。Kang 等（2001）通过量热技术测量了常压下 CO_2-N_2 混合气体以及 CO_2-N_2-THF 水合物的分解热，结果表明 THF 成分的加入提高了混合气体水合物的稳定性并降低了水合物的分解热，并指出客体分子的含量对混合气体水合物分解热影响不大。

随着测试技术的发展，克服天然气水合物高压低温相平衡条件限制的量热仪逐渐成熟，其中比较成熟的是高压差示扫描量热仪（HP DSC）。它是在程序控制温度下，测量物质的物理性质与温度关系的一种装置（图 1.2），测量过程中仪器记录输入到试样和参比物的热流量差或功率差与温度或时间的关系，通过系列计算获得物理、化学变化过程中吸热、放热、热熔等参数的定量或定性信息（Liu et al.，2009）。

HP DSC 可以在高压环境下完成天然气水合物相态变化过程中的热流测量，进而直接获得不同成分的天然气在各种反应条件下形成天然气水合物的反应热。同时，其具有样品

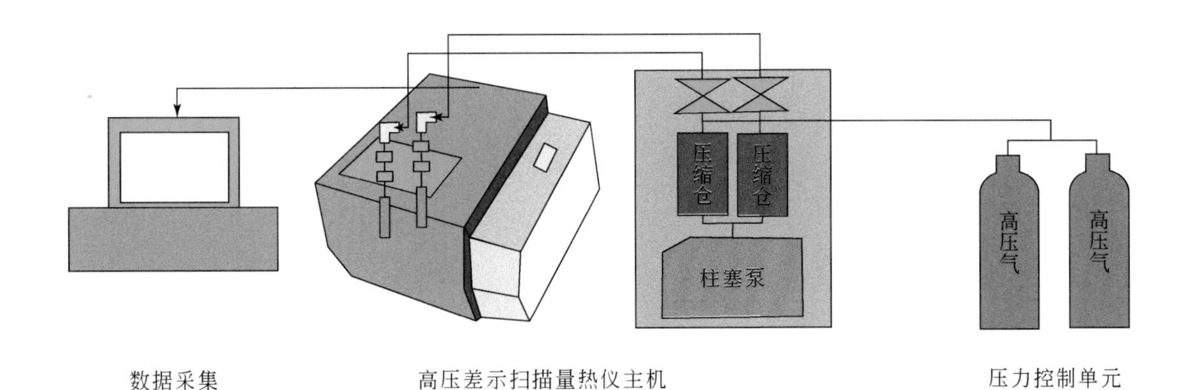

图 1.2 高压差示扫描量热仪结构示意图

需求小，测量精度高，温度、压力控制范围大等优点。完成一次天然气水合物模拟实验只需要 30mg 左右的水；模拟天然气水合物反应的高压池能够在 40MPa 以内的压力环境中，完成变温速率 0.001～1.2℃/min 的升降温实验，控温范围是-40～120℃。

Le Parlouër 等（2004）用 HP DSC 测量了几种常见天然气水合物的分解热，测量结果见表 1.1。

表 1.1 天然气水合物分解热测量结果

气体种类	温度/K	分解热/(kJ/mol)	
		H（天然气水合物）→I（冰）+G（气）	H（天然气水合物）→L（液体）+G（气体）
CH_4	160～210	18.13+0.27	54.19+0.28
C_2H_6	190～250	25.70+0.37	71.80+0.38
C_3H_8	210～260	27.00+0.33	129.2+0.4
$(CH_3)_3CH$	230～260	31.07+0.20	133.2+0.3

二、含天然气水合物岩心热导率

不同物质具有不同接受和传递热量的能力，这是热导率的原始表述。固体导热主要通过电子运动导热和格波（晶格的振动具有波的形式）导热。在电绝缘体和一般半导体中，晶格振动是最重要的热传导载体。晶格导热与气体导热存在相似之处。热量是由分子的热运动引发的相互碰撞传递的。将晶格振动的能量量子定义为“声子”，温度高的地方声子密度大，温度低的地方声子密度小。当介质中存在温度梯度时，声子产生定向扩散运动，宏观上表现为介质的热传导。

Ⅰ型和Ⅱ型天然气水合物具有相近的声子密度，因此通常认为Ⅰ型和Ⅱ型天然气水合物的热导率比较相近。热导率可以用式（1.2）来表示：

$$\lambda = Cvl \tag{1.2}$$

式中：λ 为介质热导率；C 为容积热容量；v 为声子运动平均速度；l 为声子的平均自由行程。

声子之间的相互碰撞和固体中的缺陷对声子的阻碍，都会造成声子的散射，是热阻的主要来源。天然气水合物中的客体分子对声子存在散射作用。天然气水合物的热导率较之冰的热导率明显偏低，目前分析其原因有两点：一是天然气水合物特殊的笼形结构；二是客体分子的低频振动和快速移动引起声子散射。

热导率是衡量热量传递效率的指标。在含天然气水合物沉积物中热传导路径主要由三部分构成，分别是颗粒-颗粒、颗粒-液体-颗粒和孔隙水。热导率计算过程中通常不需要精确地分析每条传递路线热能贡献，而是应用两相混合模型将沉积物颗粒与孔隙水的热导率进行叠加。然而导热体系中出现气相则会加大热导率计算的难度。此时水在导热体系中将产生巨大的作用，水的接触和迁移能够增强颗粒间的接触，减少热阻对热能传导的削弱。研究发现，测量体系中含水量的小幅度变化将对热导率产生明显影响。如果对天然气水合物生成过程进行热导率精确计算，则必须考虑多方面沉积颗粒变化带来的影响，包括孔隙度变化和相应的有效应力变化，同时热能传递路径也由原先的沉积颗粒到液体转变为沉积颗粒至天然气水合物颗粒等。因此，目前除了少数气体、液体、纯金属以外，大部分物质的热导率难以从理论上直接计算获得，通过实验测试确定热导率是主要手段。

测量含天然气水合物岩心的热物理性质需要将常规热导率测试技术与高压实验平台相结合。从目前发表的天然气水合物热导率测量研究成果来看，测量方法以热探针法（Waite et al., 2009）和瞬态热板法为主（黄犊子等，2004），其代表性实验装置如图 1.3 和图 1.4 所示。刁少波等（2008）提出了热脉冲-时域反射技术，并开展了一系列沉积物中天然气水合物热导率测量（图 1.5）。

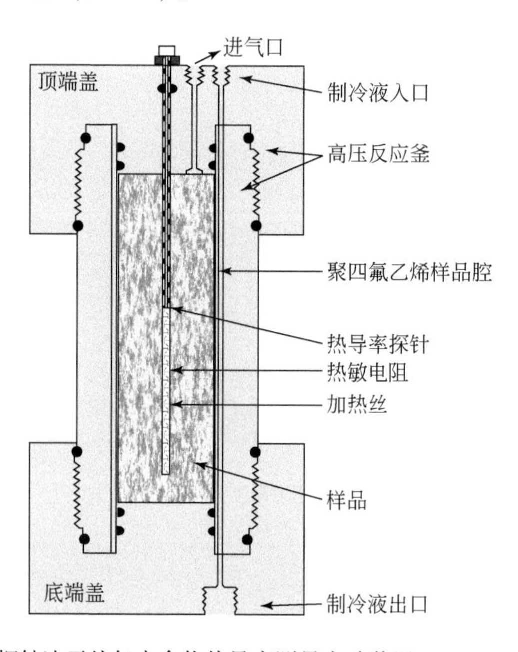

图 1.3　热探针法天然气水合物热导率测量实验装置（Waite et al., 2009）

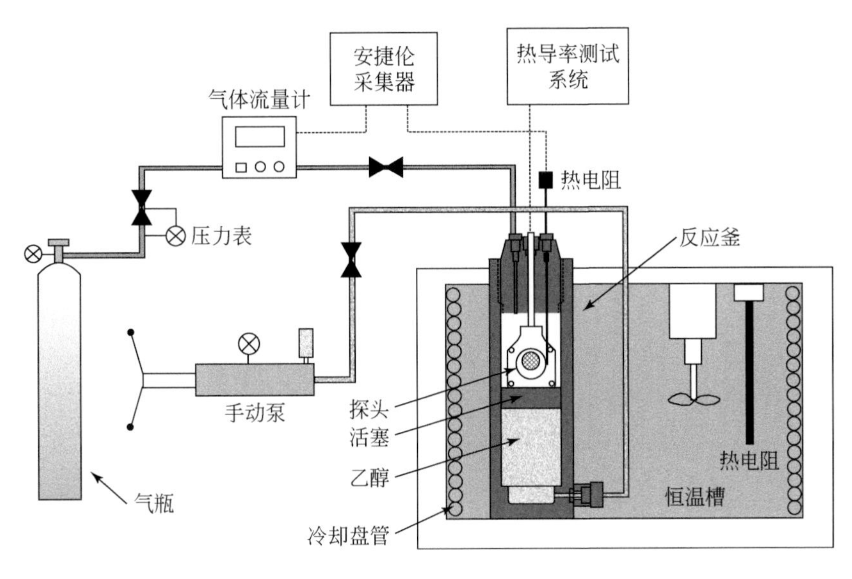

图 1.4　瞬态热板法天然气水合物热导率测量实验装置（黄犊子等，2004）

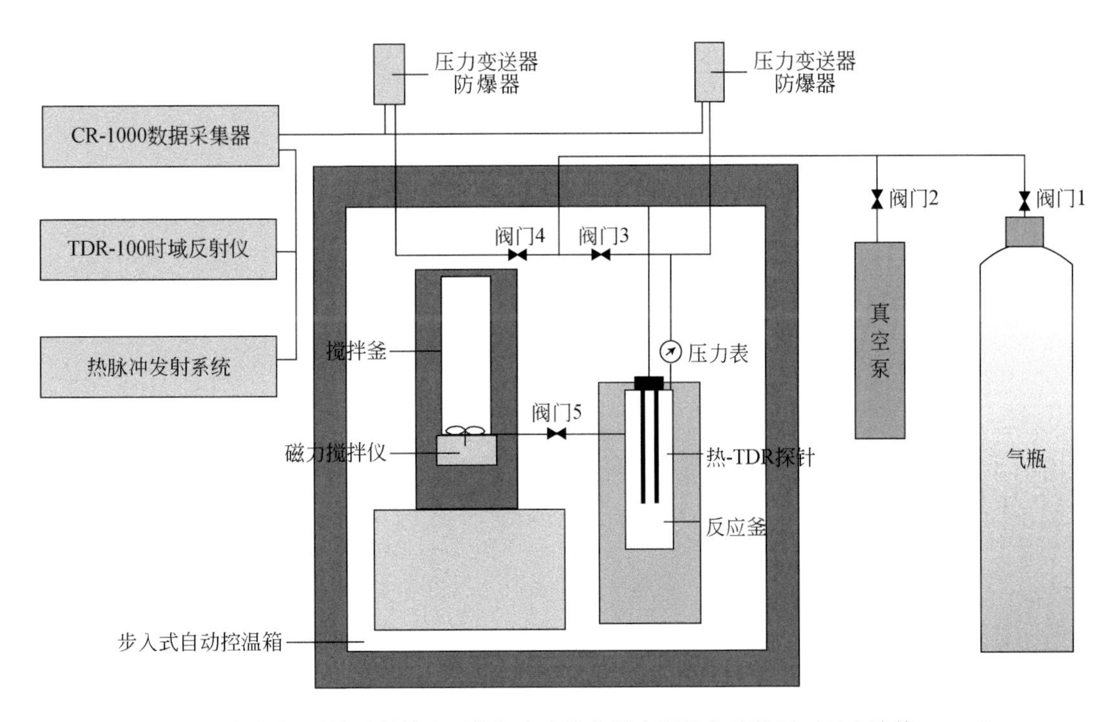

图 1.5　热脉冲-时域反射技术天然气水合物热导率测量实验装置（刁少波等，2008）
TDR 为时域反射仪

国外天然气水合物热导率方面的研究开始较早，主要有美国的哥伦比亚大学、苏联科学院西伯利亚分院等。Stoll 和 Bryan（1979）采用非稳态方法测得温度 275.15K、压力 1MPa 条件下丙烷水合物热导率为 0.393 W/(m·K)；温度 275.15K、压力 10MPa 条件下的甲烷水合物热导率约为 0.4 W/(m·K)。Waite 等（2009）测试了不同压力下（0～30MPa）不同比例的石英砂松散沉积物和天然气水合物混合物的热导率，得到含 1/3 水合物，2/3 石英砂的反应体系热导率为 0.9～1.15W/(m·K)，含 2/3 水合物，1/3 石英砂的反应体系热导率为 0.82～0.89W/(m·K)，纯甲烷水合物热导率为 0.3～0.38W/(m·K)。

国内黄犊子等（2005）采用平板法在 250K、常压下进行了制冷剂 HCFC-141b 和 CFC-11 水合物的热导率研究，测试结果在 0.5W/(m·K) 上下波动；通过瞬态面热源法测量混合气（甲烷 90.01%，乙烷 5.03%，丙烷 4.96%）水合物在-10～5℃、6.6MPa 条件下的热导率为 0.55W/(m·K)；含混合气水合物的砂质多孔介质有效热导率约为 1.2W/(m·K)。陈强等（2013）在南海神狐海域沉积物中开展了甲烷水合物模拟实验，采用热脉冲-时域反射技术获得了不同饱和度下含天然气水合物沉积物的热导率变化结果。

三、含天然气水合物岩心热扩散率

热扩散率又称导温系数，其综合了物质导热能力和单位体积热容的大小，表示物质内部在非稳态导热时扩散热量或传播温度变化的能力。

热扩散率可以用式（1.3）来表示：

$$\partial = \lambda / (\rho c) \tag{1.3}$$

式中：∂ 为热扩散率；λ 为热导率；ρc 为容积热容量。

热扩散率是表征天然气水合物热量传递效率的重要参数，其不仅对评价天然气水合物热激法开采效率至关重要，也是分析天然气水合物储层稳定性的重要参数。如果井口分解产出的天然气温度较高，由于天然气水合物的热扩散率大于水，热量将快速传递到含天然气水合物层而导致井壁周围天然气水合物分解，引起沉积物强度降低，造成井口塌陷或海底滑坡。

反应体系的热扩散率是由热导率、各种物质的比热容和介质密度等因素综合作用决定的（Turner et al.，2005）。de Martin（2001）首次报道了压实釜体内甲烷水合物在非相平衡条件下的热扩散率，其测量结果受到冰融化作用的明显干扰。Kumar 等（2004）开展了含甲烷水合物沉积物的热扩散研究，测量结果指出该反应体系中，水合物热扩散率在 3.1×10^{-7}～$3.3\times10^{-7}m^2/s$ 之间。李栋梁和梁德青（2015）基于平面热板法建立了一套天然气水合物热物性测试系统（图 1.6），通过实验获得了甲烷和甲基环己烷混合水合物的热扩散率，结果表明该水合物热扩散率为 0.21～0.26mm^2/s，大约为水的两倍，而热导率与水相近。万丽华等（2016）采用上述技术开展了 CO_2 水合物热扩散率研究，结果表明 CO_2 水合物热扩散率曲线分为两段，在温度 264.7～273.8K 区间内，热扩散率约为 $0.16\times10^{-6}m^2/s$；而在 282.1K 时增大至 $0.65\times10^{-6}m^2/s$。

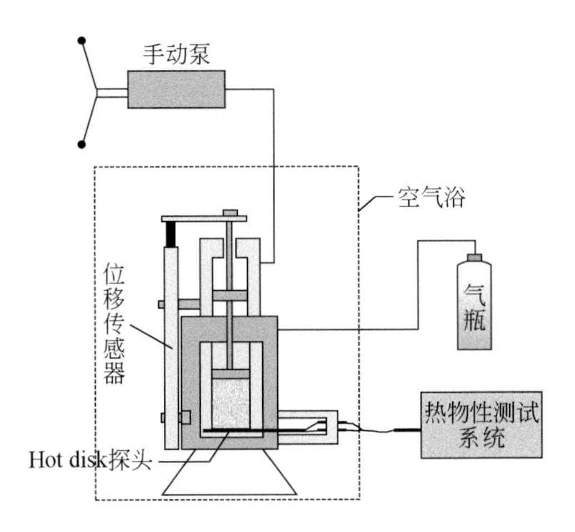

图 1.6　天然气水合物热物性测试系统（平面热板法）

第二节　含天然气水合物岩心主要电学参数概述

一、含天然气水合物岩心电阻率

天然气水合物生长消耗沉积物中的自由水并填充未成岩储层的孔隙和裂隙，使得天然气水合物储层呈现异常高阻的特征（Collett and Ladd，2000），电阻率测井数据也是估算天然气水合物饱和度的重要资料。含天然气水合物沉积物电阻率测井模拟实验可用于研究天然气水合物饱和度与储层电学性质的相关关系，揭示电阻率微观响应机理和宏观变化机制，代表性实验装置如图 1.7 所示。实验装置包括天然气水合物生成分解部分和测量控制部分。其中，天然气水合物生成分解部分包括高压反应釜、出入口供液供气单元、环境模拟单元；测量控制部分包括数据采集单元、出入口计量单元、5 电极棒状电阻率传感器和温度压力控制单元。

含天然气水合物沉积物电阻率测试单元属于测量控制部分，主要包括 5 电极棒状电阻率传感器、函数信号发生器、电压电流变送器、数据采集模块等。天然气水合物电学性质实验过程中，多孔介质中的含盐孔隙水会发生电解反应，腐蚀电极，因此在实验测量时使用交流电。交流电的频率与电流强度呈正比关系。频率过高，电流强度过大，电极产生极化，而且交流信号频率越高，信号检测越困难。频率过低，电流强度过小，测量电阻又会很高（陈裕泉和葛文勋，2007）。

Spangenberg 和 Kulenkampff（2006）在完全水饱和的人造多孔介质中测量了天然气水合物生成与分解过程的电阻率，通过自由水消耗量间接计算天然气水合物饱和度。他们假设了多孔介质中天然气水合物胶结、悬浮等多种赋存模式，并讨论了不同赋存模式主导电阻率变化的主要因素。结果表明：电阻率能够灵敏地指示天然气水合物的生成和分解过程，在诱导与成核阶段也有异常响应；电阻率与孔隙水含量密切相关，不同反应阶段孔隙

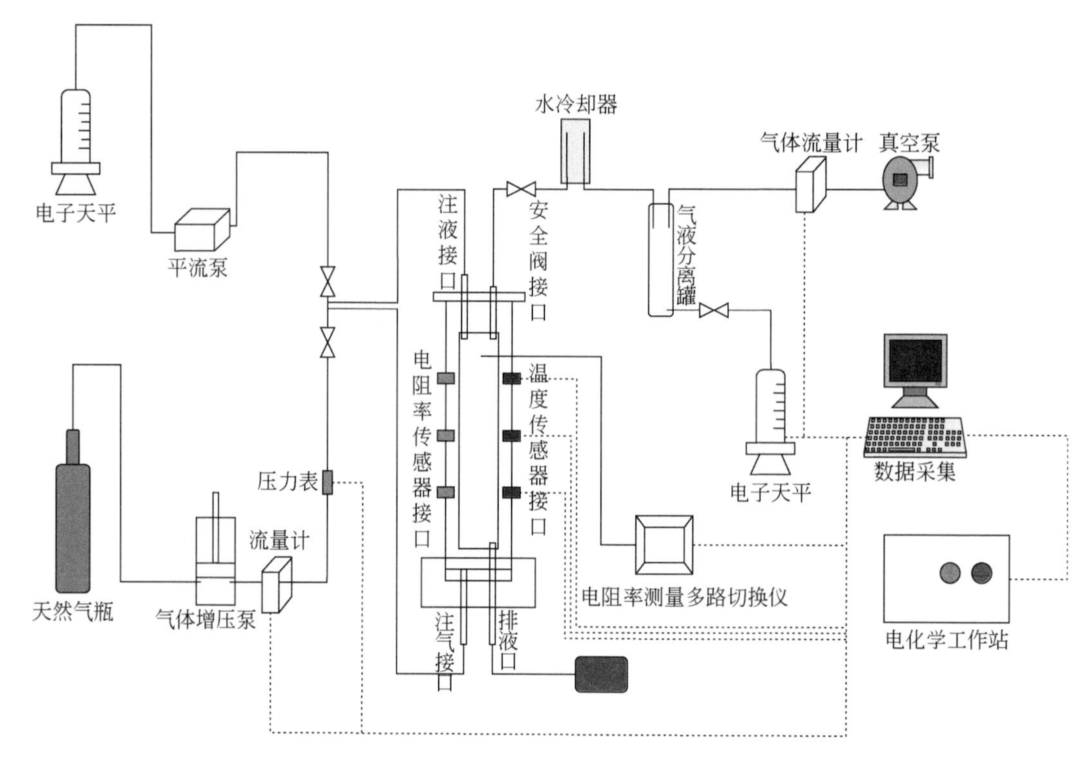

图 1.7　天然气水合物电学性质实验装置示意图

水盐度、含量及分布影响天然气水合物的生成，从而产生不同的电阻率特征。

陈国旗等（2019）通过联用 X-CT 透视成像技术研究了多孔介质中天然气水合物的微观分布对电阻率影响，其结果部分验证了 Spangenberg 和 Kulenkampff 的模型假设，证实了天然气水合物随饱和度增加对孔隙导电性产生质变影响，电阻率存在突变转换区间。陈玉凤等（2018）则进一步使用南海沉积物开展了天然气水合物生成与分解过程的电阻率研究，刻画了天然气水合物成核、聚集、老化各个阶段的电阻率变化趋势；并基于分形孔隙模型对含天然气水合物沉积物电阻率分布特征进行了数值模拟研究。

饱和度估算是建立电阻率反演天然气水合物动态演化过程从定性向定量刻画的关键桥梁。1942 年，Archie 提出一套用于计算砂岩储层含油饱和度的计算公式，后经过改良应用到天然气水合物电阻率测井资料解释方面（Riedel et al., 2013）。研究表明，Archie 公式的饱和度指数受岩心样品结构（如孔隙形态、连通性、孔隙网络结构等）的影响，Archie 公式导电模型基本假设中没有考虑黏土质沉积物骨架导电的情况，难以满足实际需求。

国内外学者对黏土造成沉积物导电模式变化的原因取得了一些认识：黏土表面吸附阳离子，并且由于粒度极细导致孔隙结构十分复杂，造成电场分布更加复杂。Winsauer 和 McCardell（1953）提出岩石导电是黏土矿物双电层附加导电和自由电解液并联导电的共同结果。黏土矿物的阳离子交换作用对岩石导电能力的影响被 Hill 和 Milburn（1956）证实，并用阳离子交换容量代替黏土含量。Afanasyev 和 Filippov（1996）通过实验数据分析认为，泥质砂岩的总电导率是孔隙内的“自由离子”和“非自由离子”并联导电的结果。

此外，黏土表面由于电性原因对孔隙水产生束缚作用。王云梅等（2018）研究发现含黏土岩石的导电和介电性质具有频率散射特征，该特征与孔隙束缚水密切相关。靳潇等（2019）研究了黏土颗粒表面双电层对冻土层未冻水的成因作用与影响，可以看出黏土表面电性不仅影响导电能力，还对水的相态变化产生影响。

为了弥补 Archie 公式在非砂岩储层中的应用缺陷，一系列修正和替代模型逐渐发展起来，包括 Simandoux 模型、Waxman-Simts 模型、Indonesian 公式、Dual-Water 模型等（宋延杰等，2012）。它们在有效提高含黏土储层油气饱和度估算准确度的同时，也暴露出新的问题：模型以经验公式为主，基于宏观岩石等价模型建立，过于理想化地处理低孔隙度低渗透率储层的孔隙结构，导致对不同地区的适应性差；忽略了泥质成分的实际分布、几何外形和电化学特性，其结果容易出现偏差。

为进一步解决上述问题，一套基于 HB 方程的骨架导电电阻率模型逐渐形成并展开应用。宋延杰等（2014）将层状泥质与分散泥质作为并联处理，分散泥质与岩石骨架、油气并联作为分散相处理，建立有效介质 HB 模型。梁宇和黄布宙（2017）基于有效介质 HB 模型，将黏土水作为分散相加入方程中，采用双水模型计算湿黏土电阻率，建立改进的有效介质 HB 电阻率模型。胡旭东和邹长春（2017）则首次介绍了利用有效介质 HB 模型估算祁连山冻土区天然气水合物饱和度。此外，Garcia 等（2017）借助高分辨率的 CT 扫描仪确定黏土网络几何形状和矿物的分布以及岩石孔隙网络连通性，基于黏土组分和岩石结构提出了一套含油饱和度评价的电阻率模型。

二、含天然气水合物岩心电阻率成像

电阻层析成像（ERT）技术是一种无损、非侵入式的在线观测手段，目前在多相流流型、相含率、地层裂隙监测等方面都有非常广泛的应用（LaBrecque et al., 1996）。其基本测量原理是：根据不同介质的电导率差异，识别处于敏感场的电导率分布，并进行二维/三维成像，以判断不同媒介的分布状况。电阻率成像实验在研究地质构造、油气资源及流体物性方面取得了较好的进展。由于实际含天然气水合物沉积物是一个包含天然气水合物、气（水）、沉积物本身的多组分多相混合体系，天然气水合物生成、分解过程中孔隙水、气、天然气水合物饱和度都在发生实时变化。而天然气水合物、孔隙水、气体三者本身的电导率差异巨大，如果将天然气水生物的生成-分解过程看成一个“流动”过程，则可以应用电阻层析成像技术实时提取不同工况下天然气水合物饱和度的空间分布，从而对天然气水合物在沉积物中的生成/分解速率、生成/分解阵面研究提供支撑。

目前常用的电阻率成像实验方法有两种，分别是电阻率层析成像和井间（跨孔）电阻率成像（李小森等，2013；Wu et al., 2018）。Priegnitz 等（2013）研制了实验室内监测天然气水合物生成与分解的电阻率层析成像系统，375 个电极排列组合成 25 个电极环（图 1.8），较好地观测天然气水合物反应过程的电学成像特征。

井间（跨孔）电阻率成像技术应用两支阵列式电极，通过特定的激发与接收方式采集储层剖面间的电阻率信号（图 1.9），反演储层内部特征。该实验技术在油田剩余油分布和剩余油饱和度评价（李敬功，2006）、岩石受裂隙和流体作用造成的含水结构特征分析

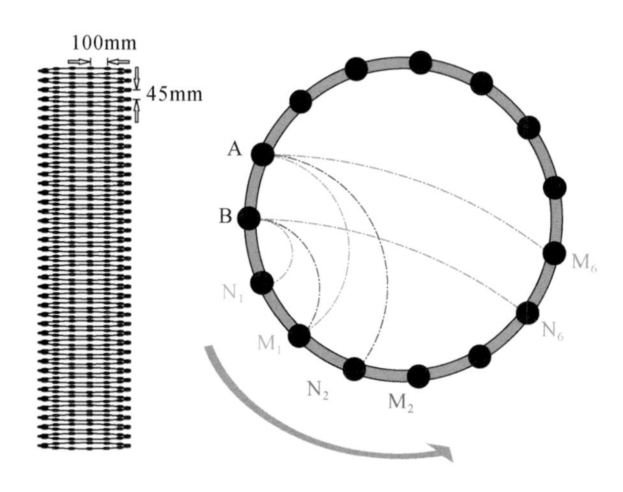

图 1.8　电阻率层析成像实验示意图

（郝锦绮等，2000）、地下高阻岩石分布与探测（王俊超等，2012）等领域取得了不错的效果。苗雨坤等（2018）开展了监测天然气水合物开采过程的井周电阻率成像模拟实验研究。

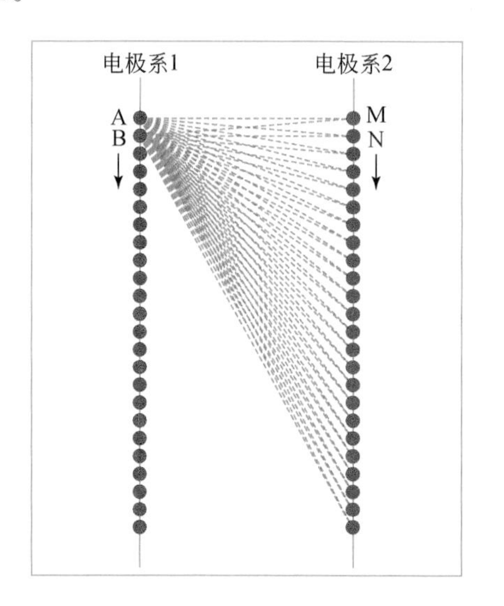

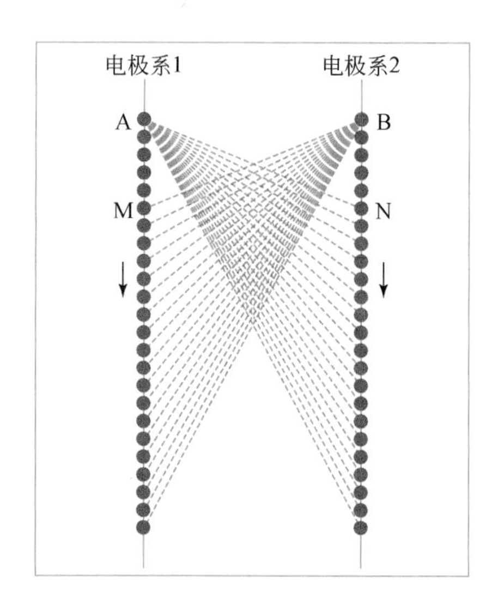

图 1.9　井间（跨孔）电阻率成像电极示意图

电阻率反演模型需要解决从测量电位估计储层电阻率的分布，进而评价储层的物性结构。复杂反演模型需要雅克比矩阵的正演模拟，每一次模型被改变时需要正演模型重新计算参数，因此反演问题是一个正、反演统一体的不断迭代优化过程。Zohdy（1989）提出层状电阻率结构使用实测数据作为初始模型，然后采用模型响应视电阻率和实测视电阻率之间的对数差作为改正矢量，改善当前模型。Loke 等（2003）在前人研究的基础上发展了平滑约束反演方法和块反演方法，可以分别对地下介质电阻率渐进变化和突变情况进行反演，使反演得到的地质条件和实际情况更加吻合。国内吴小平和徐果明（2000）利用共轭梯度迭代技术实现了电阻率数据三维最小构造反演；宛新林等（2005）用改进的最小二乘正交分解法实现电阻率三维反演。前人的这些研究成果为发展含黏土沉积物中天然气水合物分解过程电阻率成像反演技术奠定了坚实的基础，但仍需要以具体的实验模型和测量电极系为背景，准确掌握含天然气水合物复杂体系多相介质耦合作用机制及其对导电性能的控制关系，才能保证反演模型解释结果的准确性。

揭示黏土质粉砂沉积物在天然气水合物分解过程中多相介质耦合变化特征，是建立井间电阻率成像反演解释方法的核心基础。天然气水合物与常规油气的显著区别是分解过程发生相态变化：孔隙中的自由水与溶解气或游离气在一定的温压环境下与固态天然气水合物相互转换。Lu 和 Matsumoto（2005）通过实验证实了孔隙水不同阴阳离子对天然气水合物稳定性的影响以及天然气水合物聚散过程中的排盐特征。胡高伟等（2014）通过 X-CT 对粗砂沉积物中天然气水合物生成过程进行观测，结果表明高饱和度下天然气水合物与颗粒呈混合分布模式，但在孔隙中生长的不同阶段经历了悬浮、接触等不同的状态（图 1.10）。可以看出，天然气水合物饱和度-高阻孔隙骨架连通性-孔隙水含量与矿化度间存在多相耦合作用，并对电阻率特征产生影响。

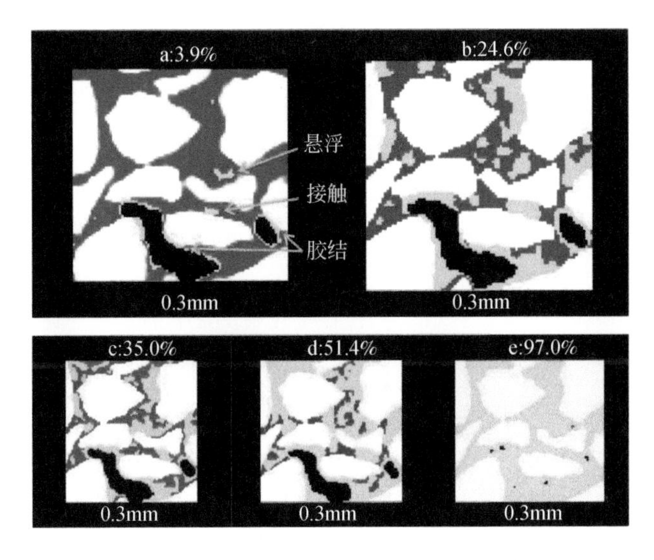

图 1.10　X-CT 观测粗砂沉积物中天然气水合物生成微观分布变化图（胡高伟等，2014）

三、含天然气水合物岩心复电阻率特性

复电阻率法是在频率域激电法的基础上发展而来的一种电法勘探技术，通过分析大地总电阻率的实分量和虚分量来研究测区的电学特性（葛双超等，2014）。复电阻率法可以实现频率域和空间域的高密度测量，与其他物探方法相比获得的电性参数更多，能提供更加丰富的地电信息（杨振威等，2015）。由电磁场理论可知，在交变电磁场中存在两种电流，即传导电流和位移电流，后者的相位超前者 $\pi/2$（肖占山等，2006）。对于导电介质，总的电流密度如式（1.4）所示：

$$j=j_C+j_D=(\sigma+i\omega\varepsilon)E=\sigma^*E \tag{1.4}$$

式中：j_C和j_D分别为传导电流密度和位移电流密度；E为电场强度；σ为电导率；ε为介电常数；ω为角频率；σ^*为复电导率。由式（1.5）可得复电阻率ρ^*。式（1.6）为复电阻率的实部和虚部，其中ρ'和ρ''分别为复电阻率的实部和虚部，θ为相角。

$$\rho^*=1/\sigma^*=\rho'+i\rho'' \tag{1.5}$$

$$\begin{cases}\rho'=\dfrac{\sigma}{\sigma^2+(\omega\varepsilon)^2}\\[2ex]\rho''=\dfrac{\omega\varepsilon}{\sigma^2+(\omega\varepsilon)^2}\end{cases} \tag{1.6}$$

由以上理论推导可知，介质复电阻率的实部和虚部均为频率的函数，即随频率的变化而变化；另外，依据岩石电阻率实验的测量结果结合岩石物理性质分析可知，岩石的复电阻率表达式中的电导率与介电常数仍然是频率的函数。以上两种效应综合起来构成了岩石复电阻率的频散特性。实验研究和理论推导都证明岩石复电阻率的频散特性与岩石内部结构、含水饱和度等参数直接相关，这构成了基于复电阻率频散特性反演天然气水合物饱和度的理论基础，在已知岩石物理性质以及含水饱和度的条件下，即可获得天然气水合物饱和度信息。

近年来，随着复电阻率技术的应用与推广，众多学者利用复电阻率技术在不同领域取得了一定的成果，复电阻率法在金属矿勘探、油气探测和水文地质调查等领域发挥着重要的作用。

柯式镇等（2003）研制了线圈法岩样复电阻率扫频测量系统，该系统可测量岩心复电阻率，也可用来探测岩石中地层水的饱和度；崔先文等（2004）应用复电阻率法在大港油田进行探测，证明了频谱激电法不仅能应用于油气田的勘探阶段，在开发阶段也有广阔应用前景；苏朱刘等（2005）应用复电阻率法进行油田勘探和预测，结果表明复电阻率法具有数据精度高、勘探深度可控、分辨度高、指示油气藏更为直观等优点。肖占山等（2006）开展了泥质砂岩的频散特性实验，并对复电阻率测井的频散机理进行了研究，通过理论分析和模拟实验发现，当测试频率小于10kHz时，岩石产生的频散现象的主要原因是激发极化效应；戴前伟等（2009）应用双频激电技术对大庆油田6-P2325井的井地电位进行了测量，实验表明，应用双频激电井地电位技术研究剩余油分布是可行的，与常规测井方法相比对反映深部信息具有优越性；杨振威等（2013）应用复电阻率法对斑岩铜矿进行探测，取得了较好的效果，并发现复电阻率法在高电阻率、高极化率的金属矿探测中可以发挥重要的作用；胡英才等（2014）在安徽铜陵矿区利用复电阻率法进行野外测量工作，结果发现，通过复电阻率法反演的零频电阻率、极化率、频率相关系数和时间常数可以为斑岩型铜矿提供直接找矿信息。

Balia等（1994）通过研究提出了基于复电阻率法区分矿床的矿物含量和粒度的方法；Souza和Sampaio（2001）基于复电阻率法对海洋资源进行探测研究，结果表明基于复电阻率法探测海底沉积物电阻率具有较好的应用前景；Personna等（2008）通过研究发现，复电阻率法和电位测量法可实现对铁硫化物的实时监控；Ntarlagiannis等（2010）对成矿作用与复电阻率之间的联系进行了研究，认为复电阻率法可持续监测土壤中重金属含量的变化特征。Schmutz 等（2011）应用复电阻率法对废弃采石场的顶板断层分布进行了探查，得到了不同构造背景下的复电阻率谱；Attwa 和 Günther（2012）应用复电阻率法研究了近地表沉积层的各向异性特征。

参考文献

陈国旗，李承峰，刘昌岭，等．2019. 多孔介质中甲烷水合物的微观分布对电阻率的影响．新能源进展，7（6）：493-499.

陈强，刁少波，孙建业，等．2013. 热脉冲探针-时域反射技术测量含水合物沉积物的热导率及水合物饱和度．岩矿测试，32（1）：108-113.

陈玉凤，吴能友，梁德青，等．2018. 基于分形孔隙模型的含天然气水合物沉积物电阻率数值模拟．天然气工业，38（11）：128-134.

陈裕泉，葛文勋．2007. 现代传感器原理及应用．北京：科学出版社．

崔先文，何展翔，刘雪军，等．2004. 频谱激电法在大港油田的应用．石油地球物理勘探，39（B11）：101-105.

戴前伟，陈德鹏，刘海飞，等．2009. 双频激电井地电位技术研究剩余油分布．地球物理学进展，24（3）：959-964.

刁少波，业渝光，岳英杰，等．2008. 多孔介质中水合物的热物理参数测量．岩矿测试，3：165-168.

董福海，樊栓狮，梁德青．2008. 混合量热法测定水合物分解热．中国科学院研究生院学报，6：732-737.

葛双超，邓明，陈凯．2014. 复电阻率测量方法与模型仿真．地球科学进展，29（11）：1271-1276.

郝锦绮，冯锐，李晓芹，等．2000. 对样品含水结构的电阻率 CT 研究．地震学报，22（3）：305-309.

胡高伟，李承峰，业渝光，等．2014. 沉积物孔隙空间天然气水合物微观分布观测．地球物理学报，57（5）：1675-1682.

胡旭东，邹长春．2017. HB 模型在祁连山冻土区水合物饱和度评价中的应用//中国地球科学联合学术年会：521-522.

胡英才，李桐林，范翠松，等．2014. 安徽铜陵舒家店铜矿的电磁法试验研究．地质学报，88（4）：612-619.

黄犊子，樊栓狮，石磊．2004. 天然气水合物的导热系数．化学通报，10：737-742.

黄犊子，樊栓狮，梁德青，等．2005. 水合物合成及导热系数测定．地球物理学报，48（5）：1125-1131.

靳潇，杨文，孟宪红，等．2019. 基于双电层模型冻土中未冻水含量理论推演及应用．岩土力学，40（4）：1449-1456.

柯式镇，刘迪军，冯启宁．2003. 线圈法岩心复电阻率扫频测量系统研究．勘探地球物理进展，26（4）：309-312.

李栋梁，梁德青．2015. 水合物导热系数和热扩散率实验研究．新能源进展，3（6）：464-468.

李栋梁，梁德青，樊栓狮．2008. CH_4-TBAB 二元水合物的分解热测定．工程热物理学报，7：1092-1094.

李敬功．2006. 储层三维电阻率成像监测技术在濮城油田的应用．石油天然气学报，28（1）：65-67.

李小森，冯景春，李刚，等．2013. 电阻率在天然气水合物三维生成及开采过程中的变化特性模拟实验．天然气工业，33（7）：18-23.

梁宇，黄布宙．2017. 基于有效介质 HB 电阻率模型的低阻油气层测井评价方法研究．世界地质，36（4）：1268-1276.

苗雨坤，邹长春，彭诚，等．2018. 天然气水合物储层井周电阻率成像有限单元法正演模拟//2018 年中国地球科学联合学术年会论文集（十八）——专题 36：沉积盆地矿产资源综合勘察，专题 37：盆地动力学与能源.
宋延杰, 王晓勇, 唐晓敏. 2012. 基于孔隙几何形态导电理论的低孔隙度低渗透率储层饱和度解释模型. 测井技术, 36 (2): 124-129.
宋延杰, 李晓娇, 唐晓敏, 等. 2014. 基于连通导电理论和HB方程的骨架导电纯岩石电阻率模型. 中国石油大学学报 (自然科学版), 38 (5): 66-74.
苏朱刘, 吴信全, 胡文宝, 等. 2005. 复视电阻率 (CR) 法在油气预测中的应用. 石油地球物理勘探, 40 (4): 467-471.
宛新林, 席道瑛, 高尔根, 等. 2005. 用改进的光滑约束最小二乘正交分解法实现电阻率三维反演, 地球物理学报, 48 (2): 439-444.
万丽华, 梁德青, 李栋梁, 等. 2016. 二氧化碳水合物导热和热扩散特性. 化工学报, 67 (10): 4169-4175.
王俊超, 师学明, 万方方, 等. 2012. 探测孤石高阻体的跨孔电阻率CT水槽物理模拟实验研究. CT理论与应用研究, 21 (4): 647-657.
王云梅, 潘保芝, 栗猛, 等. 2018. 三种孔隙水的导电和介电性质及其频散特征. 地球物理学进展, 33 (5): 1989-1996.
吴能友, 黄丽, 苏正. 2013. 海洋天然气水合物开采潜力地质评价指标研究——理论与方法. 天然气工业, 33 (7): 11-17.
吴小平, 徐果明. 2000. 利用共轭梯度法的电阻率三维反演研究. 地球物理学报, 43 (3): 420-427.
肖占山, 徐世浙, 罗延钟, 等. 2006. 含气泥质砂岩频散特性的实验研究. 天然气工业, 26 (10): 63-65.
杨振威, 严加永, 陈向斌. 2013. 频谱激电法在安徽沙溪斑岩铜矿中的应用. 地球物理学进展, 28 (4): 2014-2023.
杨振威, 许江涛, 赵秋芳, 等. 2015. 复电阻率法 (CR) 发展现状与评述. 地球物理学进展, 30 (2): 899-904.
叶建良, 秦绪文, 谢文卫, 等. 2020. 中国南海天然气水合物第二次试采主要进展. 中国地质, 47 (3): 557-568.
Afanasyev Y, Filippov I. 1996. Generation of intermediate water vortices in a rotating stratified fluid: Laboratory model. Journal of Geophysical Research: Oceans, 101 (C8): 18167-18174.
Attwa M, Günther T. 2012. Application of spectral induced polarization (SIP) imaging for characterizing the near-surface geology: an environmental case study at Schillerslage, Germany. Australian Journal of Basic and Applied Sciences, 6 (9): 693-701.
Balia B, Deidda G P, Godio A, et al. 1994. An experiment of spectral induced polarization. Annals of Geophysics, 37 (5 Sup.): 1313-1321.
Boswell R, Rose K, Collett T S, et al. 2011. Geologic controls on gas hydrate occurrence in the Mount Elbert prospect, Alaska North Slope. Marine and Petroleum Geology, 28 (2): 589-607.
Collett T S, Ladd J. 2000. Detection of gas hydrate with downhole logs and assessment of gas hydrate concentrations (saturations) and gas volumes on the Blake Ridge with electrical resistivity log data//Proceedings of the Ocean Drilling Program: Scientific Results, 164: 179-191.
deMartin B J. 2001. Laboratory measurements of the thermal conductivity and thermal diffusivity of methane hydrate at simulated in situ conditions. Atlanta, GA: Georgia Institute of Technology.
Garcia A P, Jagadisan A, Heidari Z. 2017. A new resistivity-based model for improved hydrocarbon saturation assessment in Clay-rich formations using quantitative clay network geometry and rock fabric//SPWLA 58th Annual Logging Symposium: 1-17.

Hill H J, Milburn J. 1956. Effect of clay and water salinity on electrochemical behavior of reservoir rocks. Transactions of the AIME, 207 (1): 65-72.

Kang S P, Lee H, Ryu B J. 2001. Enthalpies of dissociation of clathrate hydrates of carbon dioxide, nitrogen, (carbon dioxide+ nitrogen), and (carbon dioxide + nitrogen+ tetrahydrofuran). The Journal of Chemical Thermodynamics, 33 (5): 513-521.

Konno Y, Fujii T, Sato A, et al. 2017. Key findings of the world's first offshore methane hydrate production test off the coast of Japan: toward future commercial production. Energy & Fuels, 31 (3): 2607-2616.

Kumar P, Turner D, Sloan E D. 2004. Thermal diffusivity measurements of porous methane hydrate and hydrate-sediment mixtures. Journal of Geophysical Research: Solid Earth, 109 (B1): 1-8.

LaBrecque D, Ramirez A, Daily W, et al. 1996. ERT monitoring of environmental remediation processes. Measurement Science and Technology, 7 (3): 375.

Le Parlouër P, Dalmazzone C, Herzhaft B, et al. 2004. Characterisation of gas hydrates formation using a new high pressure Micro-DSC. Journal of Thermal Analysis and Calorimetry, 78 (1): 165-172.

Li J F, Ye J L, Qin X W, et al. 2018. The first offshore natural gas hydrate production test in South China Sea. China Geology, 1: 5-16.

Liu H, Yu L, Dean K, et al. 2009. Starch gelatinization under pressure studied by high pressure DSC. Carbohydrate Polymers, 75 (3): 395-400.

Loke M H, Acworth I, Dahlin T. 2003. A comparison of smooth and blocky inversion methods in 2D electrical imaging surveys. Exploration Geophysics, 34 (3): 182-187.

Lu H, Matsumoto R. 2005. Experimental studies on the possible influences of composition changes of pore water on the stability conditions of methane hydrate in marine sediments. Marine Chemistry, 93 (2-4): 149-157.

Ntarlagiannis D, Doherty R, Williams K H. 2010. Spectral induced polarization signatures of abiotic FeS precipitation. Geophysics, 75 (4): F127-F133.

Personna Y R, Ntarlagiannis D, Slater L, et al. 2008. Spectral induced polarization and electrodic potential monitoring of microbially mediated iron sulfide transformations. Journal of Geophysical Research: Biogeosciences, 113 (G2): 1-13.

Priegnitz M, Thaler J, Spangenberg E, et al. 2013. A cylindrical electrical resistivity tomography array for three-dimensional monitoring of hydrate formation and dissociation. Review of Scientific Instruments, 84 (10): 104502.

Riedel M, Collett T S, Kim H S, et al. 2013. Large-scale depositional characteristics of the Ulleung Basin and its impact on electrical resistivity and Archie-parameters for gas hydrate saturation estimates. Marine and Petroleum Geology, 47: 222-235.

Sabil K M, Duarte A R C, Zevenbergen J, et al. 2010. Kinetic of formation for single carbon dioxide and mixed carbon dioxide and tetrahydrofuran hydrates in water and sodium chloride aqueous solution. International Journal of Greenhouse Gas Control, 4 (5): 798-805.

Schmutz M, Ghorbani A, Vaudelet P, et al. 2011. Spectral induced polarization detects cracks and distinguishes between open-and clay-filled fractures. Journal of Environmental & Engineering Geophysics, 16 (2): 85-91.

Sloan Jr E D. 1998. Clathrate Hydrates of Natural Gases. 2nd ed. Boca Raton: CRC Press.

Souza H D, Sampaio E E. 2001. Apparent resistivity and spectral induced polarization in the submarine environment. Anais da Academia Brasileira de Ciências, 73 (3): 429-444.

Spangenberg E, Kulenkampff J. 2006. Influence of methane hydrate content on electrical sediment properties. Geophysical Research Letters, 33 (24): 243-251.

Stoll R D, Bryan G M. 1979. Physical properties of sediments containing gas hydrates. Journal of Geophysical Research, 84 (B4): 1629-1634.

Turner D, Kumar P, Sloan E. 2005. A new technique for hydrate thermal diffusivity measurements. International Journal of Thermophysics, 26 (6): 1681-1691.

Waite W F, Gilbert L Y, Winters W J, et al. 2006. Estimating thermal diffusivity and specific heat from needle probe thermal conductivity data. Review of Scientific Instruments, 77 (4): 044904.

Waite W F, Santamarina J C, Cortes D D, et al. 2009. Physical properties of hydrate-bearing sediments. Reviews of Geophysics, 47 (4): RG4003.

Winsauer W O, McCardell W M. 1953. Ionic double-layer conductivity in reservoir rock. Journal of Petroleum Technology, 5 (5): 129-134.

Wu N Y, Liu C L, Hao X L. 2018. Experimental simulations and methods for natural gas hydrate analysis in China. China Geology, 1 (1): 61-71.

Zohdy A A. 1989. A new method for the automatic interpretation of Schlumberger and Wenner sounding curves. Geophysics, 54 (2): 245-253.

第二章　含天然气水合物岩心分解热效应测试与应用

第一节　基于 HP DSC 技术的天然气水合物分解热研究

一、测试原理与方法

放热现象是天然气水合物动态聚散过程的重要指示标志之一，其量化指标“分解热”是研究天然气水合物生成与分解过程的重要的热物理参数。不论是制定天然气水合物矿藏的开采方案还是优化天然气储运技术都需要精确掌握天然气水合物分解热。然而，由于天然气水合物需要高压低温的存储环境，并且受天然气水合物转化率不同的影响，天然气水合物样品纯度难以确定，使得天然气水合物分解热并不容易直接通过常规实验方法测量（Kharrat and Dalmazzone，2003），而 HP DSC 可以有效分辨天然气水合物和冰的相变过程，为研究天然气水合物分解热提供了新的途径。

HP DSC 的分析原理与设备示意图见第一章第一节。本书使用塞塔拉姆公司生产的 μDSCVII 型 HP DSC，其主要参数指标见表 2.1。

表 2.1　塞塔拉姆 μDSCVII 型 HP DSC 技术指标

温度范围	-45～120℃
样品池容积	0.5mL
温度扫描速率	0.001～1.2℃
冷却方式	帕尔贴法
最高工作压力	40MPa
温度准确度	±0.1℃
温度精度	±0.02℃

HP DSC 采用卡尔维量热原理，传感器在样品池周围三维分布，使得它能灵敏地监测到样品池内的热流变化。测试池周围采用多层绝热套以及水浴循环，最大限度地保证测量过程中传感器周围热流场稳定。主机内部结构如图 2.1 所示。

HP DSC 进行分解热效应测量的实验流程如下。

1. 实验准备阶段

（1）主机测试之前需预热 24h，且开机后必须同时启动恒温浴槽，确保 HP DSC 传感器周围的热量交换平衡。水冷温度由测试所使用的温度区间而定，天然气水合物实验通常采用 5～10℃的水浴温度即可。

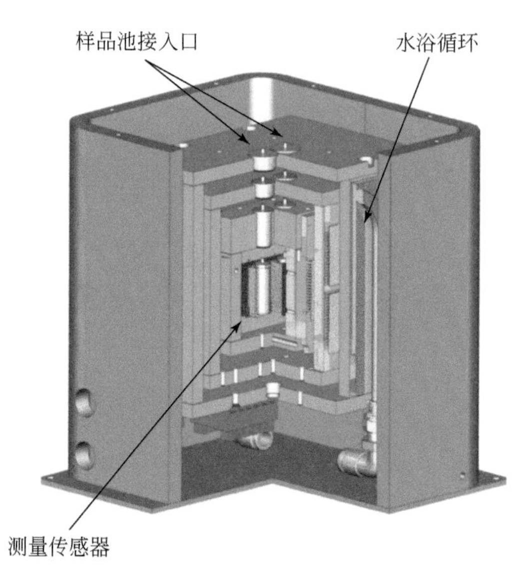

图 2.1　HP DSC 测试主机结构

（2）清洗并烘干高压池。加入天然气水合物生成实验材料。HP DSC 高压池包含两支，一支作为样品池，一支作为参比池。

（3）实验准备阶段，向样品池加入生成天然气水合物的液体，参比池为空。使用天平记录样品池加入反应液前后的质量，以此获得加入液体的准确质量。

（4）将参比池和样品池放入仪器测量槽，向两个高压池冲入相同压力的反应气体。静置 1h 左右使反应系统稳定（气液溶解平衡、热量交换平衡）。

2. 实验测试阶段

（1）设置实验条件。常规天然气水合物高压模拟实验中通常采用恒定温度压力条件法，缺点是诱导时间不确定，实验周期可能过长。HP DSC 可以控制样品以特定速率降温至最低-45℃，通过多次实验结果表明，天然气水合物能够随着降温过程生成，且生成温度都在-18℃以上。因此，建议持续降温的方式生成天然气水合物，且变温区间下限必须低于-18℃，上限不低于 45℃。

（2）选择适当的温度扫描速率。HP DSC 主机能够提供 0.001～1.2℃/min 的温度扫描速率，但是对于天然气水合物分析测试来说，变温速率必须配合压力范围进行合理选择，针对不同的研究目的选取相应的测试条件，避免天然气水合物二次生成等现象带来的影响。

3. 实验数据处理方法

图 2.2 给出了典型的甲烷水合物生成与分解过程的 HP DSC 热流曲线图。可以看出，实验进行了一轮温度区间是-40～40℃的降温与升温过程。在降温过程中，热流曲线出现了两个高度不同的放热峰，它们分别对应了甲烷水合物生成及未反应的水转化为冰的两个放热过程；而在升温过程中热流曲线又出现了两个吸热峰，它们分别对应了冰转换为水以及甲烷水合物分解等两个吸热过程。

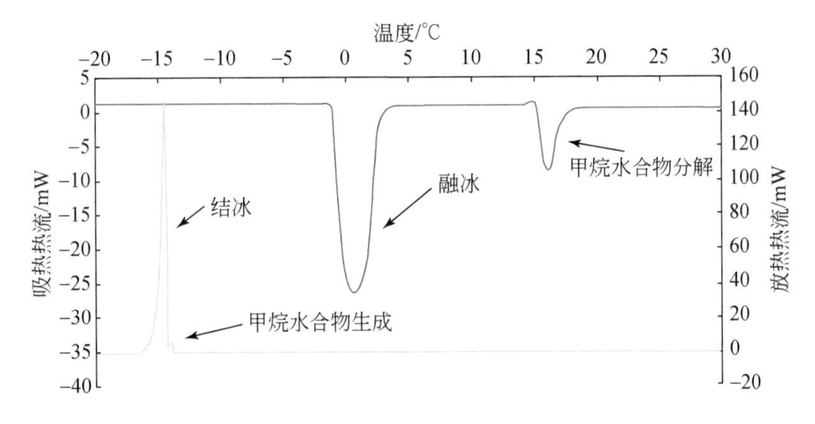

图 2.2　甲烷水合物生成与分解过程热流曲线图

热流曲线上的峰面积代表了每种物质吸热/放热的量。热流强度正比于样品池与参比池之间的温度差 ΔT：

$$\dot{Q}=K\Delta T \tag{2.1}$$

式中：$\dot{Q}$ 为热流强度；K 为变温速率；ΔT 为样品池与参比池温度差。

热流曲线峰面积 Q 就是热流强度 $\dot{Q}$ 随时间的积分：

$$Q=\int\dot{Q}\mathrm{d}t=K\int\Delta T\mathrm{d}t \tag{2.2}$$

因此，峰面积代表了每种物质相变过程的吸热/放热值。

求取升温过程中的两个吸热峰的峰面积即可获得实验过程中冰的相变潜热和甲烷水合物的分解热。冰的相变潜热是已知值（331.36J/g），因此可以计算得出反应过程中转换为冰的水量，反应中加入的总的水量在实验前可以称量出，最终可以计算出生成甲烷水合物的水量，通过式（2.3）可以计算出单位质量的甲烷水合物分解热。

$$H=Q_{\mathrm{h}}/(m_{\mathrm{t}}-m_{\mathrm{i}}) \tag{2.3}$$

式中：H 为单位质量甲烷水合物分解热；Q_{h}为甲烷水合物总分解热；m_{t}为实验加入的总水量；m_{i}为冰消耗的水量。

4. 实验测试注意事项

1）温度扫描速率选择

在测量不同压力条件下天然气水合物反应热时，HP DSC 温度扫描速率需要根据压力值来进行调整，图 2.3 给出了错误选择温度扫描速率的实验结果。

图 2.3（a）是反应压力较高时，使用慢温度扫描速率，天然气水合物分解过程偏长，导致在天然气水合物分解开始前冰融化后的水再次生成天然气水合物，无法准确计算天然气水合物合成量。图 2.3（b）是反应压力较低时，使用快温度扫描速率，使得冰融化还未完全结束，温度就上升到了天然气水合物分解区间，造成两个吸热峰相连的情况，无法准确计算吸热量。因此，在使用 HP DSC 测量天然气水合物分解热时，必须考虑温度扫描

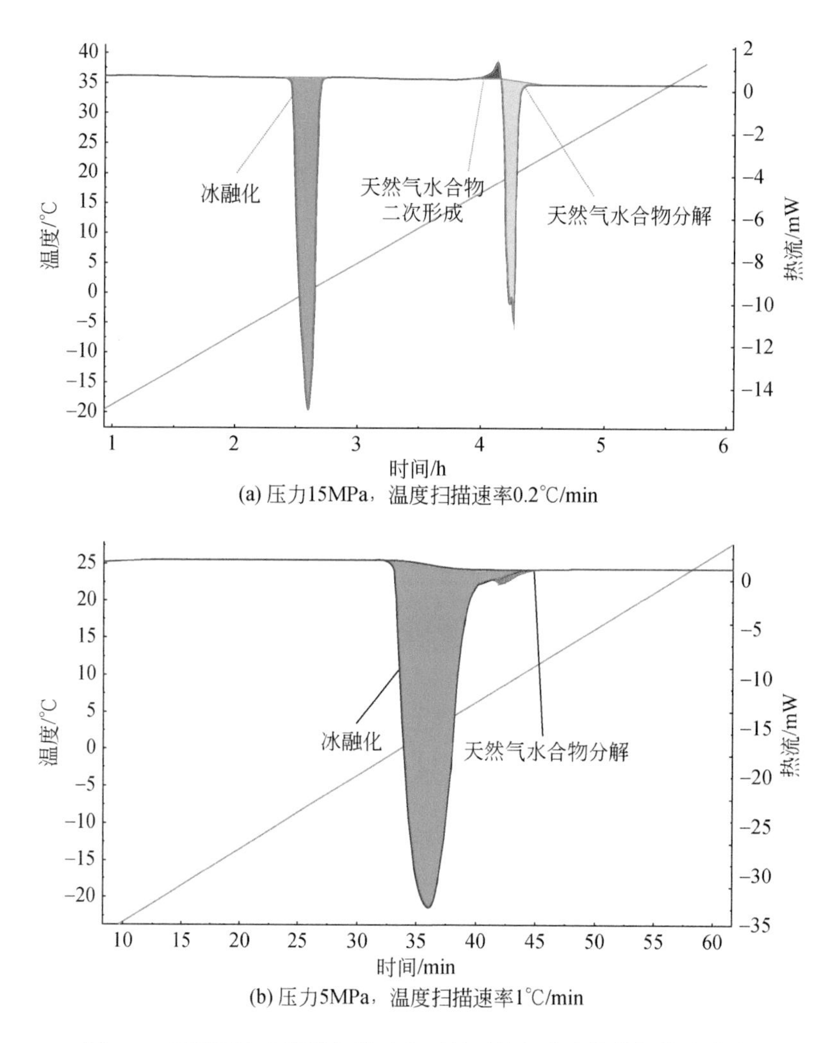

(a) 压力15MPa，温度扫描速率0.2℃/min

(b) 压力5MPa，温度扫描速率1℃/min

图 2.3　不同压力和温度扫描速率下的天然气水合物分解热流曲线

速率和实验压力之间的协调。

2）积分方式的选择

确定 HP DSC 所测量物质反应热的最简便方法是求取热流峰的峰面积，通过观察热流曲线可以看出，没有发生相态变化时稳定的热流强度信号代表了测量的基线，而热流峰出现的范围内没有包含基线。因此，想要通过积分方式求取峰面积，必须在热流峰所对应的时间或温度范围内插入基线，能否使用合理的方法获得基线就成为决定峰面积计算准确度的重要问题。

内插到峰面积范围内的基线是连接反应前后热流强度的曲线，如图 2.4 所示。一条准确的内插基线应该能够体现研究范围内热容量的变化。但通常在反应（物理或化学）发生的前后，基线的位置是不同的，此时确定基线内插的方法应该遵循以下公式：

$$Q=(1-\alpha)\dot{Q}_{\rm lex}+\alpha\dot{Q}_{\rm fex} \tag{2.4}$$

式中：Q 为反应热；α 为反应或相变的转化率；$\dot{Q}_{lex}$ 和 $\dot{Q}_{fex}$ 分别为从峰的起始端和终止端外推进入热流峰范围内的部分，它们通过多项式表达，总体来讲内插基线 Q 的斜率在反应的起始点应基本保持一致（Dalmazzone et al.，2009）。

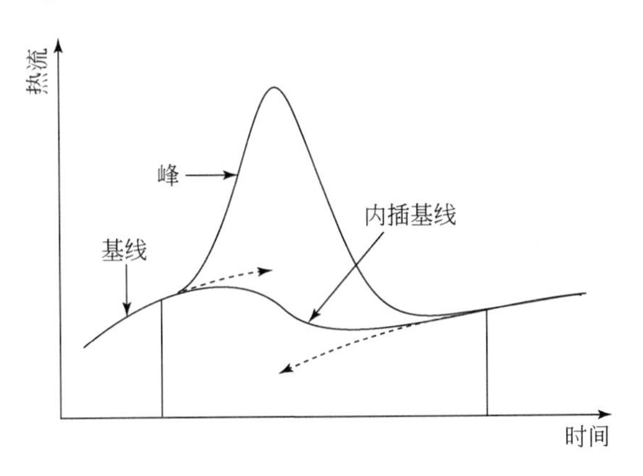

图 2.4　热流峰的基线构成示意图（Moynihan et al.，1996）

二、天然气水合物分解热及其主控因素

（一）天然气水合物质量分解热

使用 HP DSC 测量了 5MP、7MP、10MP、13MP、15MP、20MP、22MP 和 25MP 等不同压力下的甲烷水合物分解焓。甲烷-水反应体系升温分解过程实测热流曲线如图 2.5 所示。

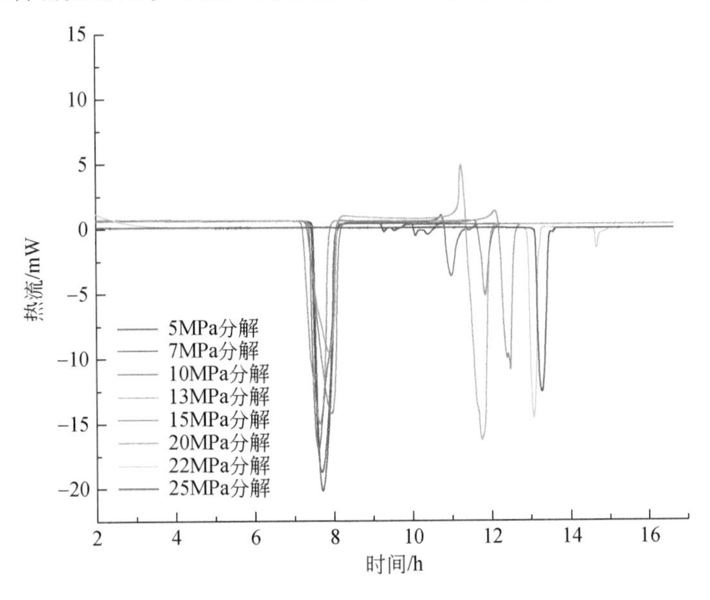

图 2.5　不同压力下甲烷-水反应体系分解过程热流曲线图

从图 2. 5 中可以看出，反应体系分解过程中出现两个吸热峰，分别对应的是冰融化的相变潜热和甲烷水合物的分解热。冰的相变点受压力影响不大，稳定地出现在 0℃ 左右，而甲烷水合物的分解点则受压力作用明显，压力越高甲烷水合物分解温度也随之升高，这说明高压下甲烷水合物稳定性更好。此外，峰面积的大小能够定量地反映反应物质的量。从图 2. 5 中也发现，随着压力的升高，甲烷水合物分解峰的面积逐渐增大，相对应的冰分解峰的面积不断变小。10MPa 以下的实验中甲烷水合物生成的量比较少，13 ~ 20MPa 范围内甲烷水合物生成的量显著增多，分解峰面积逐渐接近冰融化的分解峰面积，而 25MPa 甲烷水合物分解峰面积已经超过冰的分解峰面积。甲烷水合物分解热的变化规律可以证明甲烷水合物在高压条件下不仅稳定而且转化率更高。

基于式（2. 1）~ 式（2. 3）计算获得不同压力条件下单位质量的甲烷水合物质量分解热，其结果见表 2. 2。从表 2. 2 可以看出，在考虑测量误差等一系列影响因素的情况下，甲烷水合物质量分解热在不同压力下变化不大，平均值约为 700. 09J/g。

表 2. 2　不同压力条件下甲烷水合物分解热数据

压力/MPa	冰的相变潜热标准值/(J/g)	冰相变潜热/J	甲烷水合物分解热/J	单位质量甲烷水合物分解热/(J/g)
5	331. 36	9. 75	0. 25	736. 49
7	331. 36	9. 51	0. 41	610. 75
10	331. 36	9. 29	1. 05	781. 88
13	331. 36	8. 99	1. 57	697. 24
15	331. 36	8. 35	3. 01	718. 23
20	331. 36	8. 09	3. 47	699. 79
22	331. 36	6. 82	5. 92	673. 29
25	331. 36	7. 33	4. 97	683. 06

（二）甲烷水合物摩尔分解热

目前，已经可以通过实验方法获得单位质量甲烷水合物的分解热，但在理论计算和实际应用中更加常用的数据是摩尔质量的甲烷水合物分解热数据。这需要知道甲烷水合物的水合数。甲烷水合物是一种非化学计量的物质，所谓非化学计量指的是单位摩尔数的甲烷水合物中甲烷分子和水分子的比例不是一个定值，通常把单位摩尔数甲烷水合物中的气体分子结合水分子的数量称作水合数。理论上甲烷水合物的水合指数是 5. 75，但实际合成的甲烷水合物通常很难达到该值。因此，引入了显微激光拉曼光谱技术测定甲烷水合物水合数。

显微激光拉曼光谱将入射激光通过显微镜聚焦到样品上，达到在不受周围物质干扰情况下，准确获得所照样品微区有关信息的目的，拉曼光谱可以获得的信息包括化学成分、晶体结构、分子相互作用以及分子取向等（刘昌岭等，2013）。Sum 等（1997）首先将拉曼光谱技术应用到水合数的研究上，并测量了甲烷、丙烷以及两者的混合气体。实验测量的结果与统计热力学 Waals-Platteeuw 原理预测结果吻合良好。对于甲烷水合物来说，Sum

发现水合数随着温度和压力的升高而增大。

用激光拉曼光谱测定甲烷水合物的主要难点是确保甲烷水合物在测定的过程中不发生分解。本研究利用一套适合拉曼光谱测定甲烷水合物的小型装置，使用液氮保护被测样品，确保在测量过程中甲烷水合物稳定。研究使用的激光拉曼光谱仪（图 2.6）为 Renishaw 公司的 inVia 型，配备 Leiea 高性能显微镜，其共焦效果可以达到横向小于 1μm，深度约 2μm 的空间分辨率。激发波长为 Ar+激光 514.5nm，功率 100mW。光栅刻线数为 2400 line/nm。激光通过光纤进入显微镜中，使用 20 倍长焦镜头测试。

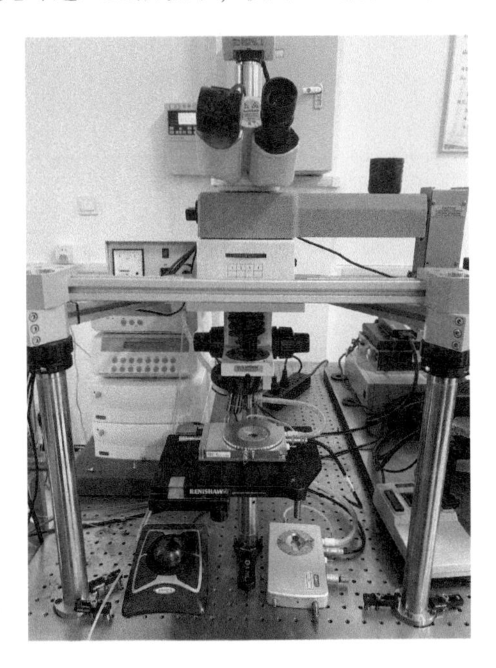

图 2.6　激光拉曼光谱仪样品测试台

激光拉曼光谱是测定甲烷水合物晶体结构的重要工具之一，它可以测定甲烷水合物晶腔中气体分子的伸缩振动的拉曼位移，而且拉曼强度又与分子的数量成正比。一个甲烷分子占据一个笼子，由于Ⅰ型和Ⅱ型水合物的大笼（$5^{12}6^{2}$）与小笼（5^{12}）数量之比分别为 3∶1和 1∶2，根据拉曼位移的位置及其强度，可以指示甲烷水合物的结构类型。图 2.7 给出的是甲烷水合物样品的激光拉曼谱图。

根据甲烷水合物大笼与小笼拉曼谱峰的强度（峰面积）比可计算甲烷水合物笼占有率及其耦合的水合数（刘昌岭等，2011）。甲烷水合物的大、小笼中的甲烷分子的拉曼振动强度可以利用软件功能计算出来。甲烷水合物中大笼数量是小笼 3 倍，甲烷分子在大笼和小笼中的占有率用式（2.5）表示：

$$\frac{\theta_L}{\theta_S}=I_L/3I_S \tag{2.5}$$

式中：θ_L 和 θ_S 分别为甲烷水合物大笼和小笼的占有率；I_L 和 I_S 分别为拉曼谱图中大笼和小笼的拉曼强度。

水合数可用式（2.6）计算：

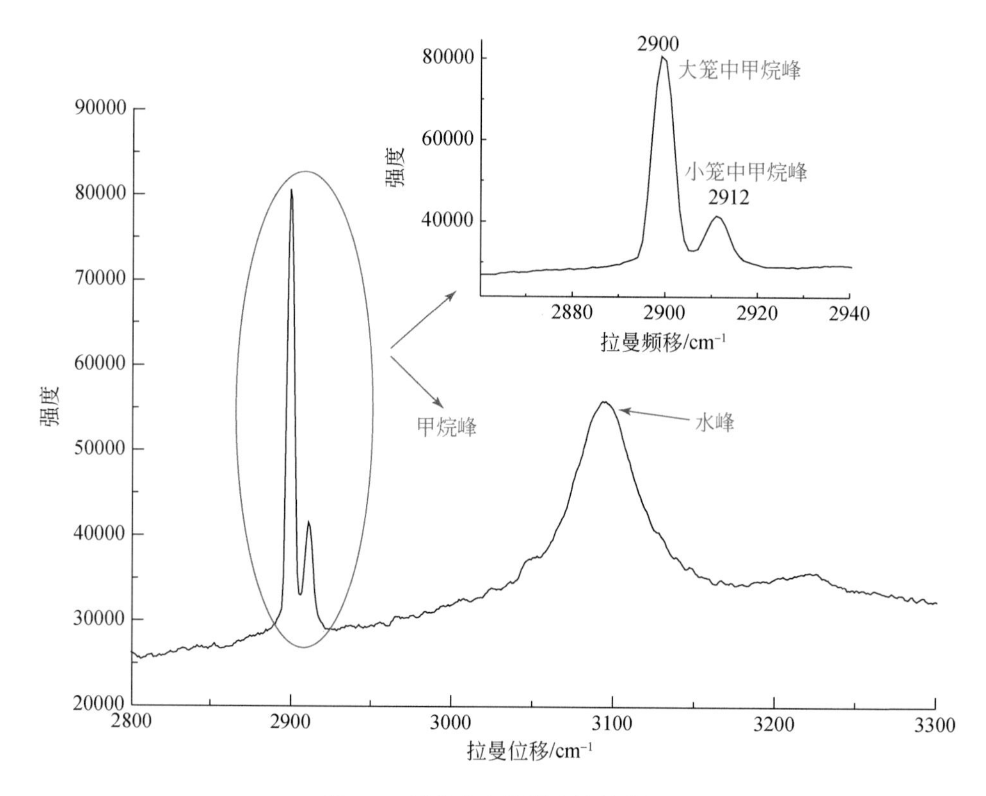

图 2.7 甲烷水合物激光拉曼谱图

$$n=23/(3\theta_L+\theta_S) \tag{2.6}$$

本实验所生成的甲烷水合物水合数为 $n=6.01$。

将水合数代入之前获得的甲烷水合物质量分解热数据，即可获得甲烷水合物的摩尔分解热（结果见表 2.3）。

表 2.3 甲烷水合物摩尔分解热数据

压力/MPa	单位质量甲烷水合物分解热/(J/g)	甲烷水合物摩尔分解热/（kJ/mol）
5	736.49	91.32
7	610.75	75.73
10	781.88	96.95
13	697.24	86.45
15	718.23	89.06
20	699.79	86.77
22	673.29	83.48
25	683.06	84.71

三、基于热力学理论的天然气水合物分解热计算

克拉伯龙方程是被广泛用于计算天然气水合物分解热的模型之一。该模型通过寻找吉布斯自由能相等的规律，并将经典的热力学方程代入其中，最终推导出两种纯净物质在相平衡条件下的反应热与温度、压力关系的方程：

$$\frac{\mathrm{d}P}{\mathrm{d}T}=\frac{\Delta h}{T\Delta V}=\frac{\Delta S}{\Delta V} \tag{2.7}$$

式中：P 为压力；T 为温度；h 为反应焓；V 为体积；S 为反应熵。

上述方程给出了纯净物质沿相平衡条件变化时的温度压力表达式，可以用于气-液、固-液和固-固相态之间的相平衡条件。

对于气-液相物质在低压条件下的平衡，式（2.7）可以简化为

$$\ln P=\frac{-\Delta h_{\mathrm{vap}}}{R}\cdot\frac{1}{T} \tag{2.8}$$

式中：P 为液体的蒸汽压；h_{vap} 为液相的蒸汽比焓；T 为平衡温度；R 为反应常数。

克拉伯龙方程假设将真实的气体体积近似等于理想气体，且液相的体积远远小于气相的体积，该假设不符合天然气水合物分解环境。天然气水合物所处的高压状态必须使用气体压缩因子进行体积修正，因此，修正后的天然气水合物分解热计算方程是：

$$\Delta h=-z\cdot R\cdot\frac{\mathrm{d}\ln P}{\mathrm{d}1/T} \tag{2.9}$$

式中：h 为分解反应热；P 为分解压力；T 为分解温度；z 为实际气体的压缩因子；R 为反应常数。

将 HP DSC 测量的甲烷水合物分解过程温度（$1/T$）、压力（$\ln P$）作图可以发现，两者呈线性关系（图 2.8）。通过将拟合后的直线斜率代入式（2.9）即可计算出甲烷水合物的分解热。

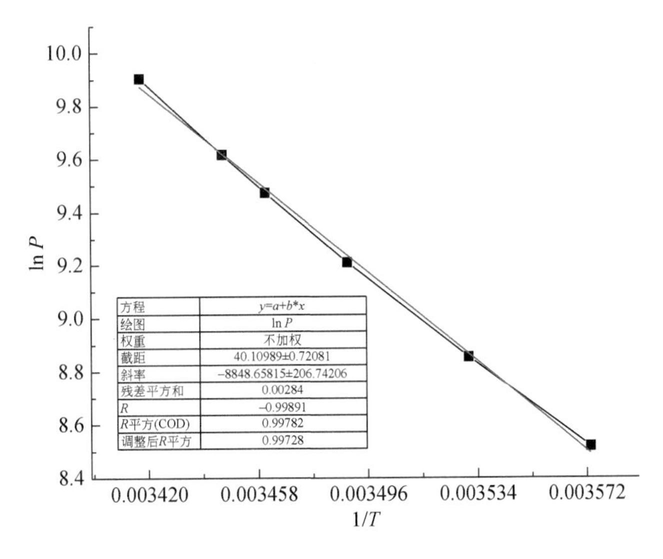

图 2.8　甲烷水合物分解压力（ln$P$）与温度（$1/T$）关系图

将 HP DSC 方法实测的甲烷水合物分解热与理论计算的数据进行对比（图 2.9）可以看出，两种方法获得的甲烷水合物分解热在一定压力范围内相对稳定，但是实测值整体比计算值偏高。主要原因一方面是 HP DSC 数据处理过程存在积分面积计算误差，另一方面是克拉伯龙方程在实际应用时采用了假设条件。

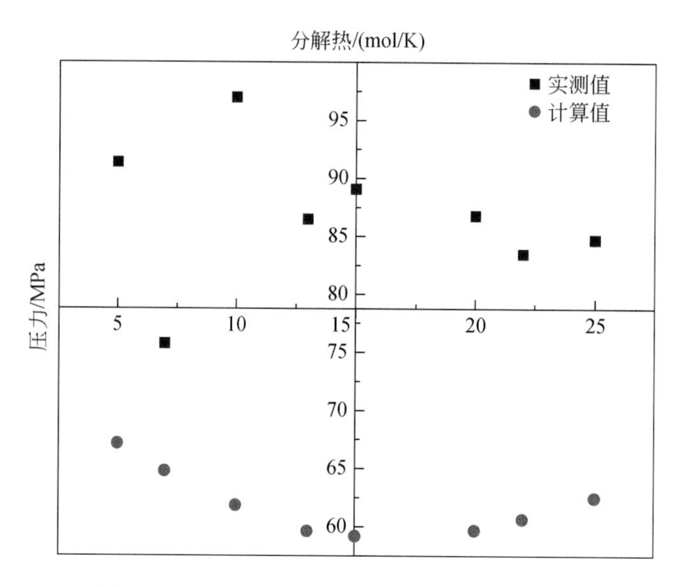

图 2.9　甲烷水合物分解热实测值与计算值对比

第二节　天然气水合物分解热效应研究与应用

一、天然气水合物相平衡研究

天然气水合物生成过程，实际上是一个天然气水合物-溶液-气体三相平衡变化的过程，任何能影响相平衡的因素都会导致天然气水合物生成或分解。因此，研究各种条件下天然气水合物相平衡条件可提供天然气水合物的生成、分解信息，是天然气水合物勘探、开发和地质灾害预防等研究中最基础的问题（Winters et al.，2007；孙建业等，2010）。

早期的天然气水合物相平衡研究方法主要包括理论计算方法和实验测试方法。在单组分气体-去离子水的组分中理论计算方法能够获得较为可靠的相平衡数据。然而随着研究体系的复杂化，多孔介质的加入、孔隙水离子组成和浓度的不同搭配加上气体组分的变化等因素使得理论计算的难度越来越大，准确度也较低。在这种情况下模拟实验的方法能够更加可靠地获得相平衡数据。

观察法是测定液相中天然气水合物相平衡条件最常用的方法（张剑和业渝光，2003）。早期文献中天然气水合物相平衡数据大都是采用观察法测量的。该法的关键是要求反应釜是耐高压的透明材料如蓝宝石，且反应体系清晰可辨，能够采用光纤照明摄像等辅助设备观察天然气水合物的生成与分解，确定天然气水合物在某条件下的相平衡数据。图形法是 20

世纪50年代发展起来的一种测量天然气水合物相平衡的手段，分为定压、定容和定温三种方法。该方法保持三个参数中某一个参数不变，改变其余两个参数，使天然气水合物分解。

随着沉积物体系在相平衡研究中的位置越来越重要，观察法也不能满足天然气水合物相平衡研究的需要。因此，依靠大型高压低温反应釜进行实验，实验过程中采用分步升温法获得多组温度压力数据，最后依靠图形法求解相平衡点成为准确获得天然气水合物相平衡数据的唯一途径。然而这种方法的缺点也非常明显：首先，受反应釜加工条件和制冷条件的限制，实验可研究的温度压力范围较窄，实验数据不够全面；其次，受天然气水合物生成过程的诱导时间影响，大量天然气水合物样品制备耗时过长，导致实验周期长，效率低；此外，高压反应釜不同于精确定量的分析设备，其数据采集的精确度不高，加上实验操作过程中人为因素造成的误差难以避免，所以不能保证所有数据均有较高的可信度。

HP DSC 技术为复杂条件下天然气水合物相平衡测量提供了一个新的方法。它通过建立天然气水合物相变过程中的热流数据与温度数据之间的对应关系，能够准确地获得天然气水合物分解不同阶段的温度数据，从而获得准确的相平衡数据。

1. 去离子水-甲烷气体-水合物体系中相平衡点的确定方法

图2.10展示了HP DSC测量去离子水-甲烷气体-水合物体系中升温分解的一个典型热流曲线。从图2.10中可以看出，体系升温过程中出现两个吸热峰，它们对应的过程分别是冰的融化（不随压力变化，始终稳定在0℃附近）和甲烷水合物分解。前人研究指出，将甲烷水合物吸热曲线的起始点即甲烷水合物开始分解的温度作为其相平衡点。根据DSC热流曲线分析方法，热流峰的起始点通常被称作“onset”点，它的确定步骤是首先将热流曲线稳定部分的直线作为基线，延伸进入峰面积包含领域，然后寻找热流峰线性升高的部分，将代表热流峰线性升高部分的直线与热流基线的交点定义为“onset”点，即甲烷水合物的相平衡点（Davies et al.，2009a）。

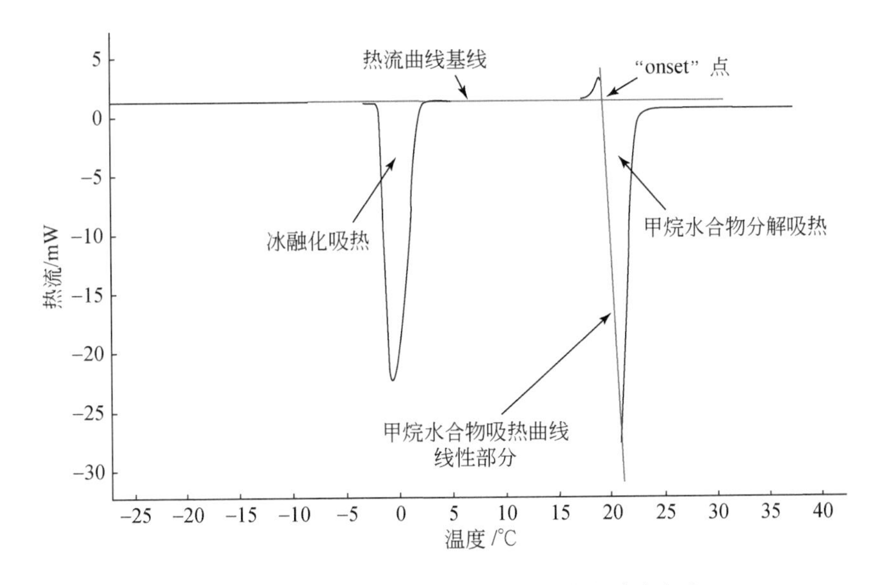

图2.10　HP DSC热流曲线“onset”点的确定方法

根据以上方法，我们处理了一组甲烷水合物不同压力下分解过程的热流曲线，获得了表2.4所示的实验数据。结果发现采用热流曲线的“onset”点分析方法获得的甲烷水合物相平衡数据与文献发表数据相差较大，并且两者的偏差随着压力的增高出现增大的趋势。经过对文献的调研和热流数据的进一步整理发现，用如上所述的“onset”点确定的相平衡数据存在一定的偏差。

原因可能包含两个方面：①根据天然气水合物相平衡的定义可知，反应体系内甲烷水合物保持存在的临界状态所对应的温度压力点称作相平衡点。而热流曲线使用的“onset”点应该被看作是甲烷水合物刚刚开始分解的点，体系中还存在相当数量的甲烷水合物没有分解。②当实验压力较高时，在甲烷水合物分解之前有一部分由冰转化出的水可以继续生成甲烷水合物（如图2.10中“onset”点之前的小放热峰），使得热流曲线在甲烷水合物分解位置并不稳定，由此造成了数据偏差。这也解释了随着压力升高，相平衡数据偏差增大。

表2.4 采用“onset”点所确定的甲烷水合物相平衡温度与文献值对比

压力/MPa	甲烷水合物相平衡温度/℃(Sloan et al., 1998)	实测相平衡温度/℃	相平衡 ΔT/℃
5	6.7	6.6	-0.1
7	10.1	9.77	-0.33
10	13.46	12.96	-0.5
13	15.82	15.2	-0.62
15	17.06	16.3	-0.76
20	19.48	18.53	-0.95
22	20.27	19.65	-0.62

针对以上发现的问题，我们认为将热流曲线上甲烷水合物分解峰的最高点作为计算相平衡的参考点应该更有意义，该点代表了甲烷水合物样品已经大量分解的状态，更加符合相平衡的定义。但是考虑到HP DSC通常是在一定温度扫描速率下测量的，因此应该去除变温速度对峰值点的影响。因此，我们使用分解峰最高点为起点，使用吸热峰线性部分的直线斜率为修正系数，将最高点的直线与热流基线的交点作为相平衡点，从而获得了修正后的相平衡温度。

图2.11显示了修正前后相平衡数据与文献数据的偏差（Sloan et al.，1998）。可以看出经过修正的数据与文献数据更加吻合。

2. 盐水-甲烷气体-水合物体系中相平衡点的确定方法

目前发现的天然气水合物样品绝大多数分布在海洋，因此掌握盐水中天然气水合物相平衡数据无疑能够对相关研究提供更准确的参考资料。前人研究表明，溶液离子浓度与温度和压力一样，都是影响天然气水合物相平衡条件的重要因素。同时，对于HP DSC热流分析技术来说，用于纯水体系中的分析方法也不能完全不变地应用到盐水体系。

图2.12展示的是一组盐水溶液中甲烷水合物分解过程的热流曲线变化趋势。它与纯水体系有两个明显的不同，首先在低温区域（通常小于-30℃）出现了一个新的吸热峰，它是由盐-水两种物质在低温条件下出现熔融现象引起的；另外，冰融化和甲烷水合物分解的吸

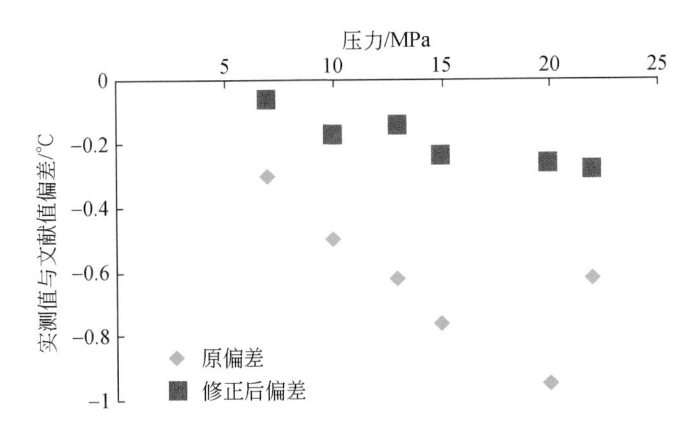

图 2.11　修正前后 HP DSC 测量相平衡数据与文献数据的偏差对比

热峰不再是符合高斯分布规律的对称峰。这是因为冰的熔点和甲烷水合物的分解点都受溶液盐度的影响，当冰或甲烷水合物开始释放出纯水时，会改变整个溶液的盐度，造成接下来的分解温度产生对应的变化。因此，整个分解过程中始终存在盐度-温度相互作用的影响。

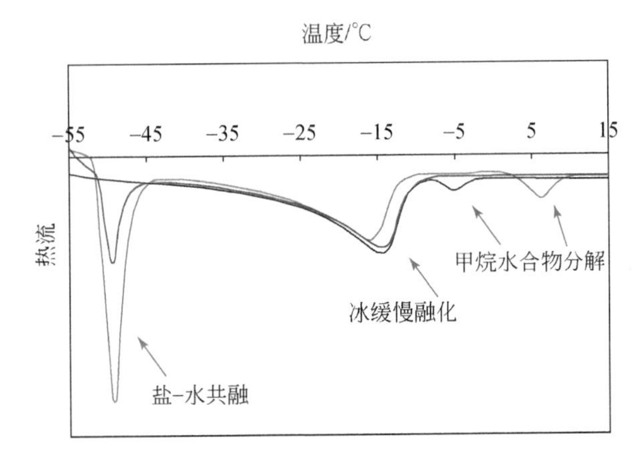

图 2.12　盐水溶液中甲烷水合物分解过程热流曲线变化图（Kharrat and Dalmazzone，2003）

针对这种情况，在确定盐水体系中甲烷水合物相平衡点时，应该使用符合高斯分布的吸热峰的线性部分作为修正系数，同时取峰最高点为参考点确定相平衡温度。该吸热峰的选取与甲烷水合物在体系中所占的饱和度有关。如图 2.12 所示的甲烷水合物含量较少，其分解出来的水不足以对体系盐度产生明显的改变，因此甲烷水合物分解峰对称性良好，可直接获得相平衡温度；如果甲烷水合物含量较多，分解过程盐度发生明显改变，则选取盐-水两相的共融峰的线性部分作为修正系数，确定相平衡点（图 2.13）。

3. 离子浓度对甲烷水合物相平衡的影响

图 2.14 给出了使用 HP DSC 测量的甲烷水合物在不同条件下的相平衡数据。其中包括去离子水-甲烷气体-水合物体系、14% NaCl 溶液-甲烷气体-水合物体系和南海孔隙水-甲烷气体-水合物体系以及南海沉积物（粒度分析结果：砂 33.02%、粉砂 58.81%、黏土 8.17%）-甲烷气体-水合物体系等多种条件下的测试。

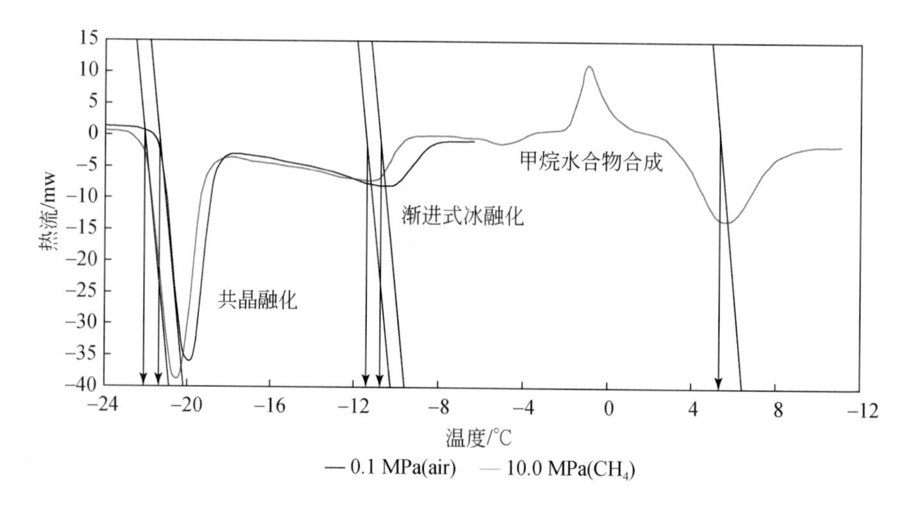

图 2.13　盐水体系中甲烷水合物相平衡点的确定方法（Kharrat and Dalmazzone，2003）

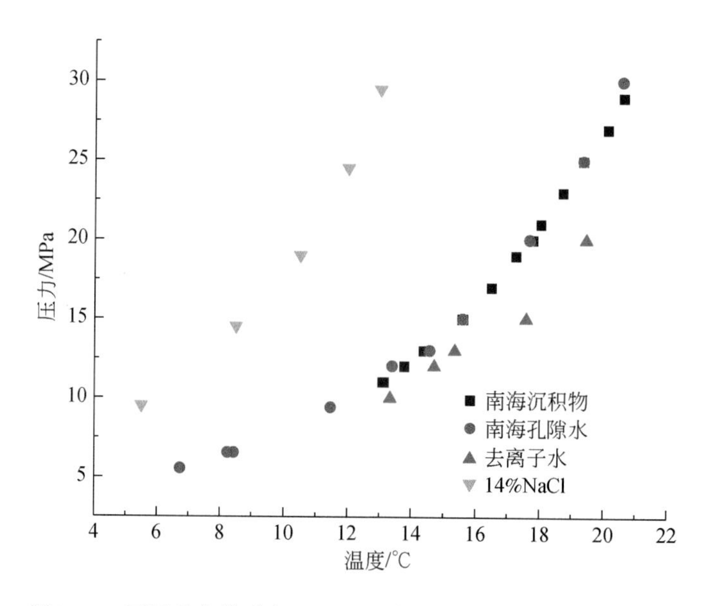

图 2.14　不同反应体系中 HP DSC 测量的甲烷水合物相平衡数据

从甲烷水合物相平衡图可以看出，孔隙水对甲烷水合物相平衡点影响明显。南海孔隙水盐度为 3.5% 左右，相同压力条件下甲烷水合物相平衡点较去离子水偏移 2℃左右。而 14% NaCl 溶液使相平衡条件产生的偏移更大。产生这种影响的原因可以通过经典热力学理论进行解释。

常用的天然气水合物稳定条件计算模型是以经典统计热力学为基础，对模型进行各种变形和推导（Handa and stupin，1992）。根据相平衡原则，平衡时多元体系中的每个组分在各相中的化学势都相等。对于含天然气水合物体系，相平衡约束条件为

$$\mu_w^H = \mu_w^L \tag{2.10}$$

式中：μ_w^H 为水合物相中水的化学势；μ_w^L 为富水相中水的化学势。若以空水合物晶格 μ_w^{MT} 的化学势作为参考态，则平衡条件可表示为

$$\Delta\mu_w^H = \Delta\mu_w^L \tag{2.11}$$

$$\Delta\mu_w^H = \mu_w^{MT} - \mu_w^H \tag{2.12}$$

$$\Delta\mu_w^L = \mu_w^{MT} - \mu_w^L \tag{2.13}$$

根据以上原则，具体到富水相应用，模型可进一步表示为

$$\frac{\Delta\mu_w^L}{RT} = \frac{\Delta\mu_w^0}{RT_0} - \int_{T_0}^{T} \frac{\Delta h_w}{RT^2}\mathrm{d}T + \int_{T_0}^{T} \frac{\Delta V_w}{RT}\left(\frac{\mathrm{d}P}{\mathrm{d}T}\right)\mathrm{d}T \tag{2.14}$$

式中：Δh_W 为空水合物晶格与纯水之间的摩尔焓差；ΔV_w 为空天然气水合物晶格与纯水之间的摩尔体积差；$\Delta\mu_w^0$ 为参考态（$T_0=273.15\mathrm{K}$，$P_0=0$）条件下，空水合物晶格与纯水之间的化学势差；$\mathrm{d}P/\mathrm{d}T$ 由实验测定的温度-压力平衡曲线确定。

Holder 等对于含溶质的富水相进行了简化，给出下面的关系式：

$$\frac{\Delta\mu_w^L}{RT} = \frac{\Delta\mu_w^0}{RT_0} - \int_{T_0}^{T} \frac{\Delta h_w}{RT^2}\mathrm{d}T + \int_{0}^{P} \frac{\Delta V_w}{RT}\mathrm{d}P - \ln a_w \tag{2.15}$$

式中：ΔV_w 与温度无关；T、P 分别为天然气水合物分解温度和压力；a_w 为水的活度，如果水为纯水或冰，则水的活度等于 1，如果水相为溶液，则水的活度可通过状态方程或活度系数方程计算。焓差 Δh_w 是温度的函数。

由式（2.15）可以看出，影响天然气水合物相平衡条件的主要因素是温度、压力和水的活度。而水的活度则与其中的离子浓度密切相关。水的活度 a_w 是一个非常重要的参数，电解质溶液和沉积物中天然气水合物稳定条件的降低均与水的活度系数有关。建立合适的水的活度计算模型是预测天然气水合物相平衡条件的关键。

1923 年 Debye 和 Hückel 提出了强电解质离子互吸理论（Onsager and Samaras，1934），认为在溶液中由于正负离子间存在吸引，某一离子周围出现带异种电荷的离子概率远远大于带同种电荷的离子，进而使离子分布不均匀并形成离子氛：每一个正离子周围存在带负电的球形离子氛；每一个负离子周围存在带正电的球形离子氛。基于这种构想，离子间的静电作用可以归结为中心离子与离子氛之间的作用。由离子互吸理论推导出的 Debye-Hückel 极限公式，在电解质溶液很稀时计算结果与实验数据有很好的一致性，但是随着溶液浓度的增大，极限公式计算的偏差也增大。Pitzer 和 Mayorga（1973）认为离子间的作用不仅包括了长程静电力，还包括硬心斥力与短程引力，为了应用于高浓度电解质溶液，他们提出 Pitzer-Mayorga 离子相互作用模型。这个模型所有的参数都可以通过实验来确定，其中也包括单一电解质溶液中水的活度计算方法。

$$\ln a_w = (v_s m M_s \phi)/1000 \tag{2.16}$$

式中：M_s 为水的摩尔质量；m 为电解质摩尔浓度；v_s 为电解质溶液中总的离子化学计量系数；ϕ 为电解质溶液渗透系数，可通过电解质溶液的平均离子活度系数求解，表达式为

$$\varphi = 1 + \frac{1}{m}\int_0^m m\left(\frac{\partial\ \ln\gamma_m}{\partial\ m}\right)\mathrm{d}m \tag{2.17}$$

电解质溶液的平均离子活度系数：

$$\gamma_m = (\gamma_+^{\nu_+}\gamma_-^{\nu_-})^{\left(\frac{1}{\nu_+ + \nu_-}\right)} \tag{2.18}$$

式中：γ_+、γ_-分别为阳离子和阴离子活度系数；ν_+、ν_-分别为阳离子和阴离子化学计量系数。平均离子活度系数 γ_m 可通过 Pitzer-Mayorga 公式进行计算：

$$\ln\gamma_m = -|z_-z_+|A_\varphi\left[\frac{I^{1/2}}{1+bI^{1/2}}+\frac{1}{b}\ln(1+bI^{1/2})\right]+m\frac{2\nu_+\nu_-}{\nu}$$
$$\left\{2B_{MX}^{(0)}+\frac{2B_{MX}^{(1)}}{a^2I}\times\left[1-\left(1+aI^{1/2}-\frac{a^2I}{2}\right)\exp\left(-aI^{1/2}\right)\right]\right\}+\frac{3m^2}{2}\left[\frac{2(\nu_+\nu_-)^{3/2}}{\nu}C_{MX}^{\phi}\right] \quad (2.19)$$

式中：z_-、z_+分别为阳离子和阴离子的电荷数；ν 为阳离子和阴离子化学计量系数之和，$\nu=\nu_++\nu_-$；m 为质量摩尔浓度；a 和 b 为从实验数据得到的常数；I 为离子强度；A_φ 为 Debye-Hückel 系数；B_{MX}为第二维里系数；C_{MX}为第三维里系数。

通过以上理论推导可知，离子浓度的增加会降低水的活度，从而降低天然气水合物的稳定性。为此，在含有盐溶液的体系中天然气水合物形成必须提供更高的压力或更低的温度才能使各相反应物的化学势达到平衡状态。

4. 沉积物粒度对天然气水合物相平衡条件的影响

图 2.14 的实验结果中，不仅包含不同离子浓度对甲烷水合物相平衡的影响，也对比了相同离子浓度下，南海沉积物体系和单纯的孔隙水体系甲烷水合物的相平衡条件，结果发现两者差别不大。结合之前开展的不同粒径多孔介质中甲烷水合物相平衡研究，均没有发现沉积物粒径对甲烷水合物相平衡条件产生明显的影响。为此，研究依靠天然气水合物热力学模型寻找原因。

沉积物对甲烷水合物生成产生的影响主要是颗粒的存在产生了毛细作用，由此产生了额外的毛细压力。由于毛细压力的存在，改变了水的活度，从而影响了甲烷水合物的生成（陈强等，2007）。

在半径为 r 的孔隙中与孔隙水接触的甲烷水合物相的压力 P_h 可以表示为

$$P_h = P_l+\left(\frac{F\gamma_{hl}\cos\theta}{r}\right) \quad (2.20)$$

式中：P_l 为液相压力；γ_{hl}为天然气水合物-液相之间的表面张力；θ 为天然气水合物和孔壁之间的接触角。在孔隙水饱和的沉积物中 $\theta=180°$，$\cos\theta=-1$；F 为界面形状因子，与固液界面曲率有关。

根据吉布斯-汤姆逊方程，天然气水合物生成/分解温度的降低值 ΔT_{pore}和对应无几何约束条件下温度 T_{bulk}的关系为（Johnson，1965）：

$$\frac{\Delta T_{pore}}{T_{bulk}} = -\kappa\left(\frac{\gamma_{hl}\cos\theta}{\rho_{h,l}\Delta H_{h,d}}\right) \quad (2.21)$$

式中：$\rho_{h,l}$为天然气水合物的密度，根据天然气水合物反应过程选择；$\Delta H_{h,d}$为天然气水合物分解焓。天然气水合物分解时式（2.21）可变型为

$$\frac{\Delta T_{d,pore}}{T_{bulk}} = -\frac{\gamma_{hl}\cos\theta}{\rho_h\Delta H_{h,l}r} \quad (2.22)$$

式中：$\Delta T_{d,pore}$为孔隙中天然气水合物分解温度降低值；ρ_h 为天然气水合物密度。

确定多孔介质中的甲烷水合物体系各相界面以及连续相是模拟计算天然气水合物相变行为的重要前提之一。Anderson（1986）认为多孔介质颗粒表面被孔隙水浸润，并且紧靠

壁面存在一层水膜，即使在孔隙充满天然气水合物的情况下仍旧以液相存在。孔隙水从外围空间连续渗透进入毛细孔隙，所以孔隙水是连续相。在饱和孔隙水的沉积物中气体没有进入到孔隙中，气-液界面曲率可以忽略，即 $P_l = P_g$。比较而言，天然气水合物相不润湿孔壁，以正向界面曲率抵抗液相，从而造成内压力提高，即 $P_h > P_l = P_g$。根据以上分析，孔隙的毛细管压力 P_c 可以表示为

$$P_c = P_h - P_l = \frac{F\gamma_{hl}\cos\theta}{r} \tag{2.23}$$

孔隙的毛细管压力模型基于以下假设：孔隙水在孔隙壁面是润湿相，且孔隙水饱和，孔隙效应不影响甲烷水合物及孔隙水的摩尔体积。由此可以获得孔隙毛细管压力对水的活度的影响公式：

$$\ln a_{w,pore} = \frac{v_L F\gamma_{hl}\cos\theta}{RTr} \tag{2.24}$$

式中：$a_{w,pore}$ 为孔隙毛细管压力下水的活度；v_L 为孔隙水摩尔体积；R 为气体常数；T 为天然气水合物分解温度。

根据已有的甲烷水合物相平衡数据（表2.5），计算得出孔隙半径 $r=60$nm 可能是沉积颗粒毛细作用对水活度影响的临界尺寸，沉积物的孔隙半径大于60nm 时甲烷水合物生成不会受到明显的毛细作用的阻碍。因此本章中 HP DSC 获得的南海沉积物体系中天然气水合物相平衡数据与孔隙水数值相近。

表 2.5　不同粒度沉积物中甲烷水合物相平衡数据

6.0nm		15.0nm		30.0nm	
T/K	P/MPa	T/K	P/MPa	T/K	P/MPa
275.30	5.17	277.15	4.825	276.33	4.012
276.65	6.19	279.15	6.06	278.30	4.948
277.95	7.20	280.45	7.16	280.55	6.175
279.35	8.275	281.75	8.243	282.15	7.30
279.95	9.326	282.88	9.275	283.33	8.285
280.95	10.5	283.70	10.285	284.53	9.638

二、天然气水合物亚稳定状态实验研究

1. 冰点以下天然气水合物常压保存的亚稳态研究

天然气水合物的动态聚散过程不仅包括生成、分解过程以及与其相关的成核、结晶作用，还涉及天然气水合物亚稳定存在状态。所谓天然气水合物的亚稳定存在一般是指天然气水合物脱离了相平衡条件所限定的热力学范围但仍能保持相对稳定，不发生分解。最常见的一种天然气水合物亚稳定现象即所谓的天然气水合物分解过程的自保护现象（Turner et al., 2002）。当天然气水合物在零度以下的温度环境中存放时，当压力低于相平衡要求时天然气水合物会发生部分分解，但随后剩余部分能够保持一段时间稳定。通常认为天然

气水合物的自保护现象是由于首先分解出来的水在零度以下结冰，冰层包裹了天然气水合物颗粒从而抑制了天然气水合物进一步分解。

对于天然气水合物亚稳定状态开展研究，掌握其规律和影响因素能够为天然气水合物在工业应用中开辟广阔的前景。众所周知，天然气水合物具有极强的储气能力，因此有可能开发出以天然气水合物为基础的天然气储运技术。而维持高压环境无疑给天然气水合物储运应用带来巨大的困难，因为压力容器不论从生产成本和安全保证等角度来说都不适宜投资。然而根据天然气水合物的亚稳定状态研究结果来看，天然气水合物能够在低于零度的常压条件下存储，无疑为天然气水合物储运技术带来福音。制造保温容器的技术难度和安全要求都是较低的。

Yakushev 和 Chuvilin（2000）在研究Ⅰ型甲烷水合物和Ⅱ型甲烷-丙烷混合气体水合物时都发现了自保护效应。他们在常压和零度以下温度中保存混合气水合物，发现在相当长的一段时间内混合气水合物中的气体都没有明显损失。Gudmundsson 等（1994）在常压下进行了天然气水合物的亚稳定研究，他们分别使用-5℃、-10℃和-18℃的温度保存天然气水合物样品，发现在最长 10 天的时间内气体的含量以及气体的组分都没有发生明显变化。Ebinuma 等（2005）做了甲烷水合物颗粒在多晶冰粉中的亚稳定研究。其样品中的甲烷水合物含量为 85%，通过偏振光显微镜观察常压-15℃条件下的甲烷水合物稳定性，发现甲烷水合物在冰晶的包围和保护下没有发生分解，而常压下正常的相平衡温度应该是-78℃。

本节利用 HP DSC 实验装置开展甲烷水合物的亚稳定研究。实验设计如下。

（1）在样品池中加入高压甲烷气体（10MPa），使用 HP DSC 控制样品降温至-40℃。在此过程中样品池中相继出现了甲烷水合物和冰。

（2）控制样品池升温至-15℃并保持稳定，放掉高压样品池内的气体。

（3）通过 HP DSC 主机保持样品在-15℃温度条件下存放 10h。

（4）加热样品至室温，并记录该过程的热流曲线（图 2.15 ~ 图 2.17）。

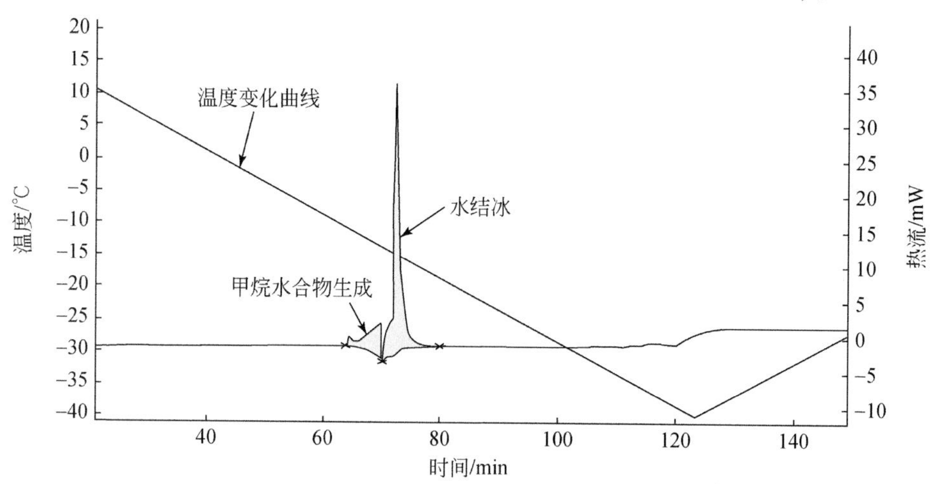

图 2.15　HP DSC 降温生成甲烷水合物热流与温度曲线

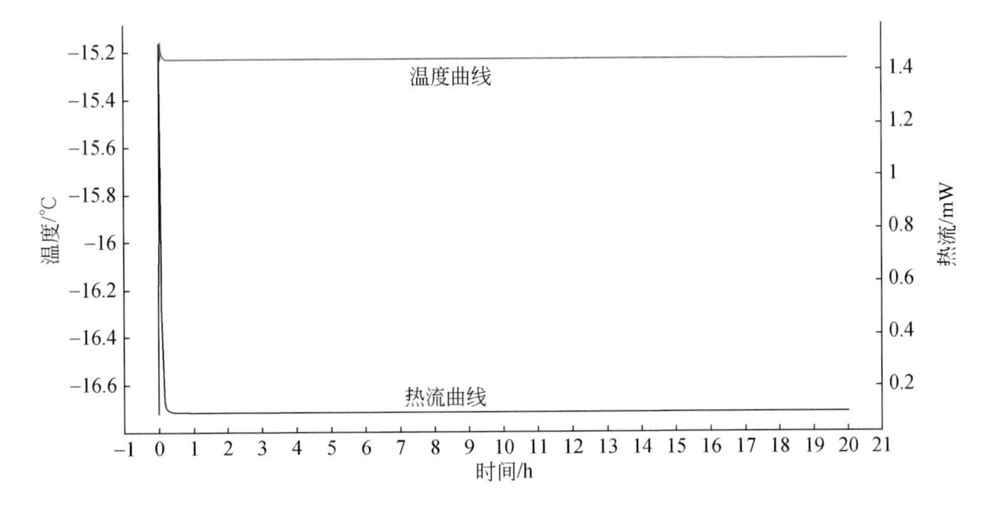

图 2.16　样品恒温过程中热流与温度曲线

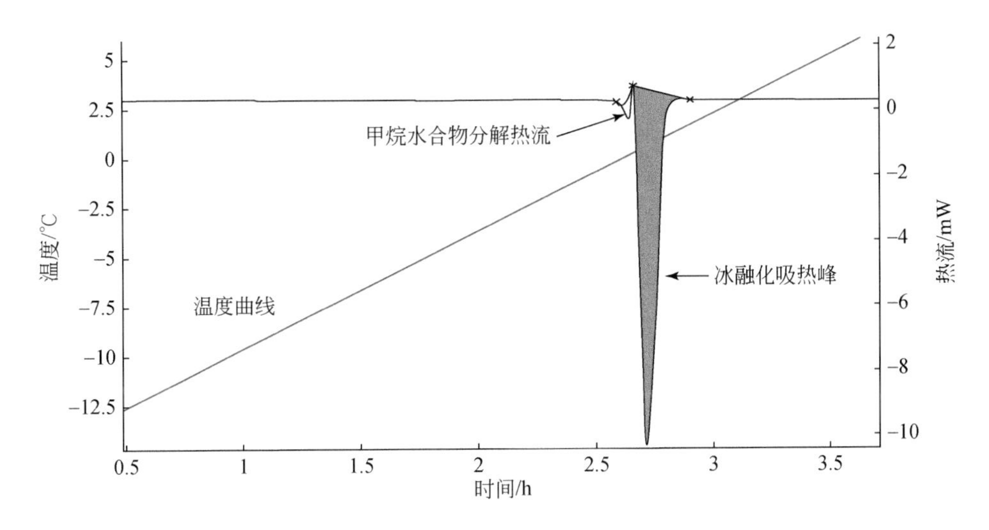

图 2.17　样品升温至室温时的热流和温度曲线

从实验结果可以看出，当样品池中高压气体被释放后甲烷水合物仍能在-15℃的条件下稳定存在 10h，表现为图 2.16 中热流曲线非常平稳，被测量体系没有出现任何热量交换；在样品被加热至室温的过程中，热流曲线出现两个吸热峰（图 2.17）。并且从甲烷水合物开始分解的温度来看是在 0℃附近。本实验能够证明天然气水合物亚稳定状态确实存在。

Yakushev 和 Chuvilin（2000）将天然气水合物自保护现象的原因解释为冰层包裹了天然气水合物颗粒，被认为此冰层是气体分子无法穿越的，它能够阻止天然气水合物颗粒的进一步分解。因此存在自保护效应的体系应该是包含天然气水合物和冰的两相热稳定体系。运用范德华模型计算发现存在一个温度-压力区间，可以使天然气水合物转化为冰。在 $T<273K$ 时，压力降低导致 $\Delta\mu=\mu_\beta-\mu_{ice}$，并出现负值。$\mu_\beta$ 和 μ_{ice} 分别是空天然气水合物笼子和冰的化学势能。

Gudmundsson 等（1994）考虑了冰的力学性质及其对天然气水合物-冰体系的作用，

提出力学性质方程：

$$\sigma=7.94\times10^{4}\left[\left(1-\frac{e}{0.285}\right)\frac{1-0.9\cdot10^{-3}T}{d}\right]^{1/2} \tag{2.25}$$

式中：σ 为抗张强度；e 为孔隙度；T 为温度；d 为颗粒直径。

该方程在粒度为 1.4 ~ 9mm 的范围内得到验证。运用该方程计算了天然气水合物表面包裹冰壳的情况，结果表明当天然气水合物颗粒直径为 15mm 厚时，1mm 厚的冰壳可以提供大约 0.5MPa 的压力。与温度比较来看，冰的抗张强度对于颗粒大小更为敏感。

2. 冰对天然气水合物亚稳态的影响因素

上述实验结果以及前人的研究成果均强调冰的存在对于天然气水合物的亚稳定存在，特别是自保护效应具有至关重要的作用。因此，研究冰是否是天然气水合物亚稳定存在的必要条件以及天然气水合物亚稳定状态所要求的最低温度是多少成了接下来需要讨论的问题。对此，本节设计了如下实验方案。

（1）在样品池中加入高压甲烷气体（10MPa），使用 HP DSC 控制样品降温至−40℃，生成甲烷水合物与冰的混合样品。

（2）保持样品池内压力不变，升温至 5℃融化冰（此时甲烷水合物仍在相平衡稳定的温度压力范围内）。

（3）降温至−15℃，并在保持温度不变的情况下释放样品池的压力。

（4）分别控制样品在−15℃、−10℃、−5℃和−1℃的温度下稳定 10h。

（5）加热样品至室温，并记录该过程的热流曲线。

实验结果表明：首先，执行实验步骤（1）时能够达到去除冰的效果，热流曲线在升温阶段出现了明显的吸热峰，对应的是冰的融化（图 2.18）。

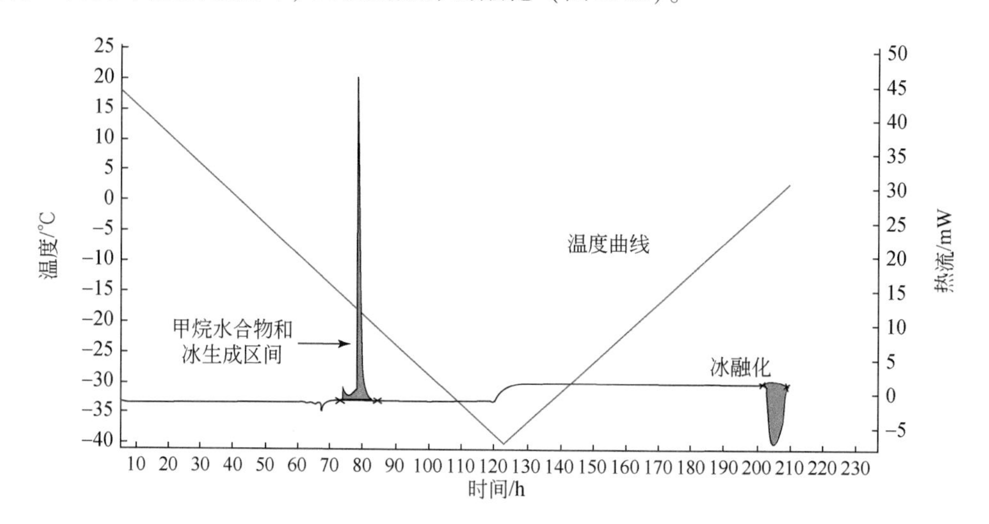

图 2.18　HP DSC 降温生成甲烷水合物及升温去除冰的热流与温度曲线

其次，当放掉压力再次降温到−15℃时，热流曲线开始保持平稳状态 25h（图 2.19）。这说明在温度低于 0℃时，甲烷水合物在体系没有冰的情况下仍能稳定存在，从而可以确定冰的存在不是甲烷水合物亚稳定存在的必要条件。在样品低温保持 25h 后，热流曲线出现了明显的放热峰，这表明水在过冷条件下经过足够的诱导时间再次转变为冰。此外，在样品-15℃保存的48h内，甲烷水合物都没有分解现象。

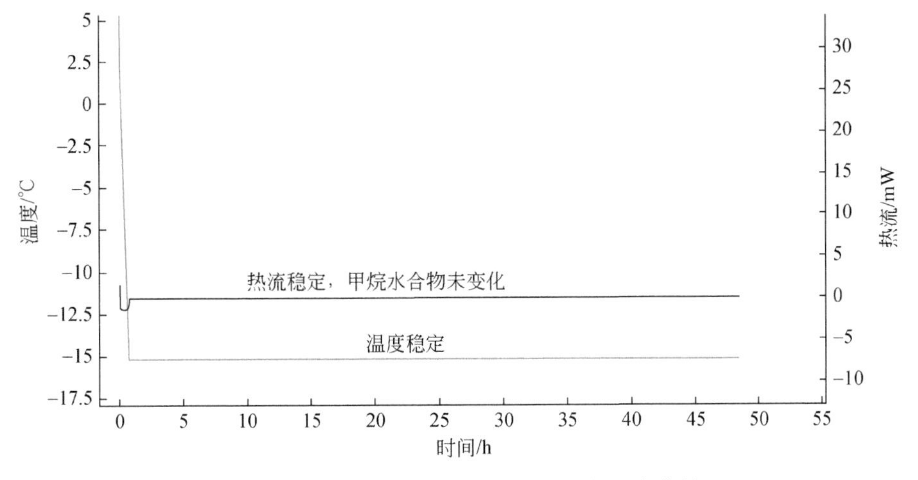

图 2.19　样品-15℃恒温过程的热流与温度曲线

最后，为了寻找甲烷水合物常压条件下的亚稳态极限温度，分步骤使甲烷水合物样品分别在-15℃、-10℃、-5℃和-1℃的温度条件下分别稳定10h，其热流曲线如图2.20所示。可以看出，在最高至-1℃的情况下，热流曲线都较为稳定，说明反应体系内没有物质发生相态变化。并且在随后的升温过程出现了甲烷水合物分解和冰融化两个吸热峰。再次证明了之前的保温过程中不仅有甲烷水合物而且能够稳定存在。甲烷水合物和冰的分解都在冰点附近发生，表明常压下甲烷水合物的亚稳态存在条件应该是温度小于0℃。

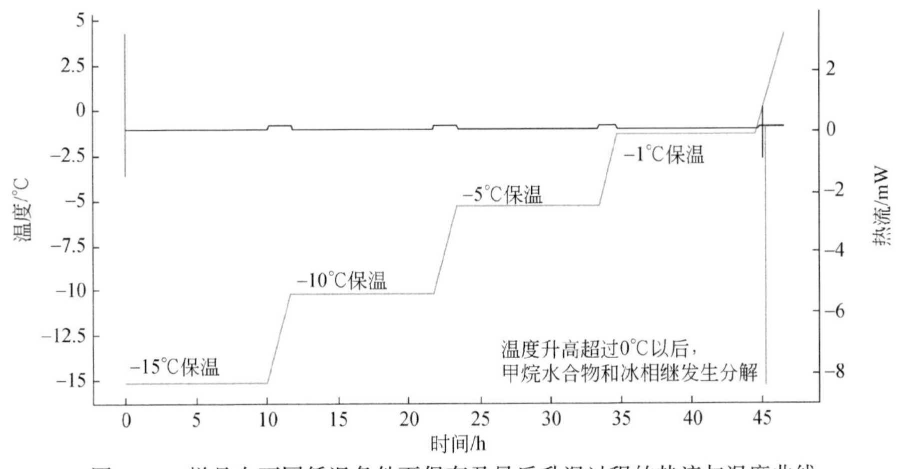

图 2.20　样品在不同低温条件下保存及最后升温过程的热流与温度曲线

三、天然气水合物反应过程传质特征研究

天然气水合物生成是一个复杂的动态演化过程，其中涉及物理、化学等多方面的变

化，因此研究又进一步细分为热力学过程、动力学过程等。天然气水合物热力学条件控制着反应发生所需要的必要条件，如温度、压力、离子作用和沉积物影响等；而天然气水合物动力学则为了解决水合反应如何发生，包括成核机理、诱导时间、反应速度等。简单来说天然气水合物热力学研究的是反应能否发生，天然气水合物动力学研究的是反应何时以什么速度发生。这两者的前提条件都需要满足反应体系有充足的物质供应。而随着天然气水合物勘探普查工作的深入开展，发现理论上符合天然气水合物产生的远景资源区很多，但真正能够存在天然气水合物矿藏的地方只占其中一小部分。这就说明真实情况中，天然气水合物是否能够存在除了合适的热力学及动力学条件外，还必须满足水合反应过程有充足的物质保障。因此，传质传热作用对天然气水合物生成与成藏有着至关重要的作用，也引起了科研工作者越来越多的关注。

Hwang 等（1990）基于耗气量指标研究了甲烷水合物在冰晶中的生成速度，并将反应过程分为两个阶段：首先甲烷水合物优先在气-液接触界面生成，并且很快形成一层水合物膜；随后甲烷或水受到水合物膜的阻碍，传质阻力变大导致反应速度不断变慢。很多实验研究也都证实了天然气水合物膜的存在，特别是 Davies 等（2009）通过扫描电子显微镜观察到了天然气水合物膜，并且发现它是具有高孔隙度的天然气水合物薄层。在随后的研究中发现不同的反应介质（甲烷-水、二氧化碳-水、甲烷-有机溶液或丙烷等其他长链烷烃等）所生成的水合物都存在水合物膜，其形态受热动力学条件影响：高过冷温度反应条件下膜的表面粗糙呈针状，低过冷温度反应条件下膜的表面相对光滑。

1. 实验设计及关键参数

在 HP DSC 样品池中加入一定量的去离子水，使用相同的温度扫描速率进行不同压力下的甲烷水合物生成分解实验。通过对该过程所产生的热流曲线分析，获得甲烷水合物及冰等反应产物的量和不同时刻的转化率和反应速度，结合 HP DSC 样品池几何尺寸等信息能够建立水及甲烷水合物层厚度随时间的变化关系。最后，在综合分析实验数据并结合相关理论模型辅助的基础上探讨该反应体系中甲烷水合物生成阶段的传质方式、过程及传质系数等，最终阐明传质特征对甲烷水合物合成的控制机理。表 2. 6 给出了各项数据。

表 2. 6　甲烷水合物传质实验条件及相关参数

样品池内径/mm	加入水量/mg	水的高度/mm	压力/MPa	生成温度/℃	过冷温度/℃	消耗的水量/mg	合成甲烷水合物的量/mol
6. 4	29. 4	0. 91	5	-16. 68	23. 38	0. 7	6.48×10^{-6}
			7	-16. 97	27. 04	0. 7	6.48×10^{-6}
			10	-15. 86	29. 32	1. 4	1.30×10^{-5}
			13	-13. 75	29. 57	2. 3	2.13×10^{-5}
			15	-13. 22	30. 28	4. 2	3.89×10^{-5}
			20	-12. 55	32. 03	5	4.63×10^{-5}
			22	-10. 69	30. 96	8. 8	8.15×10^{-5}

2. 高压样品池中甲烷水合物的生长方式

由于 HP DSC 实验中不能直接观察到甲烷水合物的生长状态，加上甲烷水合物膜本身较为复杂的多孔结构特征，以下开展的讨论基于以下假设条件：①计算样品池中液面高度和甲烷水合物膜厚度时忽略弯液面带来的误差；②甲烷水合物仅在气-液接触面生成并且没有在容器壁上产生爬壁效应；③鉴于实验研究的甲烷水合物量很小，计算中忽略由于甲烷水合物与水之间密度差异引起的体积变化，近似地认为消耗的水的体积即为甲烷水合物体积；④甲烷水合物在生成过程中均匀分布在气-液接触面。

事实上对于甲烷水合物在液体中的形成位置已有很多研究成果可供参考，本节使用普通的高压反应釜做了类似研究，结果证实了气-液接触面是甲烷水合物最先出现的位置（图 2.21）。

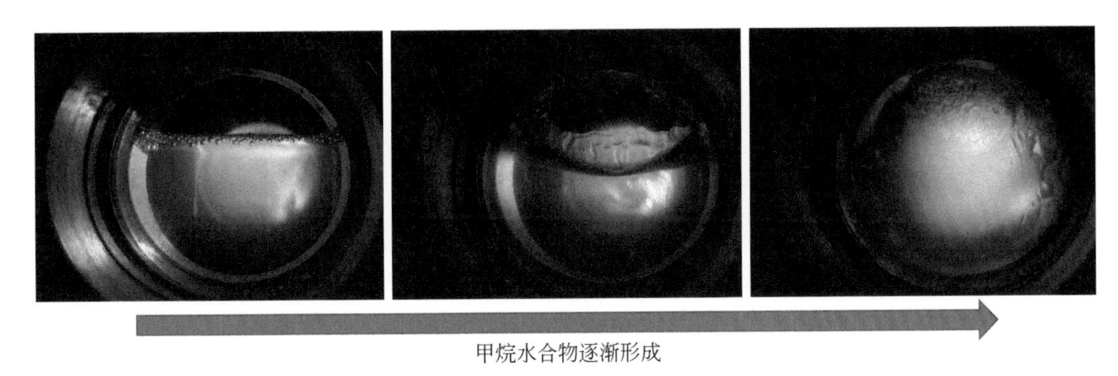

图 2.21　通过透明高压反应釜观察到甲烷水合物在气-液接触面生成

基于以上假设可以推断不同时刻甲烷水合物在样品池内的分布如图 2.22 所示，图中蓝色部分表示去离子水，灰色部分表示甲烷水合物。随着反应的进行甲烷水合物膜的厚度不断增加并且覆盖下层自由水。

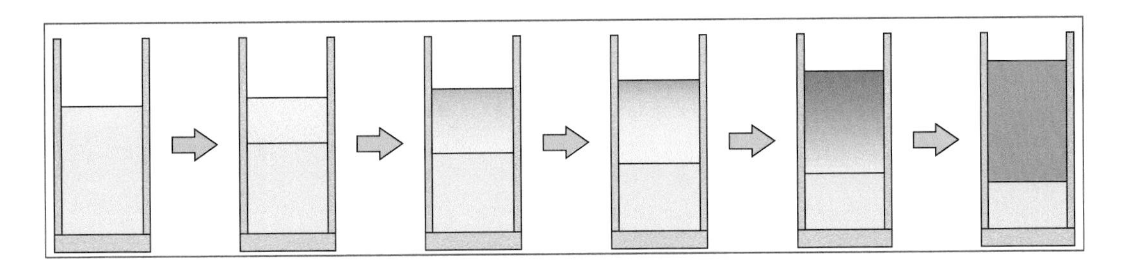

图 2.22　不同时刻甲烷水合物在样品池中的生长方式（Davies et al.，2010）

3. 甲烷水合物生长过程传质作用的驱动力

甲烷水合物合成的宏观过程中主要受过冷温度与压力两种外力作用。有研究表明穿过甲烷水合物膜的传质阻力主要取决于过冷温度，过冷温度越大甲烷水合物生成反应越容易出现。本实验将不同压力条件下甲烷水合物生成实验数据进行对比与处理后发现，甲烷水合物生成所需的过冷温度在不同压力下变化不大，但甲烷水合物生成量却明显受压力影响（图 2.23）。因此可以认为在本实验所使用的反应体系中，压力是物质传递的主要驱动力。

研究表明甲烷水合物实验过程中，形成甲烷水合物的总量是水中溶解的甲烷气和依靠

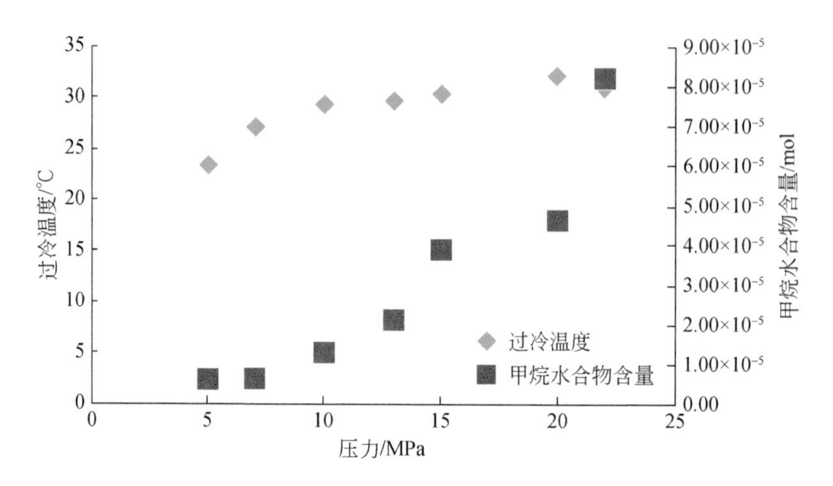

图 2.23　不同压力下甲烷水合物生成的过冷温度和含量变化图

扩散作用通过甲烷水合物膜的甲烷气共同作用构成的。甲烷向水合物膜运移的方式属于气体扩散的一种，因此菲克第二扩散定律能够描述其过程。菲克第二定律是在稳态扩散定律的基础上推导出来的，能够应用于非稳态扩散研究。它指出在非稳态扩散过程中，在距离 x 处，浓度随时间的变化率等于该处的扩散通量随距离变化率的负值：

$$\frac{\partial C}{\partial t}=\frac{\partial}{\partial x}\left(D\,\frac{\partial C}{\partial x}\right) \tag{2.26}$$

式中：C 为扩散物质的体积浓度；t 为扩散时间；x 为距离。

式（2.26）经过变化可表示为

$$\frac{\mathrm{d}m}{\mathrm{d}t}=D_{\mathrm{B}}A\,\frac{\mathrm{d}C_{\mathrm{A}}}{\mathrm{d}x} \tag{2.27}$$

式中：$\frac{\mathrm{d}m}{\mathrm{d}t}$为物质传递速度；$D_{\mathrm{B}}$ 为扩散系数；A 为气液接触面积；$\frac{\mathrm{d}C_{\mathrm{A}}}{\mathrm{d}x}$为浓度梯度。

可以看出在其他条件不变的情况下，更高的压力更有利于提升扩散过程的浓度梯度，从而导致甲烷水合物在高压下生成量更多。

4. 天然气水合物生成过程物质传递方式

天然气水合物生成过程可能传递的物质是水和气体分子，其水合反应的中间产物虽然有可能出现，但不会是传质作用的主导因素。综合目前发表的研究结果来看，既有认为水透过天然气水合物膜向上运移并与气体分子结合的假说，也有支持气体分子透过天然气水合物膜达到气-液接触面发生反应的观点。通过以往实验研究发现，在高压反应釜中进行的天然气水合物生成实验，如果水中加入促进反应的催化剂（如十二烷基磺酸钠），天然气水合物生成速度快但爬壁效应明显。生成的天然气水合物分布在釜壁高出液面很多的位置，表明物质传递以水的向上运移为主；而在没有催化剂的天然气水合物反应中爬壁现象并不明显。因此认为传质方式与反应体系催化剂有关。在本节所使用的 HP DSC 实验体系内甲烷水合物反应的传质方式应以气体运移占主导地位。实验过程中与传质有关的数据资料见表 2.6。

除了物质运移方式外，物质传递的来源也是一个重要问题。参与天然气水合物反应的气由水中的溶解气和气相供给两部分组成。根据不同温度压力条件下甲烷气体在水中的溶解度可以算出反应溶液中能够吸收的溶解气，将其与甲烷水合物生成过程中实际消耗的气量对比发现（图 2.24），水中的溶解气即使全部用于甲烷水合物生成也远远不能满足需要。此外，根据菲克气体扩散定律可知，高压下甲烷气体向水中的扩散速度很慢，3h 约能达到最高浓度的 90%。而甲烷水合物生成过程通常比较迅速，气体如果是在气-液接触面扩散进水中形成甲烷水合物的话无法满足实际需求。

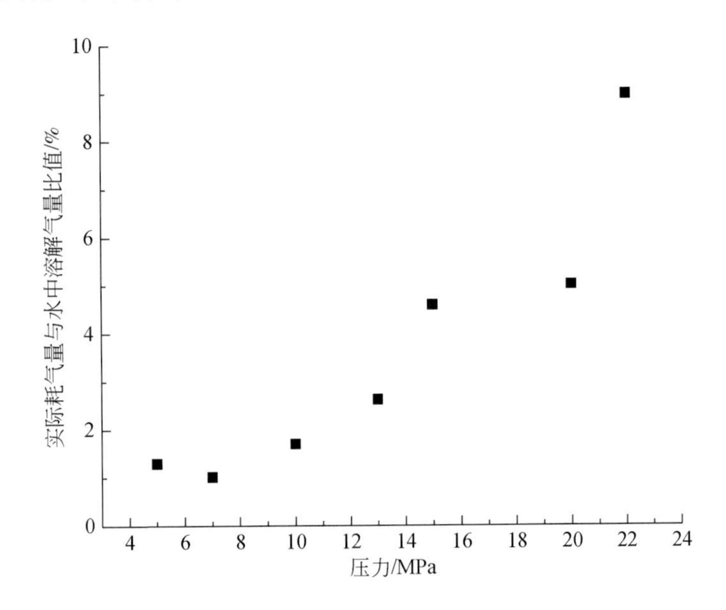

图 2.24　不同压力下甲烷水合物生成过程实际耗气量与水中溶解气量对比图

四、天然气水合物分解动力学特征研究

天然气水合物分解最典型的特征是伴随着剧烈的吸热现象，即固相天然气水合物需要吸收足够的热量来克服原有的分子间作用力，才能释放出气液两相物质（宋永臣等，2008；孙始财等，2011）。已有研究结果表明，天然气水合物分解的吸热量与其摩尔数量呈正比例关系（Chen et al., 2014）；采用 HP DSC 可以准确测量反应过程中的温度、压力和相变潜热数据，进而开展天然气水合物热力学、动力学研究（Cai et al., 2019；Dalmazzone et al., 2006）。

（一）甲烷水合物转化率的定义和计算

用纯溶液体系内的甲烷水合物转化率来衡量每组实验样品池内溶液转化为甲烷水合物的比例，其定义为参与甲烷水合物生成反应的溶液质量占溶液总质量的百分比。

图 2.25 为一组甲烷水合物分解过程的典型 HP DSC 热流与温度曲线：在高压样品池内温度按照一定的上升速率线性增长，相应的热流曲线具有两个吸热峰，分别对应冰融化吸

热峰（A 峰）和甲烷水合物分解吸热峰（B 峰）。每次实验甲烷水合物生成过程温度均降至-40℃，样品池内仅包含甲烷水合物和冰两种固态物质。单位质量的冰融化对应的相变潜热为 331. 36J/g，而冰融化的吸热量可以通过计算热流曲线峰面积（蓝色 A 峰的面积）获得，进而可得到每次实验冰的总物质的量。样品池内液体总质量可通过天平精确称量获得，因此可计算出甲烷水合物转化率，如式（2. 28）所示。标准情况下，1mol 甲烷水合物中甲烷分子与水分子的比例（水合数）是 1 ∶ 5. 75，实际样品中甲烷在晶格内的填充率会略低于理论值，一般取水合数为 6。实验生成的甲烷水合物物质的量根据式（2. 29）可以计算得到。

$$\alpha = 1 - \frac{Q_{ice}}{331.36m} \tag{2.28}$$

式中：α 为甲烷水合物转化率；Q_{ice}为冰分解热；m 为溶液质量。

$$M = \frac{1}{6} \frac{m - \dfrac{Q_{ice}}{331.36}}{18} \tag{2.29}$$

式中：M 为甲烷水合物物质的量。

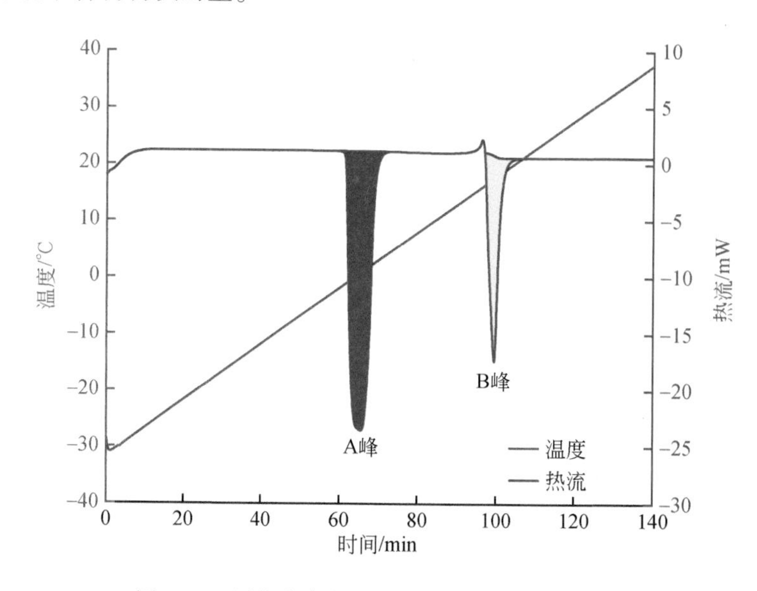

图 2. 25　甲烷水合物分解过程热流与温度曲线图

（二）甲烷水合物分解动力学特征

1. 去离子水反应体系

针对去离子水溶液，为了分析温度、压力对甲烷水合物分解动力学行为的影响，选取 6 组相同变温速率（0. 5℃/min）、不同压力下的实验结果进行对比研究。如图 2. 26 所示，各轮次实验中甲烷水合物的分解速度均呈现先增加后减小的趋势；由于压力越高，形成的甲烷水合物物质的量越大，在分解时的受热面积则越大，因而甲烷水合物的分解速度越快。

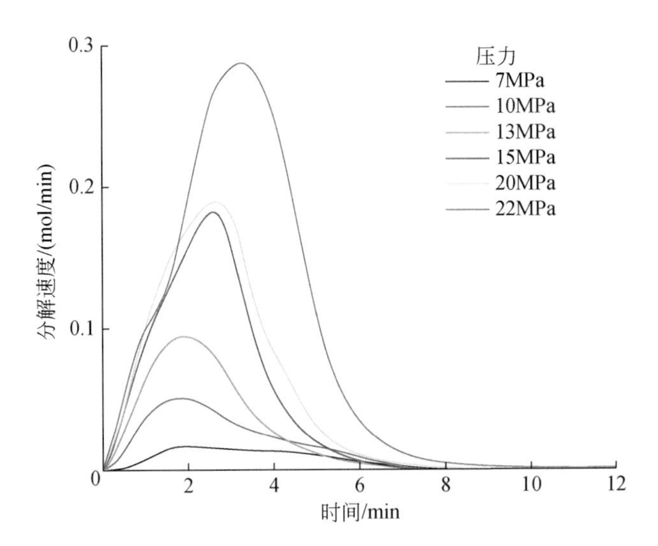

图 2.26　不同压力下去离子水溶液中甲烷水合物分解速度变化曲线图

由于不同时间范围内热流峰面积与甲烷水合物分解物质的量成正比，绘制出甲烷水合物累计分解物质的量与时间的关系曲线，求取该曲线的斜率即得到甲烷水合物平均分解速度（He et al., 2011; Semenov et al., 2015）。如图 2.27 所示，在甲烷水合物分解早中期其累计分解物质的量随时间的变化呈指数函数形式增长，至后期则转变为缓慢线性增长，该变化趋势在最终的甲烷水合物累计分解物质的量较大的情况下更加明显。

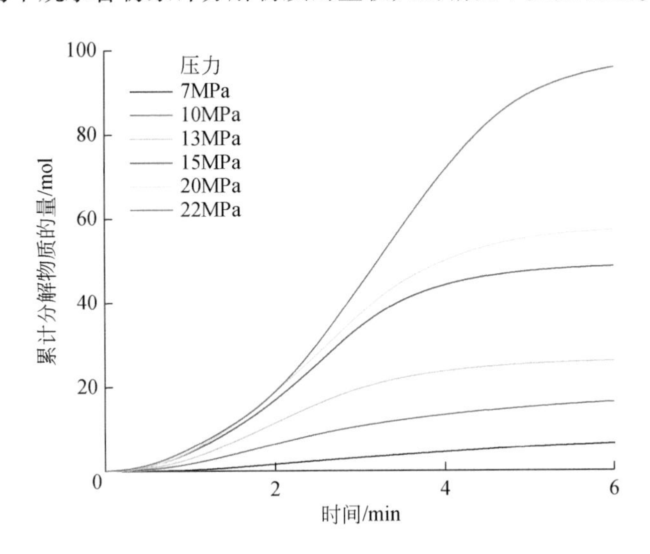

图 2.27　不同压力下去离子水溶液中甲烷水合物累计分解物质的量变化曲线

2. 孔隙水反应体系

已有研究表明，孔隙水矿化度对甲烷水合物生成与分解的相平衡条件有明显影响（You et al., 2019）。为了研究实际海洋孔隙水环境下甲烷水合物的分解动力学行为，笔者使用孔隙水（矿化度为46g/L）进行模拟实验，变温速率均为0.2℃/min。如图2.28所示，孔隙水中甲烷水合物的分解速度呈现先增加后减小的变化趋势，但与去离子水溶液相比，孔隙水中甲烷水合物的分解速度峰值出现的时间较晚。

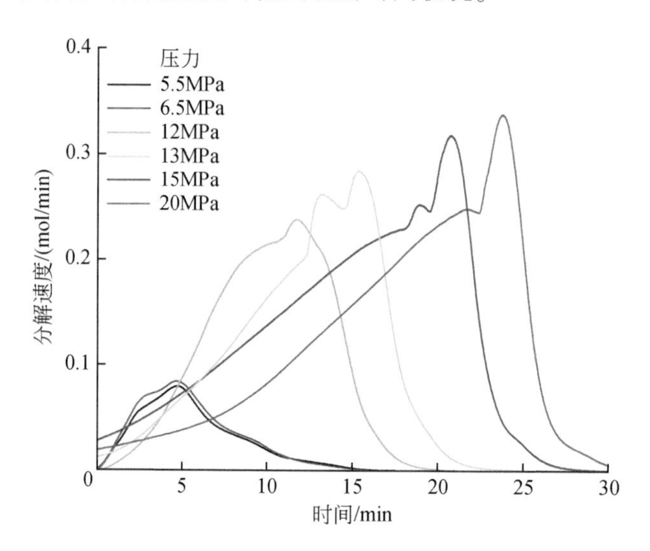

图2.28　不同压力下孔隙水溶液中甲烷水合物分解速度变化曲线图

甲烷水合物累计分解物质的量随时间变化曲线如图2.29所示，将甲烷水合物累计分解物质的量与时间作图，曲线斜率可体现平均分解速度。总体看来，参与分解的甲烷水合物累计分解物质的量越高，其平均分解速度越大；甲烷水合物累计分解物质的量随时间的变化也呈指数函数形式增长；但在两组低压（5.5MPa、6.5MPa）实验条件下，由于甲烷水合物累计分解物质的量较低，其随时间的变化呈指数函数形式特征不明显。

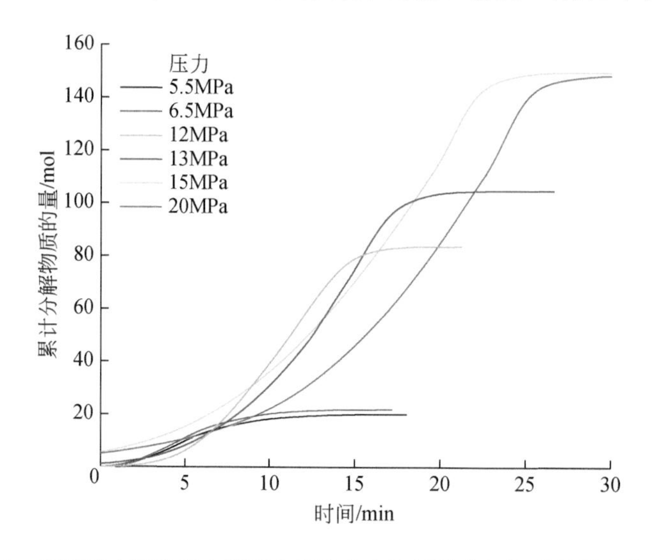

图2.29　不同压力下孔隙水溶液中甲烷水合物累计分解物质的量变化曲线图

3. 影响因素分析

高压池为圆柱形结构，控温模块均匀包裹高压池外壁，通过池壁与样品发生热量传递来控制高压池内的反应温度。实验前向样品池中加入水溶液，然后通过顶部的通气口注气加压；随着温度下降，甲烷水合物首先在气-液界面处形成，随后向下扩散生长。由于甲烷水合物密度较轻，呈圆柱形的甲烷水合物最终赋存于液面之上。因此，在恒压、变温的过程中，与池壁接触的甲烷水合物最先开始分解，并逐渐向内部扩散。甲烷水合物生成物质的量越大，其圆柱体厚度越大，受热分解面积也相应越大（图 2.30）。

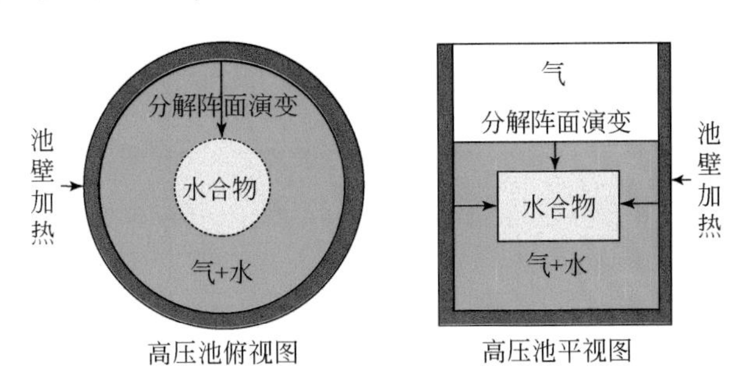

图 2.30 HP DSC 中水合物分解演化过程示意图

Davies 等（2010）采用 HP DSC 研究了甲烷水合物的生成，由于不能直接观察甲烷水合物的生长过程，做了以下假设：①甲烷水合物仅在气-液接触面生成并且没有在容器壁面上产生爬壁效应；②由于实验中生成的甲烷水合物物质的量小，近似认为水被消耗的体积即为甲烷水合物体积；③计算样品池中液面高度和甲烷水合物块的厚度时忽略弯液面引起的误差；④甲烷水合物在气-液接触面均匀地生成。高压池内甲烷水合物生长从气-液接触面开始，逐步向溶液内部均匀扩散。此次在去离子水溶液，以该假设为前提，基于甲烷水合物分解热数据（变温速率为 0.5K/min）计算得到甲烷水合物生成数据（表 2.7）。

表 2.7 样品池内甲烷水合物生成数据统计表

样品池内径/mm	加入水质量/mg	水高度/mm	压力/MPa	温度/℃	消耗的水质量/mg	甲烷水合物层厚度/mm	甲烷水合物层厚度与溶液厚度之比/%
6.4	29.4	0.91	5	-16.68	0.7	0.02	2.38
			7	-16.97	0.7	0.02	2.38
			10	-15.86	1.4	0.04	4.76
			13	-13.75	2.3	0.07	7.82
			15	-13.22	4.2	0.13	14.29
			20	-12.55	5.0	0.16	17.01
			22	-10.69	8.8	0.27	29.93

1）甲烷水合物分解活化能变化特征

目前经典的甲烷水合物分解动力学模型由 Kim 等（1987）建立，后又经过 Clarke 和 Bishnoi（2001）修正，该模型描述了纯溶液中甲烷水合物的分解过程，即固相甲烷水合物

分解为气相甲烷和液相水。在此基础上，推导出甲烷水合物分解动力学公式，即

$$\frac{\mathrm{d}m_{\mathrm{H}}}{\mathrm{d}t}=K_0\mathrm{e}^{\frac{\Delta E}{RT}}[f_{\mathrm{e}}(T)-f]A \tag{2.30}$$

式中：m_{H}为参与分解的甲烷水合物物质的量；t 为时间；K_0为分解动力学系数；E 为甲烷水合物分解活化能；R 为气体常数；T 为温度；A 为甲烷水合物表面积；f_{e}为相平衡条件下的逸度；f 为逸度。

由式（2.30）可以看出$\frac{\mathrm{d}m_{\mathrm{H}}}{\mathrm{d}t}$符合指数函数形式，这与作者获得的实验结果基本吻合（图 2.27、图 2.29），只是在分解的后期或生成的甲烷水合物物质的量较少的情况下，$\frac{\mathrm{d}m_{\mathrm{H}}}{\mathrm{d}t}$的变化趋势近似为线性。

甲烷水合物分解活化能可以通过差热分析方法进行测算（甘华礼等，1996），以一定升温速率（β）对甲烷水合物样品进行升温时，对式（2.30）进行微分，得

$$\frac{\mathrm{d}}{\mathrm{d}t}\left(\frac{\mathrm{d}f}{\mathrm{d}t}\right)=\frac{\mathrm{d}f}{\mathrm{d}t}\left(\frac{E\beta}{RT^2}-K_0A\mathrm{e}^{-\frac{E}{RT}}\right) \tag{2.31}$$

当$\frac{\mathrm{d}}{\mathrm{d}t}\left(\frac{\mathrm{d}f}{\mathrm{d}t}\right)=0$ 时，反应速度有极大值，此时温度为 T_{m}。当 β 为常数时，对式（2.31）进行积分并适当简化可得

$$\frac{1}{f}=\frac{ART^2}{E\beta}\mathrm{e}^{-\frac{E}{RT}}\left(1-\frac{2RT}{E}\right) \tag{2.32}$$

在反应速度处于极大值的条件下，将式（2.31）、式（2.32）联立，并进行积分，得

$$\ln\frac{\beta}{T_{\mathrm{m}}^2}=-\frac{E}{R}\left(\frac{1}{T_{\mathrm{m}}}\right) \tag{2.33}$$

由式（2.33）可知，在不同 β 下测定甲烷水合物分解过程中的差示扫描量热数据，求得不同 β 下甲烷水合物分解过程中量热曲线峰值对应的 T_{m}，进而绘制 $\ln\frac{\beta}{T_{\mathrm{m}}^2}-\frac{1}{T_{\mathrm{m}}}$曲线图，直线斜率为甲烷水合物分解活化能（$E$）。计算结果如图 2.31 所示，随压力增大，$E$ 逐渐升高，介于 27.5 ~ 28.5kJ/mol。该结果与前人的理论计算结果在数量级上虽然一致（Lekvam and Ruoff，1997；Moridis et al.，2005），但数值偏小，推测在甲烷水合物分解后期，由于其悬浮于去离子水溶液中，样品池的温度需要通过水作为中间介质才能传递给甲烷水合物，这一传递过程降低了传热效率，从而导致活化能偏低。

2）去离子水溶液中甲烷水合物分解动力学影响因素

由式（2.30）可知，$\frac{\mathrm{d}m_{\mathrm{H}}}{\mathrm{d}t}$由温度、逸度和分解表面积等共同决定，其中逸度又受到压力的影响。如图 2.27 所示，参与分解的甲烷水合物物质的量越多其平均分解速度越快。根据高压池内甲烷水合物的分解行为可知，圆柱状甲烷水合物总物质的量与其分解表面积成正比，与温度、压力相比，分解表面积对甲烷水合物分解速度的影响程度更大。

为进一步评价温度与压力对甲烷水合物分解速度的影响，选取了两组甲烷水合物物质的量相似的样品进行实验对比分析，旨在消除分解表面积不同的影响。如图 2.32 所示，

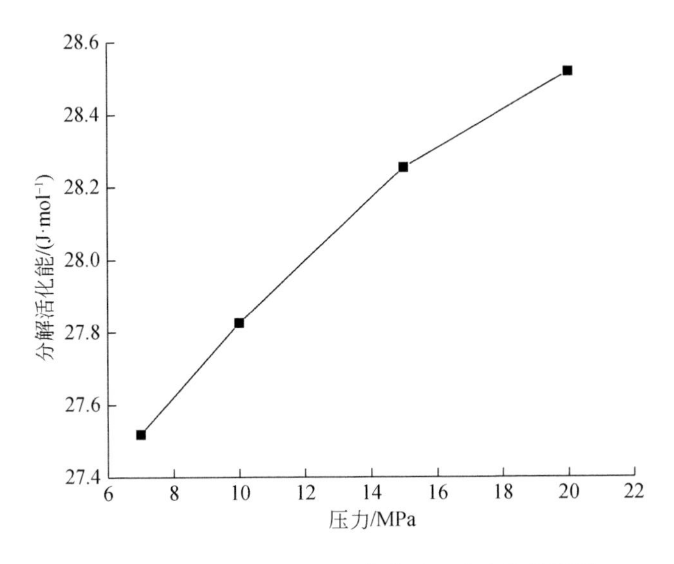

图 2.31　甲烷水合物分解活化能随压力变化曲线图

压力为 15MPa 条件下的甲烷水合物分解速度高于 10MPa 条件下的甲烷水合物分解速度。在相同压力下，温度越低，甲烷水合物稳定性越强，反之稳定性越弱；在恒压条件下，甲烷水合物分解的相平衡压力越高，对应的分解温度也越高。实验结果表明，相同物质的量的甲烷水合物在高温高压环境下分解速度更快，因此，高温对甲烷水合物分解的促进作用强于高压对甲烷水合物分解的抑制作用。

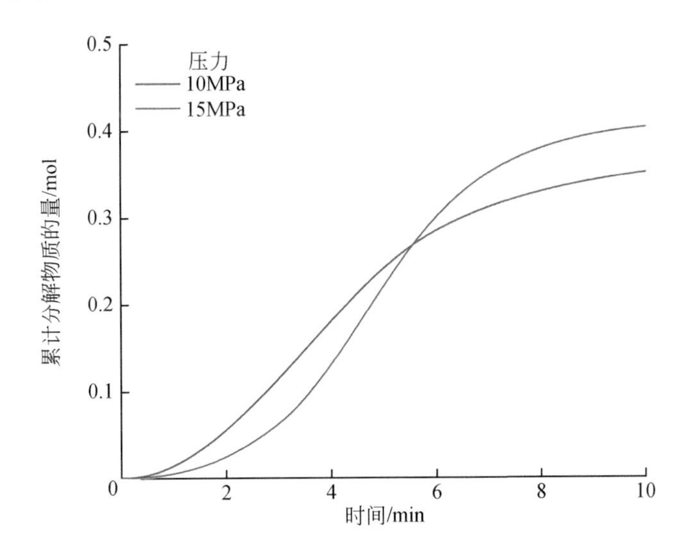

图 2.32　不同压力下甲烷水合物累计分解物质的量变化曲线图

综上所述，去离子水溶液中甲烷水合物分解速度的影响因素，按照影响程度由大到小进行排序，依次为分解表面积、温度、压力。

3）孔隙水溶液矿化度对甲烷水合物分解速度的影响

如图 2.26、图 2.28 所示，与去离子水溶液相比，受孔隙水溶液矿化度的影响，孔隙水中甲烷水合物分解速度的变化特征明显不同。为进一步了解其对甲烷水合物分解行为的影响，对这两种体系在相同压力下的实验结果进行分析。同时，为了消除两次实验中甲烷水合物分解总的物质的量不同产生的影响，引入了分解率（单位时间内已分解的甲烷水合物物质的量与总物质的量的比例）。如图 2.33 所示，孔隙水溶液中甲烷水合物的稳定性差，在较低温度下就开始分解，但其分解速度低于温度升高后的去离子水溶液。由此认为，孔隙水溶液对甲烷水合物分解速度的促进作用弱于温度的影响，推断主要是因为孔隙水溶液的矿化度较低（46g/L），对甲烷水合物分解影响较小。李淑霞等（2015）开展实验研究了注热水盐度对天然气水合物开采的影响，结果表明天然气水合物分解速度与热水盐度正相关；盐度较低（2%左右）时，天然气水合物分解速度较低；当盐度超过 10% 以后，天然气水合物分解速度明显加快。

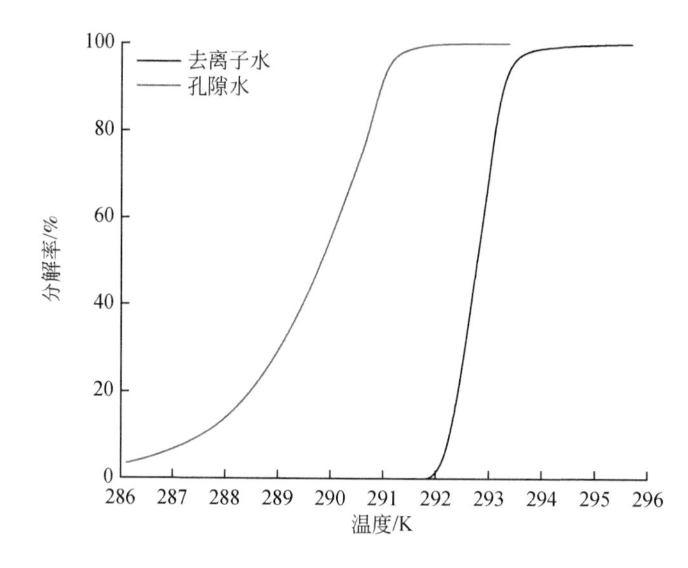

图 2.33　去离子水、孔隙水溶液中甲烷水合物分解率随温度变化曲线图

参考文献

陈强，业渝光，刘昌岭，等．2007. 多孔介质体系中甲烷水合物生成动力学的模拟实验．海洋地质与第四纪地质，27（1）：111-116.

甘礼华，陈龙武，李天旻．1996. 差热分析法测定分解反应活化能．大学化学，11（3）：38-39.

李淑霞，李杰，曹文．2015. 注热水盐度对水合物开采影响的实验研究．高校化学工程学报，29（2）：482-486.

刘昌岭，业渝光，孟庆国，等．2011. 显微激光拉曼光谱原位观测甲烷水合物生成与分解的微观过程．光谱学与光谱分析，31（6）：1524-1528.

刘昌岭，李承峰，孟庆国．2013. 天然气水合物拉曼光谱研究进展．光散射学报，25（4）：329-337.

宋永臣，杨明军，刘瑜．2008. 天然气水合物生成与分解实验检测技术进展．天然气工业，28（8）：111-113.

孙建业，业渝光，刘昌岭，等．2010. 沉积物中天然气水合物减压分解实验．现代地质，24（3）：614.

孙始财，业渝光，刘昌岭，等．2011. 石英砂中甲烷水合物稳定条件研究．化学学报，69（9）：1135-1140.

张剑，业渝光．2003. 天然气水合物探测技术的模拟实验研究．海洋地质动态，19（6）：28-30.

Anderson W G. 1986. Wettability literature survey—part 3：the effects of wettability on the electrical properties of porous media. Journal of Petroleum Technology，38（12）：1371-1378.

Cai J，Yan R，Xu C G，et al. 2019. Formation and dissociation behavior studies of hydrogen hydrate in the presence of Tetrahydrofuran by using High Pressure DSC. Energy Procedia，158：5149-5155.

Chen Q，Liu C，Ye Y. 2014. Thermodynamic and kinetic characteristics of nitrogen hydrates respond to thermo-analytical technique. Asian Journal of Chemistry，26（17）：5365-5369.

Clarke M，Bishnoi P R. 2001. Determination of the activation energy and intrinsic rate constant of methane gas hydrate decomposition. The Canadian Journal of Chemical Engineering，79（1）：143-147.

Dalmazzone D，Hamed N，Dalmazzone C，et al. 2006. Application of high pressure DSC to the kinetics of formation of methane hydrate inwater-in-oil emulsion. Journal of Thermal Analysis and Calorimetry，85（2）：361-368.

Dalmazzone D，Hamed N，Dalmazzone C. 2009. DSC measurements and modelling of the kinetics of methane hydrate formation in water-in-oil emulsion. Chemical Engineering Science，64（9）：2020-2026.

Davies S R，Boxall J A，Koh C，et al. 2009a. Predicting hydrate-plug formation in a subsea tieback. SPE Production & Operations，24（4）：573-578.

Davies S R，Hester K C，Lachance J W，et al. 2009b. Studies of hydrate nucleation with high pressure differential scanning calorimetry. Chemical Engineering Science，64（2）：370-375.

Davies S R，Lachance J W，Sloan E D，et al. 2010. High-pressure differential scanning calorimetry measurements of the mass transfer resistance across a methane hydrate film as a function of time and subcooling. Industrial & Engineering Chemistry Research，49（23）：12319-12326.

Ebinuma T，Kamata Y，Minagawa H，et al. 2005. Mechanical properties of sandy sediment containing methane hydrate//5th International Conference on Gas Hydrate. Trondheim，June 13-16.

Gudmundsson J S，Parlaktuna M，Khokhar A. 1994. Storage of natural gas as frozen hydrate. SPE Production & Facilities，9（01）：69-73.

Handa Y P，Stupin D Y. 1992. Thermodynamic properties and dissociation characteristics of methane and propane hydrates in 70-. ANG. -radius silica gel pores. The Journal of Physical Chemistry，96（21）：8599-8603.

He Y，Rudolph E S J，Zitha P L，et al. 2011. Kinetics of CO_2 and methane hydrate formation：An experimental analysis in the bulk phase. Fuel，90（1）：272-279.

Hwang M，Wright D，Kapur A，et al. 1990. An experimental study of crystallization and crystal growth of methane hydrates from melting ice. Journal of inclusion phenomena and molecular recognition in chemistry，8（1-2）：103-116.

Johnson C A. 1965. Generalization of the Gibbs-Thomson equation. Surface Science，3（5）：429-444.

Kharrat M，Dalmazzone D. 2003. Experimental determination of stability conditions of methane hydrate in aqueous calcium chloride solutions using high pressure differential scanning calorimetry. The Journal of Chemical Thermodynamics，35（9）：1489-1505.

Kim H，Bishnoi P R，Heidemann R A，et al. 1987. Kinetics of methane hydrate decomposition. Chemical Engineering Science，42（7）：1645-1653.

Lekvam K，Ruoff P. 1997. Kinetics and mechanism of methane hydrate formation and decomposition in liquid water. Description of hysteresis. Journal of crystal growth，179（3-4）：618-624.

Moridis G J，Seol Y，Kneafsey T J. 2005. Studies of Reaction Kinetics of Methane Hydrate Dissocation in Porous Media. Berkeley：Lawrence Berkeley National Laboratory.

Moynihan C, Lee S K, Tatsumisago M, et al. 1996. Estimation of activation energies for structural relaxation and viscous flow from DTA and DSC experiments. Thermochimica Acta, 280: 153-162.

Onsager L, Samaras N N. 1934. The surface tension of Debye-Hückel electrolytes. The Journal of Chemical Physics, 2 (8): 528-536.

Pitzer K S, Mayorga G. 1973. Thermodynamics of electrolytes. II. Activity and osmotic coefficients for strong electrolytes with one or both ions univalent. The Journal of Physical Chemistry, 77 (19): 2300-2308.

Semenov M, Manakov A Y, Shitz E Y, et al. 2015. DSC and thermal imaging studies of methane hydrate formation and dissociation in water emulsions in crude oils. Journal of Thermal Analysis and Calorimetry, 119 (1): 757-767.

Sloan E D, Subramanian S, Matthews P, et al. 1998. Quantifying hydrate formation and kinetic inhibition. Industrial & Engineering Chemistry Research, 37 (8): 3124-3132.

Sum A K, Burruss R C, Sloan E D. 1997. Measurement of clathrate hydrates via Raman spectroscopy. The Journal of Physical Chemistry B, 101 (38): 7371-7377.

Turner D J, Cherry R S, Sloan E D. 2005. Sensitivity of methane hydrate phase equilibria to sediment pore size. Fluid Phase Equilibria, 228: 505-510.

Winters W J, Waite W F, Mason D, et al. 2007. Methane gas hydrate effect on sediment acoustic and strength properties. Journal of Petroleum Science and Engineering, 56 (1-3): 127-135.

Yakushev V, Chuvilin E. 2000. Natural gas and gas hydrate accumulations within permafrost in Russia. Cold Regions Science and Technology, 31 (3): 189-197.

You K, Flemings P B, Malinverno A, et al. 2019. Mechanisms of methane hydrate formation in geological systems. Reviews of Geophysics, 57 (4): 1146-1196.

第三章　含天然气水合物岩心热导率测试与影响因素

第一节　含天然气水合物岩心热导率测试技术

一、热脉冲-时域反射测试原理

热脉冲-时域反射（简称热-TDR）探测是非稳态热脉冲热导率测试和土壤介电参数测试的有机结合，可以同时同地测量介质含水量、温度、容积热容量、热导率、热扩散系数等多种参数。有效避免了介质时空变异性的影响，实现连续原位测试。

（一）时域反射测量原理

时域反射（TDR）是一种通过观测电磁波在介质中的传播情况来确定待测介质性质的探测技术。由于电磁波的速度与介质的介电常数密切相关，而土壤颗粒、水和空气本身的介电常数差异很大，所以一定容积土壤中水的比例不同时其介电常数就有明显的变化，依据电磁波的传播速度可判断其含水量。具体理论计算如下。

电磁波在介质中的传播速度可由式（3.1）来确定：

$$V=\frac{c}{\sqrt{\varepsilon \cdot \mu}} \tag{3.1}$$

式中：c 为电磁波在真空中的传播速度，即 3×10^5km/s；ε 为传播介质的介电常数；μ 为磁性常数（土壤属非磁性介质，μ 为1）。

因此，只要能测出 V，ε 便可确定，发射系统发出的电磁波在均匀介质中传播时，其传播速度是不变的。通过传播速度 V、距离 L 即可获得电磁波传播到反射点及反射波回到发射点所用的时间 t。由此可以得出介电常数 ε 的计算方法：

$$\varepsilon=\frac{1}{4}(c \cdot t/L)^2 \tag{3.2}$$

在测量土壤含水量时，L 为探头的长度，时间 t 是通过土壤颗粒 t_s、空气 t_a、水 t_w 的叠加（$t=t_s+t_a+t_w$），则：

$$t=\frac{2L_s \cdot \sqrt{\varepsilon_s}}{c}+\frac{2L_a \cdot \sqrt{\varepsilon_a}}{c}+\frac{2L_w \cdot \sqrt{\varepsilon_w}}{c} \tag{3.3}$$

式中：ε_s、ε_a、ε_w 分别为土壤颗粒、空气和水的介电常数；L_s、L_a、L_w 分别为电磁波通过三种介质的传播长度。从式（3.3）可以看出，由于水的介电常数与其他二者有很大的区别，在给定的探针长度下，当土壤中的空气被水分取代时，传输时间将随之发生很大的变化，含水量越大，传输时间越长，如图 3.1 所示（图中距离为因时间改变而改变的相对距离）。

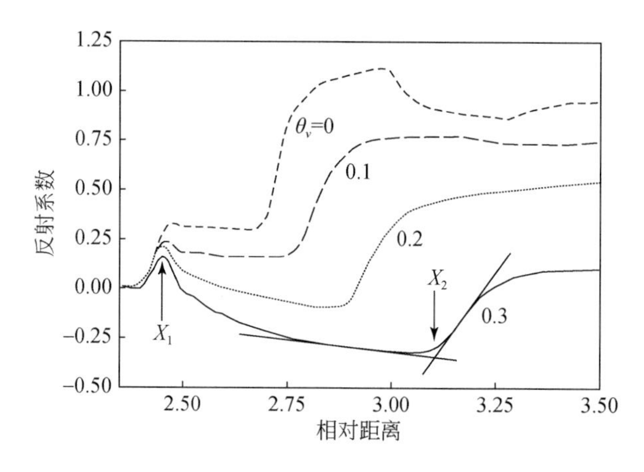

图 3.1　含水率不同的波形比较（Jones et al.，2002）（θ 表示含水量）

对于有机土壤，盐分、黏粒和氧化铁含量过高的土壤，土壤的含水量要通过实验的方法归纳出相应的经验公式。Regalado 等（2003）通过实验提出了适用于低密度、表面多孔、氧化铁高度集中的火山灰土壤的经验公式。Muñoz-Carpena 等（2005）也归纳出适用于火山灰土壤的含水量经验公式，并进一步估算出火山灰土壤的电导率和土壤溶液浓度。Wright 等（2002）首先提出了用于测量沉积物中天然气水合物含水量的经验公式：

$$\theta=-11.9677+4.506072566\varepsilon-0.14615\varepsilon^2+0.0021399\varepsilon^3 \quad (3.4)$$

式中：θ 为土壤的含水量；ε 为介电常数。

（二）非稳态法热导率测量原理

在非稳态测试方法中，试样内的温度分布是随着时间推移不断改变的非稳态温度场，借助测试试样温度变化的速率得到材料的热导率。其中应用较广的是热线法。根据热传导方向不同，热线法分为平行热线法（二维平面导热）和交叉热线法（一维径向导热）（图 3.2）。

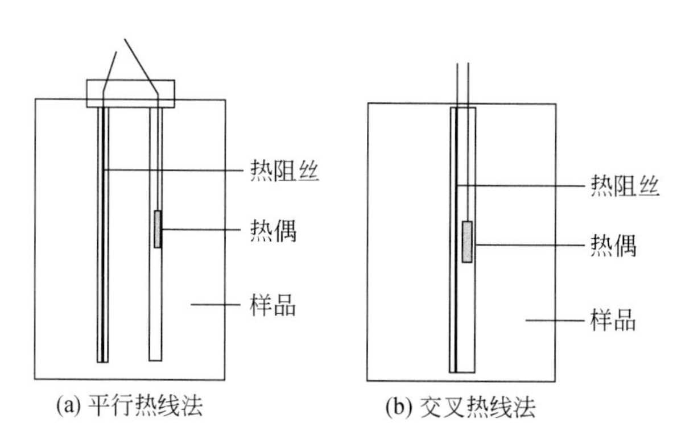

图 3.2　热线法探针结构示意图

1. 平行热线法

平行热线法，将热偶和热阻丝分别置于两根平行探针内，给热阻丝一个恒定的加热功率，测量距发热探针一定距离（热偶所在位置）处的温度随时间变化的关系。通过计算得到样品的热导率、热传导系数、容积热容量等热物理量参数，具体计算方法如下：

$$\Delta T(r,t)=Q[Ei(-r^2/(4a(t-t_0)))-Ei(-r^2/4at)]/4\pi a \tag{3.5}$$

式中：ΔT 为温度变化值；Ei 为指数积分；a 为热扩散系数；t 为时间；t_0 为热脉冲的加热时长；r 为热偶距线性热源的垂直距离；Q 为热源强度，可表示为 $Q=q/\rho c$，q 为单位长度热阻丝在单位时间内释放的热量，ρc 为介质的容积热容量。

对式（3.5）求 t 的偏微分，使结果为0，得到温度升至最高处所对应的时间 t_m，由此得到热扩散系数 a 的计算公式：

$$a=(r^2/4)[1/(t_m-t_0)-1/t_m]/\ln[t_m/(t_m-t_0)] \tag{3.6}$$

将 a 结果代入式（3.5），介质的容积热容量可以求出：

$$\rho c=q(Ei\{-r^2/[4a(t_m-t_0)]\}-Ei[-r^2/(4at_m)])/(4\pi a t_m) \tag{3.7}$$

热导率 λ 为二者的乘积：

$$\lambda=a\cdot\rho c \tag{3.8}$$

2. 交叉热线法

交叉热线法与平行热线法原理相似，在一极细探针内安置细热阻丝（模拟一维线性热源），在其中部紧贴热阻丝放置一热偶作为温度探头。对热阻丝施加一个恒定的加热功率，使探针温度上升。根据探针本身温度随时间变化曲线可以确定样品的热导率。

交叉热线法的计算公式是在平行热线法计算公式的基础上简化得来的。线热源瞬时发热后，在任何时刻距离线性热源相同距离处的温升是相同的，热偶距线性热源的垂直距离 $r=0$ 时，温升取最大值。因此，当 r 无限接近于0时，热导率计算公式可简化为

$$\lambda=[q\ln(t_2/t_1)]/[4\pi(T_2-T_1)] \tag{3.9}$$

式中：t_2、t_1 为加热过程中温度曲线上任意两点的加热时长；T_1、T_2 分别为与 t_2、t_1 相对应的温度；q 为单位长度热阻丝在单位时间内释放的热量（黄犊子等，2005）。值得说明的一点是：式（3.9）是根据线性热源原理得出的，忽略了轴向热损失。而实际上探针本身具有一定的直径和热容量，轴向导热是存在的。因此，此方法可能存在一定的实验误差。

二、含天然气水合物岩心热-TDR探针结构与测试结果分析

（一）热-TDR探针结构

根据含天然气水合物岩心测试环境要求，考虑探针的几何特征、适用范围和测量方式，以平行热线法和交叉热线法为依据，分别设计了如下两种热-TDR探针（图3.3）。

1. 热-TDR双棒探针

用直径1.0mm、长110mm的不锈钢管作为探针材料（插入反应体系内部的长度是100mm）。阻抗1141Ω/m、直径0.075mm的热阻丝折四折置入加热探针内作为线性热源；

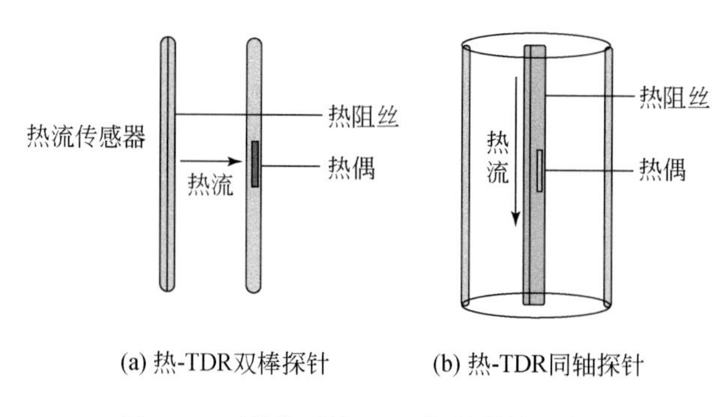

图 3.3　两种类型热-TDR 探针结构示意图

铬-康铜 E 型热偶放入测试探针的中点位置，作为温度探头；不锈钢管内注入 OMEGA 工业用导热胶增加探针导热性能，制成了耐高压的热-TDR 双棒探针［图 3.3（a）］。该探针可以得到反应体系的含水量数据和天然气水合物生成程度。在甲烷水合物模拟生成与分解过程中，对热阻丝施加恒定加热功率，依据探针中心位置处热偶测得的温度变化曲线可以计算出沉积物中水合物热导率、容积热容量、热传导系数。

2. 热-TDR 同轴探针

探针材料与双棒探针相同，将热偶和热阻丝紧密结合置于同一根不锈钢管内模拟一维线性热源［图 3.3（b）］。甲烷水合物实验过程中，对热阻丝施加一短时间的恒定加热功率。加热持续时间要求选取恰当：要保证可以形成明显的热脉冲曲线，还要保证甲烷水合物不会因热脉冲的热度而分解。通过热偶测得的加热探针本身的温度变化曲线可以计算得出沉积物中甲烷水合物的热导率。

（二）测量方法与结果

热脉冲电源为 12V 直流电源，通过计算机直接控制热脉冲发射的时间和时长。加热时间过长容易导致热阻丝绝缘层被烧化，另外甲烷水合物本身遇热容易分解，综合考虑上述各因素影响，加热时长一般掌握在 4～7s 内。一个热脉冲发射过后需要一定的散热时间，待反应体系温度完全恢复到脉冲发射前的状态时再发射下一个脉冲。两个相邻的热脉冲之间发射间隔过短，反应体系内的余温会干扰实验结果。为了确定恰当的热脉冲发射时间间隔，我们选取不同的时间间隔，以饱和湿砂为介质进行实验，发射时间间隔分别取 60s 和 800s 发射了两组热脉冲，如图 3.4 所示。

两组发射时间间隔不同的热脉冲温度变化曲线对照来看，时间间隔设置为 60s 的三组热脉冲曲线形状差异较大，三组热脉冲起始温度及温度最高点存在明显的不一致。后面的热脉冲发出时，先发出的热脉冲仍有余热未能全部散去，导致反应体系内部温度不稳定。时间间隔设置为 800s 时反应体系基本可以恢复到原有状态，几个热脉冲曲线基本一致。由于湿砂导热性能优于甲烷水合物，为求得更加稳定的实验数据，实验中将相邻的两个热脉冲发射时间间隔设置为 1h。启动第一个热脉冲后，其余热脉冲由计算机控制每间隔 1h 自动发射。温度数据每 0.5s 采集一次。

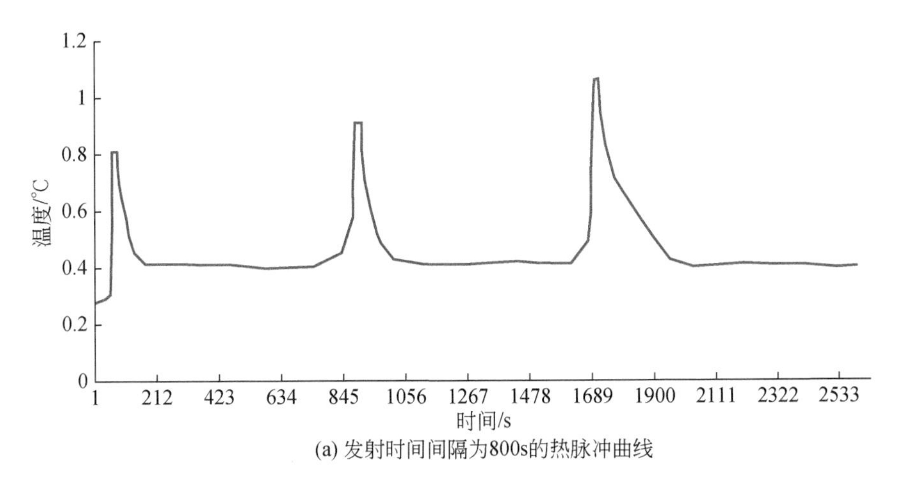

(a) 发射时间间隔为800s的热脉冲曲线

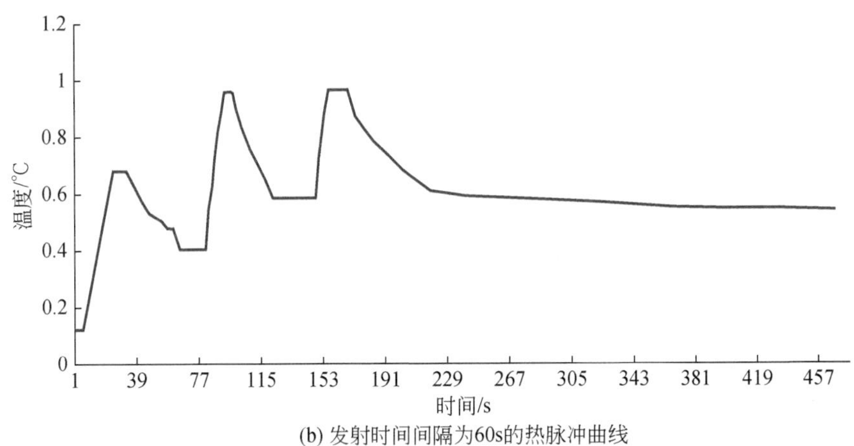

(b) 发射时间间隔为60s的热脉冲曲线

图 3.4　发射时间间隔不同的热脉冲温度变化曲线

1. 热-TDR 双棒探针测试结果分析

用热-TDR 双棒探针测定了水、干砂、饱和湿砂（含水量约 35%）的热物理特性。其中，水由于自身热对流作用干扰测量的准确性，用 5g/L 的琼脂胶体代替，可有效避免其热导率测试干扰。实验结果见表 3.1 ~ 表 3.3。

表 3.1　热-TDR 双棒探针纯水（5g/L 琼脂胶体）测试结果

试验序号	热传导系数/(m^2/s)	容积热容量/［J/(m^3·K)］	热导率/［W/(m·K)］
1	1.3812×10^{-7}	4352020.39	0.601101057
2	1.3622×10^{-7}	4216510.29	0.574373032
3	1.3598×10^{-7}	4216510.29	0.573361069
4	1.3598×10^{-7}	4352020.39	0.591787733
5	1.3812×10^{-7}	4352020.39	0.601101057
6	1.3812×10^{-7}	4216510.29	0.582384401

续表

试验序号	热传导系数/(m^2/s)	容积热容量/[J/(m^3·K)]	热导率/[W/(m·K)]
7	1.3622×10^{-7}	4216510.29	0.574373032
8	1.3622×10^{-7}	4216510.29	0.574373032
9	1.412×10^{-7}	4296685.00	0.606691922
10	1.37353×10^{-7}	4270588.63	0.586616259
平均值	1.37353×10^{-7}	4270588.63	0.586616259

表 3.2　热-TDR 双棒探针干砂测试结果

试验序号	热传导系数/(m^2/s)	容积热容量/[J/(m^3·K)]	热导率/[W/(m·K)]
1	2.1522×10^{-7}	1119719.67	0.240986067
2	0.000000219	1166211.00	0.255400209
3	2.1522×10^{-7}	1166374.65	0.251027152
4	2.405×10^{-7}	1118634.74	0.269031655
5	2.1522×10^{-7}	1199199.65	0.258091749
平均值	2.21032×10^{-7}	1154027.94	0.254907366

表 3.3　热-TDR 双棒探针饱和湿砂测试结果

试验序号	热传导系数/(m^2/s)	容积热容量/[J/(m^3·K)]	热导率/[W/(m·K)]
1	9.6894×10^{-7}	2244438.4	2.174726143
2	7.9168×10^{-7}	2375859.5	1.880920449
3	8.6959×10^{-7}	2293286.9	1.994219355
4	7.9168×10^{-7}	2518411	1.99377562
5	8.6959×10^{-7}	2381490.265	2.07092012
6	8.6959×10^{-7}	2428186.153	2.111526397
平均值	8.60178×10^{-7}	2373612.036	2.037681347

纯水在15℃时的热导率为0.587W/(m·K)，热传导系数为$1.41\times10^{-7}m^2/s$（张家荣和赵廷元，1987）。本实验的测试结果平均值为0.587W/(m·K)和$1.373\times10^{-7}m^2/s$。干砂、饱和湿砂的热特性参数测试结果也和文献值非常接近（黄犊子和樊栓狮，2003）。可以认为热-TDR双棒探针测量介质热物理特性是一项准确度比较高的测试方法。

2. 热-TDR 同轴探针测试结果分析

同轴探针与双棒探针相比，由于热阻丝与热偶结合得非常紧密，对温度变化自然较双棒探针更加敏感，要求温度测试系统具有更高的灵敏度和采集存储速度，并且设定的加热时长也稍低于双棒探针。热-TDR同轴探针对纯水（用5g/L琼脂胶体代替）、干砂、饱和湿砂三种介质的热导率测试结果见表3.4～表3.6。

表 3.4　热-TDR 同轴探针纯水（5g/L 琼脂胶体）热导率测试结果

试验序号	热导率/[W/(m·K)]
1	0.616465173
2	0.634923127
3	0.580007556
4	0.576825586
5	0.608650446
6	0.602689415
7	0.588362097
8	0.583142731
9	0.583142731
10	0.639524019
平均值	0.601373288

表 3.5　热-TDR 同轴探针干砂热导率测试结果

试验序号	热导率/[W/(m·K)]
1	0.287473337
2	0.255908124
3	0.259632359
4	0.241132007
5	0.244471786
6	0.270896236
7	0.27507305
8	0.27030988
9	0.274468494
平均值	0.264373919

表 3.6　热-TDR 同轴探针饱和湿砂热导率测试结果

试验序号	热导率/[W/(m·K)]
1	2.091449872
2	1.921866135
3	1.955583084
4	1.983950454
5	2.183070122
6	1.930569113
7	2.083318892
8	2.205019218
9	2.201242603
10	2.091449872
平均值	2.064255481

根据两种结构的热-TDR探针测量结果对比可知，热-TDR同轴探针的测试结果与热-TDR双棒探针测试结果比较吻合，但回归性明显差于双棒探针，数据波动比较明显。分析其原因大致有以下两点。

（1）同轴探针的计算公式是将热源模拟为标准线性热源，依据线性热源原理推导出的，即将热源半径假设为0，轴向热损失忽略不计；而实验探针虽然采用了极细的不锈钢管，尽可能地趋近于线性热源，但仍有一定的直径和热容量，存在轴向导热，探针和介质之间也存在热接触，导致一定的实验误差。

（2）数据采集时间间隔较长导致精确度降低。由于同轴探针内部的热阻丝与热偶接触非常紧密，加热时间设置不宜过长，因此要求数据采集系统的数据采集间隔非常小以保证实验数据的精确度。实验数据采集时间间隔为0.5s，足够保证双棒探针实验数据的精确度，但对于模拟线性热源的同轴探针而言，数据采集频率稍嫌偏低，导致数据波动性偏大。

第二节 含天然气水合物岩心热导率与天然气水合物饱和度相关关系

一、天然气水合物热物理特征模拟实验装置

热导率、热容量等热物性参数是天然气水合物资源勘探、评估、开采和储运等调查和研究的重要数据，然而受测量技术和测试环境的影响，现场获得热物性参数难度大、成本高。因此，可借助室内模拟实验的方法进行分析测试。本节所使用的天然气水合物热物理特征模拟实验装置如图3.5所示。

整套装置分为环境模拟单元、数据探测单元和数据采集与数据处理单元。环境模拟单元包括高压反应釜、恒温箱和高压气源，用以模拟真实海底天然气水合物生成的高压低温环境。高压反应釜设计时为尽可能增加温度场的梯度，将容器的内直径定为300mm，高度150mm。高压反应釜要求具有良好的耐压、导热性能，并方便实验操作。因此，釜体材料选用密度低、强度高、导热性能较好的钛合金。高压反应釜最高工作压力为15MPa，温度为-30～30℃。

数据探测装置分别通过反应釜上、下两个端盖进入釜体内沉积物。其中上端盖布置4组热-TDR双棒型探针。该探针由项目组自行设计加工而成，能够同时获得天然气水合物反应过程釜内不同区域的TDR波形数据和非稳态热脉冲数据。

釜体下端盖沿径向布置三组高度分别为50mm、100mm和150mm的温度探针，每一组包含四支PT100热电阻温度计，可以探测天然气水合物生成与分解过程不同层位且距离釜体边缘不同距离处的温度数据，据此获得天然气水合物反应过程温度场三维变化趋势。此外，下端盖圆心处设计一可替换式热激发棒，可分别实现天然气水合物注热液法和电加热法模拟分解实验。

本套模拟实验装置采用了多手段联合探测的方法，同时测量TDR、热脉冲、三维温度

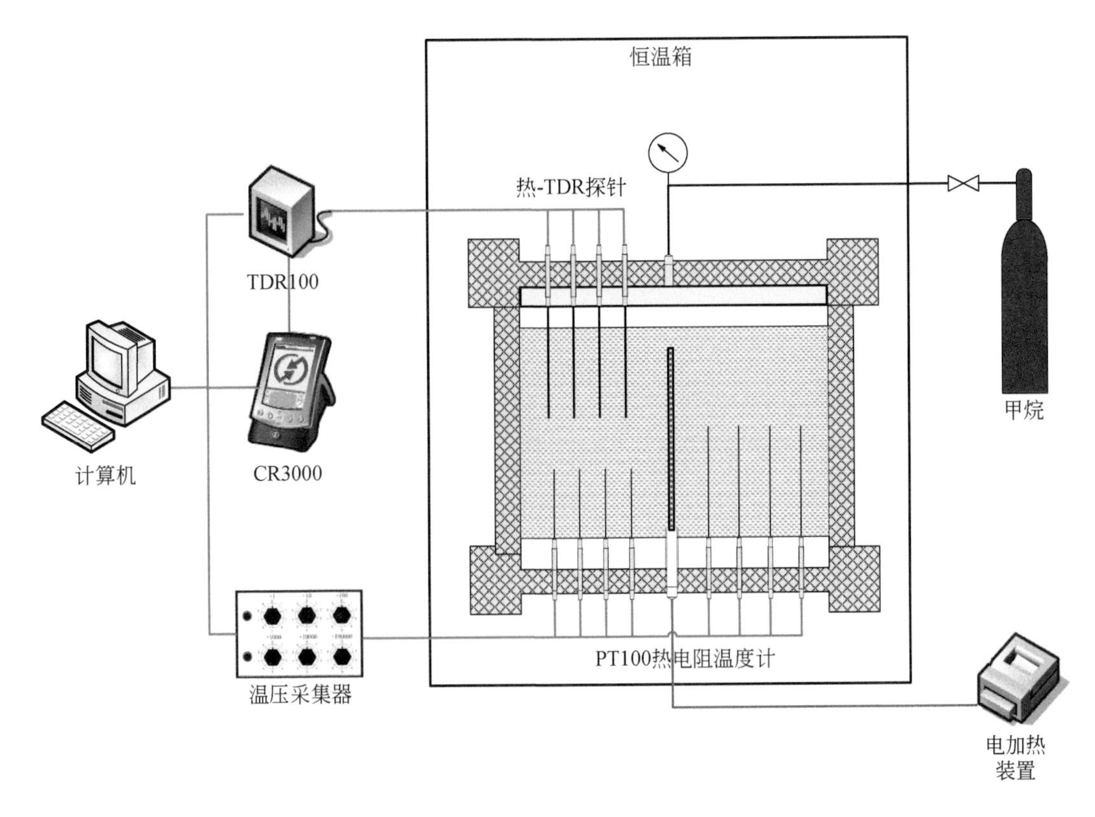

图3.5　天然气水合物热物理特征模拟实验装置

场及压力数据。因此，数据采集与处理单元由三部分组成。TDR波形测量和热脉冲激发通过Campbell公司生产的TDR100时域反射仪、SDMX50扩展板配合世纪星软件开发的水合物多通道热-TDR系统进行数据采集和处理。热脉冲数据的测量和处理由Campbell公司生产的CR3000数据采集器和Loggernet软件共同完成（图3.6）。

三维温度场及反应压力的数据采集与处理软件界面如图3.7所示。仪器工作流程显示在界面上，可实现人机对话，操作人员设定好参数后，就可以无人值守，计算机可以自动采集所有压力、温度，计算机采集的数据经处理可生成原始数据报表，分析报表以及曲线图，同时生成数据库文件格式以便用户灵活使用。

二、砂质储层中天然气水合物热导率与饱和度相关关系

实验使用的气体为纯度99.9%的甲烷气体，由上海特种气体厂生产。沉积物为粒径0.18~0.35mm的天然海砂。为了加快甲烷水合物生成速度，实验溶液使用浓度为0.03%的十二烷基硫酸钠（SDS）溶液。

（一）甲烷水合物生成过程温度场和饱和度变化特征

在反应釜不同层位及不同点位分别设置3组12支PT100热电阻温度计，用来监控甲烷

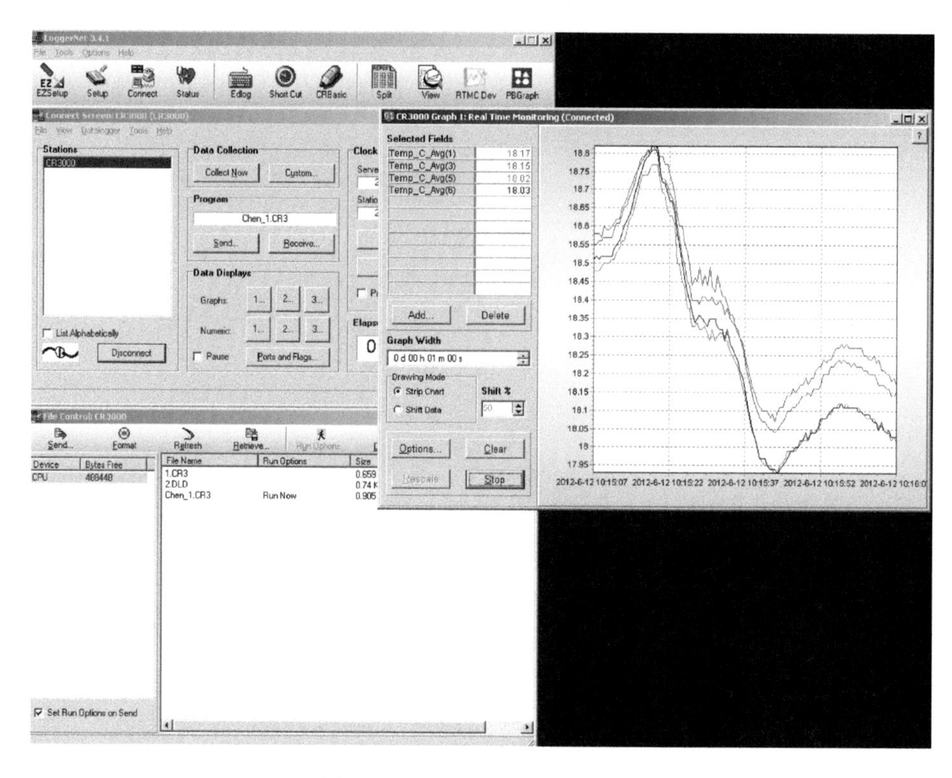

图 3.6　Loggernet 数据采集界面

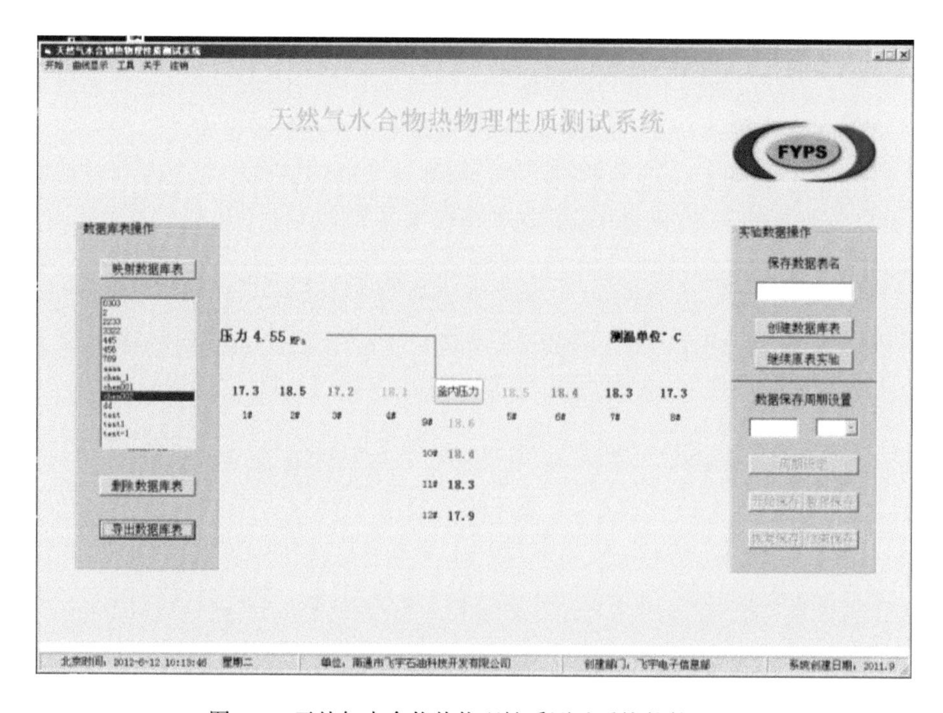

图 3.7　天然气水合物热物理性质测试系统软件界面

水合物生成和分解过程温度场的变化情况。图3.8为甲烷水合物生成过程温度场变化情况。

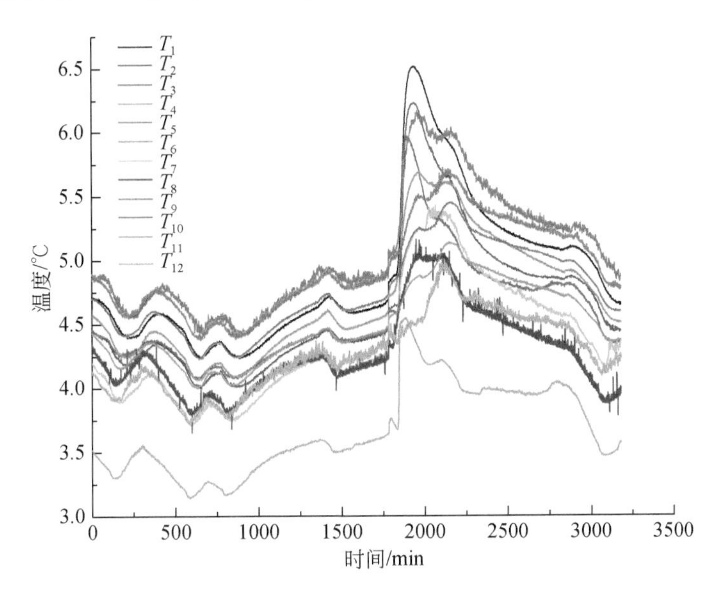

图3.8　甲烷水合物生成过程反应釜内温度场变化特征

其中编号1～4号温度计是处于反应釜最上层一组，与上层自由气相接触。1号位于反应釜横切面的圆心位置，2、3、4号间距2cm沿径向依次向外侧延伸；编号5～8号温度计处于反应釜中部层位，埋藏深度约5cm。5号位于反应釜横切面的圆心位置，6、7、8号依次向外侧延伸；编号9～12号温度计处于反应釜最下层，埋藏深度约10cm。9号位于反应釜横切面的圆心位置，其余依次向外延伸。

由图3.8中升温曲线可以看出，甲烷水合物生成情况明显受层位影响，最上层有充足的气体供给，温度变化最为显著，标志着甲烷水合物生成量最多。中层和下层温度升高幅度依次减少。同一层位中温度场受反应釜外恒温气浴影响显著，最外侧靠近釜壁处温度最低，依次向内有0.2℃左右的温度梯度。但甲烷水合物生成情况对同一层位温度梯度的差异响应并不明显。有可能预示着甲烷水合物生成时，在过温度达到要求的情况下，气源补给是影响甲烷水合物饱和度的重要因素之一。

三组TDR探针沿釜体径向排列，互相间隔3cm。其中TDR1号探针在最外层，距釜体中心9cm；TDR2号探针在中间位置，距釜体中心6cm；TDR3号探针在最内层，距釜体中心3cm。

通过TDR计算含水量减少，可以换算获得甲烷水合物在孔隙中填充的体积饱和度。在反应初始阶段，三组TDR测得的含水量均为31.7%，与实验使用的人工配置的沉积物含水量一致。随着反应的进行，三个区域的含水量发生变化，甲烷水合物饱和度也相应升高，如图3.9所示。

可以看出，随着反应时间的推移，甲烷水合物饱和度不断增加，且出现阶段性变化，TDR1号探针获得的最外层区域含水量出现四个台阶变化，表示甲烷水合物生成过程最为激烈，其最终形成的甲烷水合物饱和度也最高，达到12%。TDR2号探针测得的甲烷水合

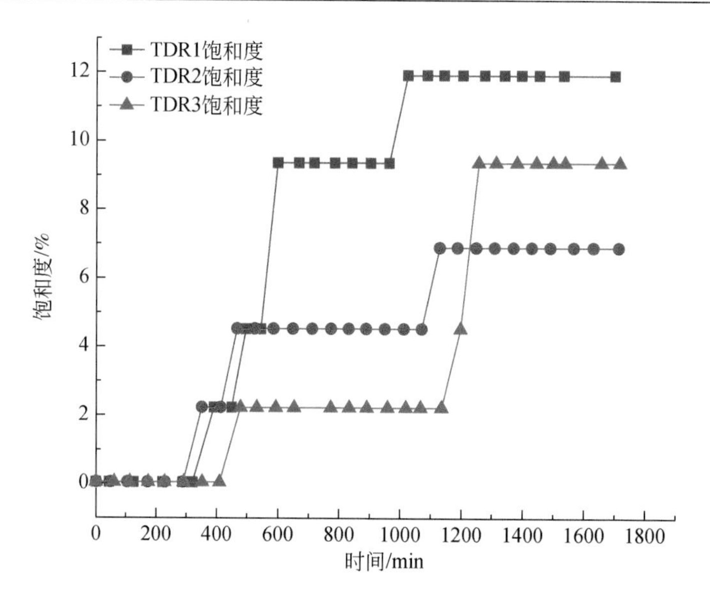

图 3.9　反应釜内不同区域甲烷水合物饱和度变化曲线

物饱和度有三个台阶变化，而最内层甲烷水合物饱和度只有两个台阶变化，可以认为过冷温度对甲烷水合物反应的激烈程度产生明显影响。由于使用空气浴降温，反应釜内温度存在降温梯度，所以釜最外侧区域降温幅度最大，提供的过冷温度最大，使得甲烷水合物生成快速且饱和度高。但是中间区域和内层的甲烷水合物饱和度出现倒置，没有和过冷温度规律形成一致，其可能的原因之一是外层甲烷水合物消耗大量的孔隙水后使中间区域的水分向外迁移，从而影响了甲烷水合物的生成总量，但其反应激烈程度仍然比内层大。

图 3.10 给出了甲烷水合物生成过程中三维温度场的变化规律和饱和度的变化趋势。

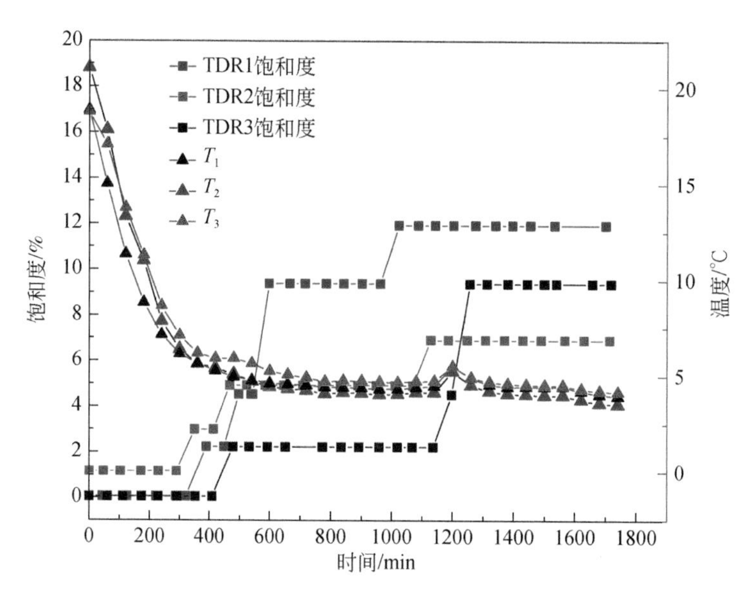

图 3.10　沉积物中甲烷水合物生成过程温度与饱和度对应关系

可以看出两者有基本的对应关系，从温度曲线可以初步判断不同区域都出现两个升温峰，预示着甲烷水合物可能出现的时间点，而从饱和度数据上也能找出相应的证据支持甲烷水合物生成。饱和度与温度变化所对应的时间稍有偏差是由两者使用了不同的数据采集设备并且采样频率不同所造成的。

（二）甲烷水合物生成过程热导率变化规律

在反应釜内沿径向设置3组热-TDR探针，埋藏深度4cm左右、间隔3cm，用以测量甲烷水合物生成过程不同点位的热导率。与之前的温度变化指示和饱和度增长数据所对应，热导率数据采集也持续了1700min左右。为防止依次发射的热脉冲相互影响，脉冲发射时间间隔设为1h。

由图3.11可以看出，沉积物热导率与温度一样，在甲烷水合物大量生成过程中都有明显的峰出现，可以作为甲烷水合物是否大量生成的标志。同时可以看出，当温度从室温降至甲烷水合物生成温度时，热导率虽有下降但没有明显变化，因此可以认为影响含甲烷水合物沉积物热导率的主要因素不是温度作用。因此，将甲烷水合物饱和度数据与热导率作图（图3.12），可以看出甲烷水合物饱和度迅速增加的过程与热导率异常变化有明显对应，之后热导率趋于稳定。含甲烷水合物沉积物热导率随甲烷水合物饱和度的增高而下降。

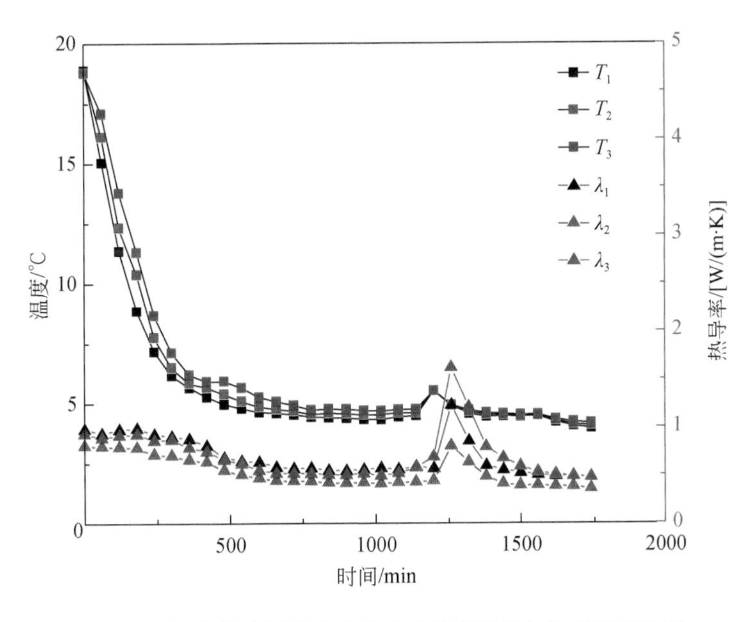

图3.11　沉积物中甲烷水合物生成过程温度与热导率变化图

三、南海沉积物中天然气水合物热导率与饱和度相关关系

（一）实验参数

利用南海神狐海域实际钻获的海底沉积物样品进行甲烷水合物生成与分解实验，并通

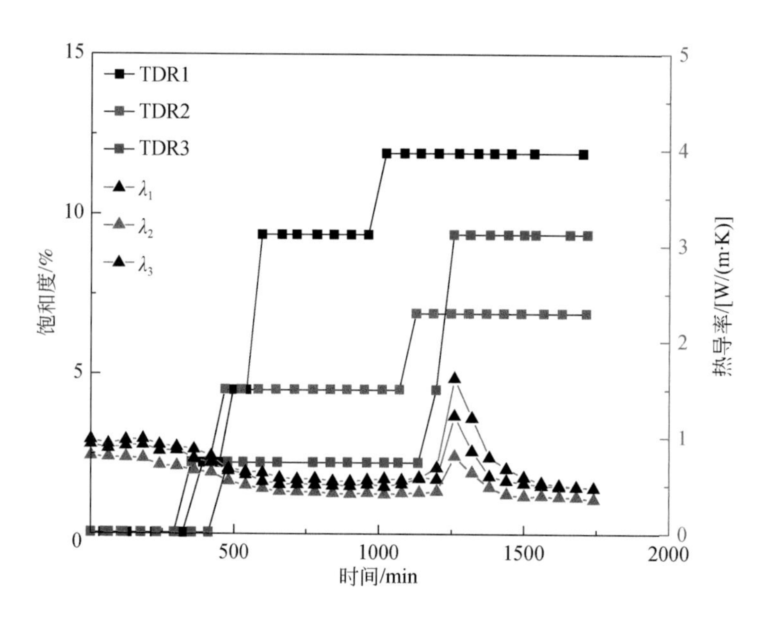

图 3.12　沉积物中甲烷水合物饱和度与热导率变化图

过热-TDR 技术获得不同甲烷水合物饱和度的岩心热导率变化规律。南海沉积物样品取样水深 1170m，柱状样含水量上层 90%，下层 50%。沉积物的粒度分布如图 3.13 所示。

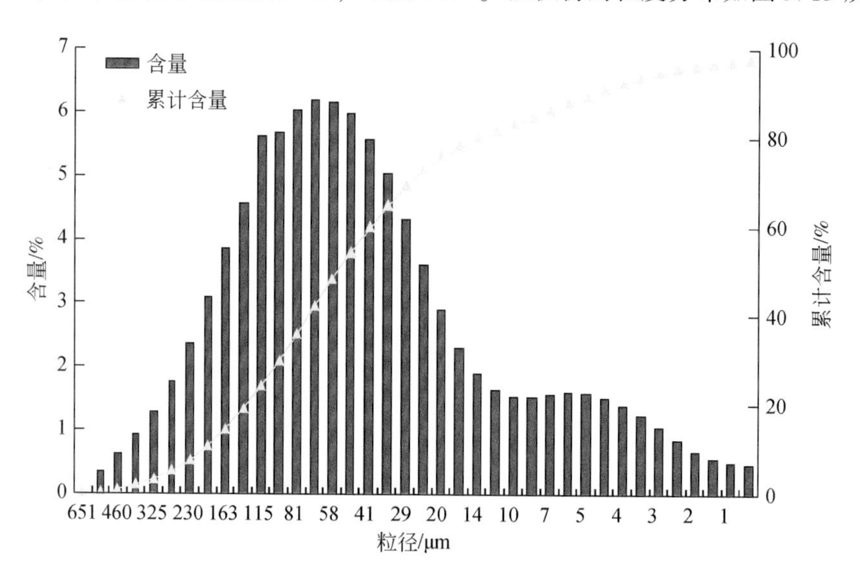

图 3.13　神狐海域沉积物样品粒度图

由于南海沉积物样品拥有量少，因此使用一组热-TDR 探针在小型反应釜中进行热导率与饱和度实验研究。热脉冲通过电压为 12V 的开关电源向电阻 85Ω 热阻丝通电实现，单个热脉冲持续时间 10s，发送间隔 3600s。甲烷水合物反应过程通过热-TDR 同轴探针监测沉积物中含水量变化。TDR 采集频率为 60s/次。

（二）南海含天然气水合物岩心饱和度测量

对于含盐度较低的孔隙水可直接使用常规金属探针进行 TDR 信号采集，然而真实海洋沉积物由于海水电导率太高导致金属探针的 TDR 信号衰减过快，波形很难分辨出介电常数变化的拐点。研究发现将金属探针外壁包裹一层绝缘套管可以解决信号衰减的问题，而且能够获得较为可靠的高盐度孔隙水中沉积物 TDR 波形曲线。

图 3.14 给出了反应釜恒温恒压 12 天的 TDR 波形曲线。此过程釜内温度 $T=1$℃、压力 $P=7\mathrm{MPa}$，甲烷水合物生成反应处于诱导阶段，沉积物含水量没有变化，TDR 波形曲线相应地没有发生变化，并且重复性很好。图 3.15 显示的 TDR 波形曲线是将反应釜温度由 $T=1$℃降温至 $T=-10$℃过程中获得的。随着孔隙水逐渐转化为固态，沉积物含水量减少，TDR 波形出现规律性变化。

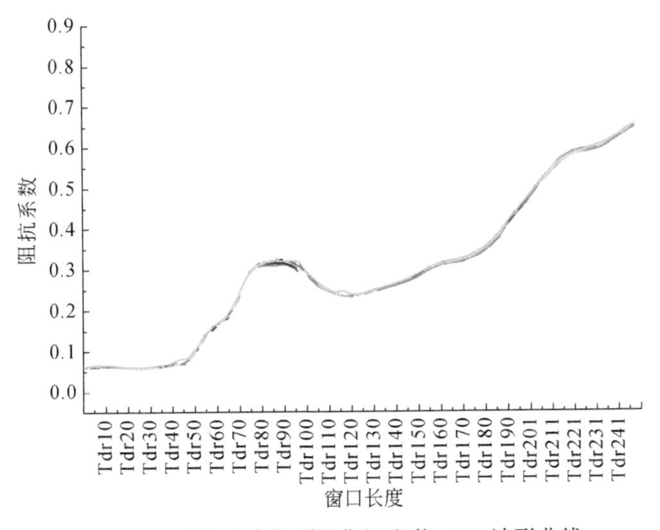

图 3.14　甲烷水合物诱导期沉积物 TDR 波形曲线

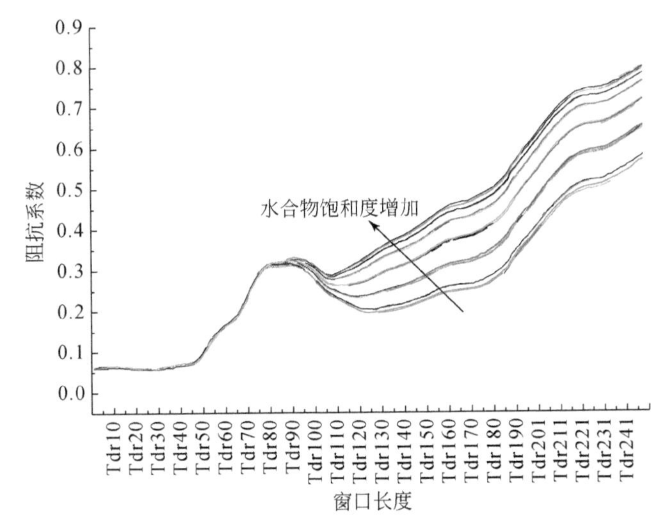

图 3.15　温度由-1℃降至-10℃沉积物 TDR 波形曲线

从图 3. 14 和图 3. 15 可以看出，改造后的热-TDR 探针在含盐度较高的真实海洋沉积物中测量性能稳定、灵敏，能够较为准确地体现反应体系含水量等参数的变化。甲烷水合物热物理特性实验所采用的温压条件是 $T=1$℃、$P=7$MPa。实验过程同时发现甲烷水合物在真实海洋沉积物中生成所需诱导时间较长。表 3. 7 给出了生成过程通过 TDR 方法计算获得的甲烷水合物饱和度大小。

表 3. 7　南海沉积物中甲烷水合物生成过程体积含水量与甲烷水合物饱和度

时间/h	体积含水量/%	甲烷水合物饱和度/%
0	58	0
1	46	21
2	37	36
3	34	41
4	34	41
5	34	41

图 3. 16 给出了沉积物中甲烷水合物饱和度随时间的变化趋势，可以看出甲烷水合物生成速度具有分段性，反应开始后的第一小时甲烷水合物增长速度较慢，饱和度仅为 11%；而第二小时则表现出快速大量生成的趋势，饱和度快速增至 38%；在实验临近结束的两小时内增速缓慢，甲烷水合物饱和度由 38% 增至 49%。

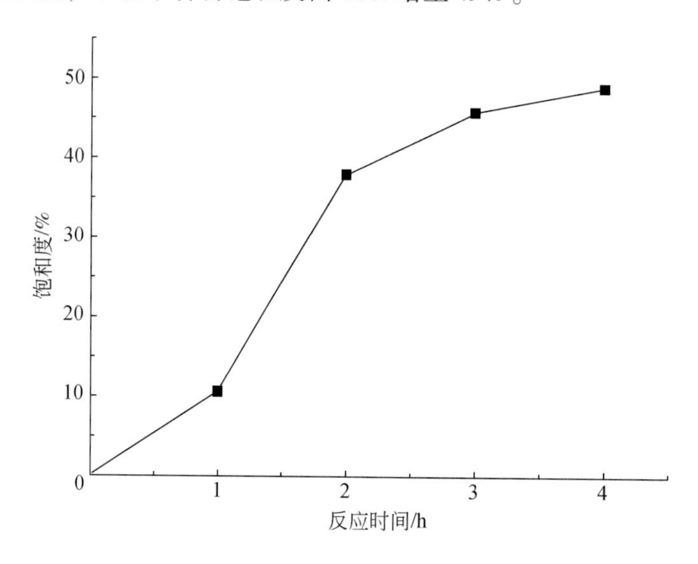

图 3. 16　沉积物中甲烷水合物饱和度变化趋势图

根据观察到的实验现象推断，甲烷水合物宏观生长特征是沉积物、孔隙水以及反应条件（过冷度）等多种因素共同作用形成的。首先，根据沉积物粒度分析可知（图 3. 13），神狐海域沉积物主要是粉砂级颗粒，该粒度范围的沉积物不易产生抑制甲烷水合物生长的毛细作用，但实验中使用了海底孔隙水，其含盐量对甲烷水合物生成会产生明显的抑制作用，导致反应开始阶段甲烷水合物生长缓慢；当反应体系内存在大量甲烷水合物微晶后，甲烷水合物开始快速生长，产生第二小时饱和度快速升高的现象；随着甲烷水合物生成反应进行，孔隙水不断被消耗，盐度增加，对甲烷水合物生长产生的抑制作用逐渐加强，导致在反应最后阶段甲烷水合物生长速度缓慢，并最终达到稳定状态。

（三）南海含甲烷水合物沉积物热导率测量

根据 TDR 波形指示的甲烷水合物生成时间选取反应前后 4h 作为研究区间进行讨论。实验设定热脉冲发送时间间隔为 3600s。热脉冲升温曲线的开始与结束阶段线性较差，计算结果误差较大，因此实际操作中计算选点通常取线性较好的热脉冲持续阶段（图 3.17）。

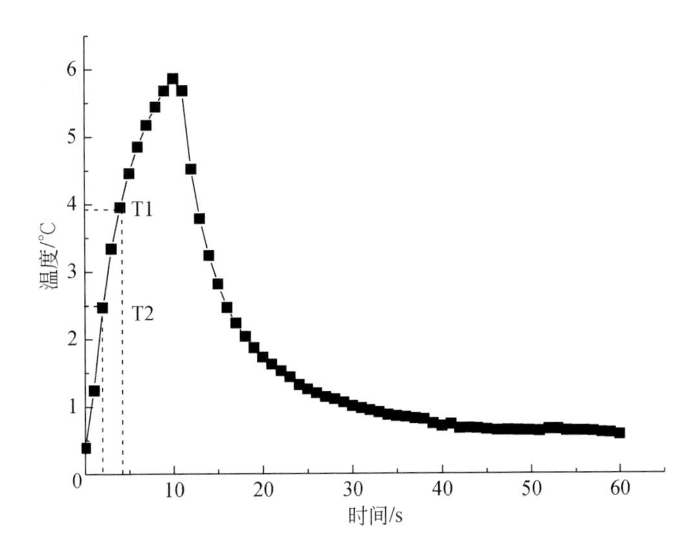

图 3.17　南海沉积物中交叉热线法温度曲线

在没有甲烷水合物的情况下南海沉积物热导率为 0.9 W/(m·K)，随着甲烷水合物饱和度增大，沉积物热导率逐渐降低。甲烷水合物饱和度为 40% 时，热导率降至 0.73 W/(m·K)。Waite 等（2002）使用不同比例的石英砂松散沉积物和甲烷水合物混合物热导率，得到含 1/3 甲烷水合物，2/3 石英砂的反应体系热导率为 0.9～1.15 W/(m·K)；含 2/3 甲烷水合物，1/3 石英砂的反应体系热导率为 0.82～0.89 W/(m·K)。对比可知甲烷水合物含量增加会降低沉积物热导率，但含甲烷水合物的南海沉积物样品热导率低于同条件下的石英砂介质。

将甲烷水合物生成反应不同阶段的饱和度与热导率数据作图（图 3.18），可以发现反应体系热导率变化与甲烷水合物的饱和度密切相关：在反应开始阶段，热导率首先出现一次小范围的增高；在随后的快速生长阶段，热导率则呈现快速降低的趋势；而在生成反应结束阶段，热导率也以较小的速率逐渐降低。生成反应开始阶段热导率小幅增高现象推测甲烷水合物极有可能首先在孔隙流体中结晶成核。甲烷水合物微小晶体凝聚降低了孔隙水活动性，减弱了热对流扩散作用，从而加强了流体热传导能力。而在甲烷水合物快速生长阶段，孔隙逐渐被甲烷水合物占据，增加了固体颗粒接触热阻，因此反应体系出现了热导

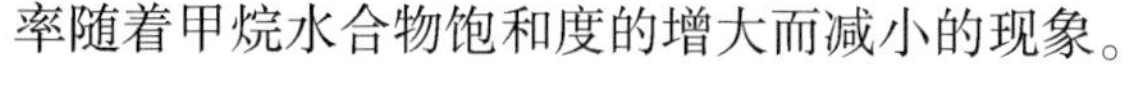

率随着甲烷水合物饱和度的增大而减小的现象。

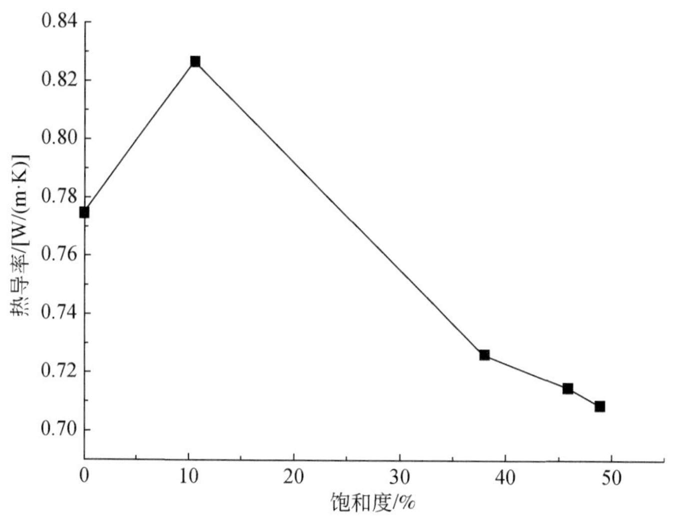

图 3.18　南海沉积物热导率与甲烷水合物饱和度关系图

基于上述实验结果分析，能够初步推断南海沉积物中天然气水合物优先选择在颗粒孔隙间成核，并逐渐与固体沉积物颗粒胶结共存。

四、含天然气水合物岩心热物性对产能的影响

天然气水合物与常规油气开采最显著的不同是分解过程发生相变且伴随剧烈的吸热效应，导致周围温度降低。降温幅度过大不仅会影响产气量，还可能引起储层内天然气水合物二次生成，从而阻碍生产持续进行（陈强等，2010）。天然气水合物储层的热物理特性是评估试采体系降压过程热流场和温度场分布的重要参数，通过实验方法获得甲烷水合物的分解热和含甲烷水合物沉积物的热导率，可进行储层热物理特性对试采产能的影响分析。

天然气水合物分解过程会使周边温度下降，而分解阵面与储层产生温度差后，热量又会以传导和对流的形成作用于周围环境。为进一步揭示储层热物性对试采能产的影响，我们进行如下推算：参考神狐海域沉积物分析结构（参数见表 3.8），取单位体积为 1 的立方体作为研究单元，若不与周围环境发生热交换作用，单元的降温幅度由其比热容和甲烷水合物分解热决定，按式（3.10）计算：

$$\Delta T=\frac{Q}{C_{pb}\cdot\rho_{b}} \tag{3.10}$$

$$C_{pb}\cdot\rho_{b}=C_{pm}\cdot\rho_{m}\cdot(1-\varphi)+C_{pw}\cdot\rho_{w}\cdot\left[(1-S_{h})\cdot\varphi+\rho_{h}\cdot S_{h}\cdot\frac{\varphi}{\rho_{w}}\right] \tag{3.11}$$

$$\rho_{b}=\rho_{m}\cdot(1-\varphi)+\rho_{w}\cdot(1-S_{h})\cdot\varphi+\rho_{h}\cdot S_{h}\cdot\varphi \tag{3.12}$$

式中：Q 为甲烷水合物分解热；C_p 为比热容；ρ 为密度；φ 为孔隙度；S_h 为甲烷水合物饱和度；b 为混合物；m 为沉积物；w 为海水。

表 3.8　计算参数（以神狐海域天然气水合物储层为参考）

Q /J	C_{pm} [J/(g·K)]	C_{pw} [J/(g·K)]	ρ_w /(g/cm^3)	ρ_h /(g/cm^3)	φ /%	S_h /%
610	1.01	4.02	1.03	0.98	35	53

经计算，在储层孔隙度 35%，甲烷水合物饱和度 53% 的储层中，单位体积内甲烷水合物分解会使其温度下降 44℃，可见甲烷水合物分解需要从周围环境吸收能量，否则反应将立即停止。实际环境中存在着两种能量传导的方式，分别是接触颗粒间的热传导作用和流体运移产生的热对流作用。在它们的共同作用下决定了储层热流场，并间接影响着天然气水合物的分解速率。

通过测试数据可以看出南海粉砂质天然气水合物储层的热导率约为 0.7W/(m·K)，比中-粗砂体系的导热性能好。但热导率数值随着天然气水合物饱和度出现先增高后降低的特点，主要原因是随着天然气水合物增多，沉积物-天然气水合物颗粒间的接触热阻增大，影响了体系的导热能力。

如果天然气水合物分解速度过快或储层传热能力不足，会造成分解阵面温度快速降低，并有可能使液体结冰形成自保护效应，降低产气能力；粉砂质天然气水合物储层热导率较粗颗粒储层高，有利于能量传递；饱和度高的储层天然气水合物与沉积物颗粒之间的接触热阻增大，且能够产生对流传热的自由水偏少，不利于能量传递，有可能影响天然气水合物分解速度，降低产气效率。

第三节　天然气水合物储层热扩散特性实验

一、天然气水合物储层模拟生成实验

近年来，通过国内外开展的海洋天然气水合物试采的结果来看，降压法开采的产气效率仍未能达到令人满意的效果。降压加热联合开采也许能够突破现有的产气瓶颈。因此，开展天然气水合物储层热扩散特性研究，可为研发有效的加热开采技术提供有力支撑。本节基于模拟实验技术，通过建立电加热条件下岩心中甲烷水合物分解过程的温度梯度与加热时间、热源距离的响应关系，探讨含天然气水合物岩心热扩散特征。模拟实验装置如图 3.5 所示。

实验装置在反应釜内沿半径方向放置 2 组相互垂直的温度探针，每组 4 只，用来监测甲烷水合物模拟实验过程中釜内温度梯度变化。釜内还安装了 4 组 TDR 探针，用来测量多孔介质的含水量。釜内探针位置如图 3.19 所示，温度探针距离加热棒的长度见表 3.9。

图 3.19　天然气水合物热扩散效应探针分布俯视图

表 3.9　温度探针距热源距离

温度组 1 编号	距热源距离 /mm	温度组 2 编号	距热源距离 /mm
1	135	2	120
3	105	4	90
5	75	7	60
7	45	8	30

图 3.20 给出了在甲烷水合物生成过程中采集的两组温度数据。根据生成过程釜内两组多孔介质温度数据可以看出，当反应釜由室温降至相平衡点附近时会立即出现温度异常升高现象，标志着甲烷水合物开始生成。通过对温度变化趋势的进一步分析可知，温度升高最明显的区域分别对应着探针 1 号、3 号和探针 2 号、4 号，这说明釜体外侧接近空气浴的部分降温快，甲烷水合物生成量也较多。结合温度探针在釜内的安装位置能够知道甲烷水合物大量生成区域主要集中在半径 $r=90\mathrm{mm}$ 以外的区域。而反应釜中心部分温度升高不明显。

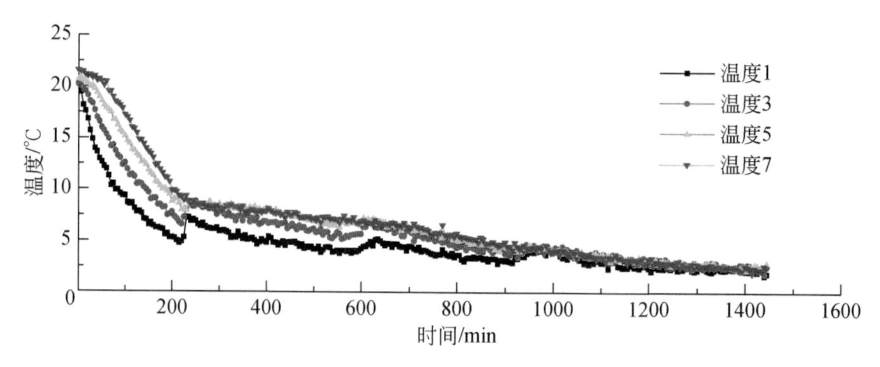

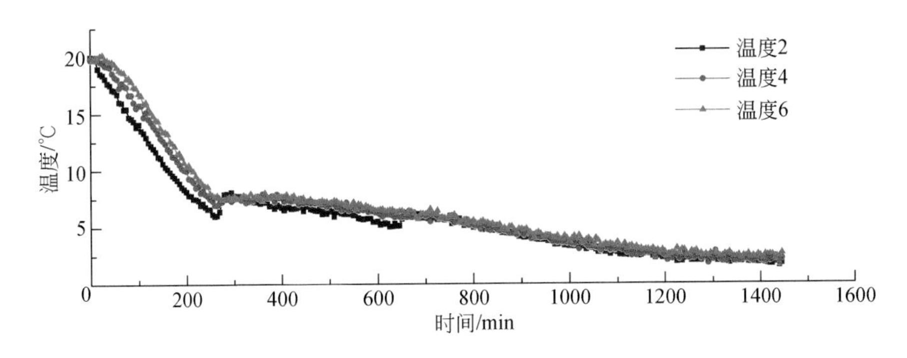

图 3.20　反应釜不同区域温度在甲烷水合物生成过程中的变化

表 3.10 给出了甲烷水合物生成过程根据四组 TDR 数据计算出的多孔介质体积含水量和甲烷水合物饱和度数据。

表 3.10　甲烷水合物生成过程 TDR 探测结果

探针编号	体积含水量/%	甲烷水合物饱和度/%
TDR1 反应初	38	13
TDR1 反应末	33	
TDR2 反应初	38	13
TDR2 反应末	33	
TDR3 反应初	35	38
TDR3 反应末	22	
TDR4 反应初	33	52
TDR4 反应末	16	

从表 3.10 发现，TDR 所探测的釜内四个不同区域在生成反应开始阶段多孔介质含水量较为一致，约为 35%，这与实验前人工调配的实际含水量数据基本吻合（10L 多孔介质+3.5L 溶液）。而反应结束时刻的体积含水量及相对应的甲烷水合物饱和度出现了阶梯式变化，甲烷水合物饱和度靠近中心部分的区域最大，并随着向外延伸的距离减少，最靠近外侧的两组测得的甲烷水合物饱和度较小。

值得注意的是，饱和度结果表明甲烷水合物生成反应在釜内中心部分激烈，向外逐渐减弱；而与根据温度变化推测的反应趋势则相反。这是由于釜内多孔介质上覆盖的绝热板阻碍了气源供应。绝热板能够避免釜体上下两端与外界产生热交换，同时为保证气体与多孔介质尽量接触，绝热板上层预留了通气孔，其位置与温度探针相对应，该结构造成釜内温度探针监测的区域能够获得较充足的气源，而 TDR 探针所监测的区域只能靠少量孔洞获得气源。所以温度探针所监测的区域供气充足，反应主要受过冷温度控制；而 TDR 所监测的区域甲烷水合物同时受温度和供气两种因素的控制，结果表明甲烷水合物优先在供气充足的部分生成。

二、电加热作用下天然气水合物储层热扩散特征

电加热分解实验反应的设置条件是：恒温空气浴 2℃，背压阀控制出口压力 4MPa，电加热棒加热温度 20℃。甲烷水合物分解过程仍然通过 TDR 监测饱和度的变化情况。图 3.21 显示了 4 组 TDR 探针监测的甲烷水合物分解第一小时和最后一小时的波形对比图（数据采集间隔为 15min）。

可以看出，四组 TDR 波形曲线在加热分解前后出现不同变化趋势。其中 TDR1 和 TDR2 所在区域含水量变化较小，它们对应了 $r=90$mm 至釜体边缘的区域。加热过程中通过热扩散效应传递的能量没有使该区域温度超过压力 4MPa 时的相平衡点，因此含水量保持稳定；在 TDR3 和 TDR4 所监测的区域内多孔介质含水量变化明显。表 3.11 列出了 TDR3 测量的甲烷水合物饱和度与分解率信息，可以看出甲烷水合物在 $r=60$mm 附近的区域受热源作用明显，到反应临近结束时分解率达 87%。甲烷水合物分解过程在反应的 4 ~ 8h 范围内，分解率变化最大。

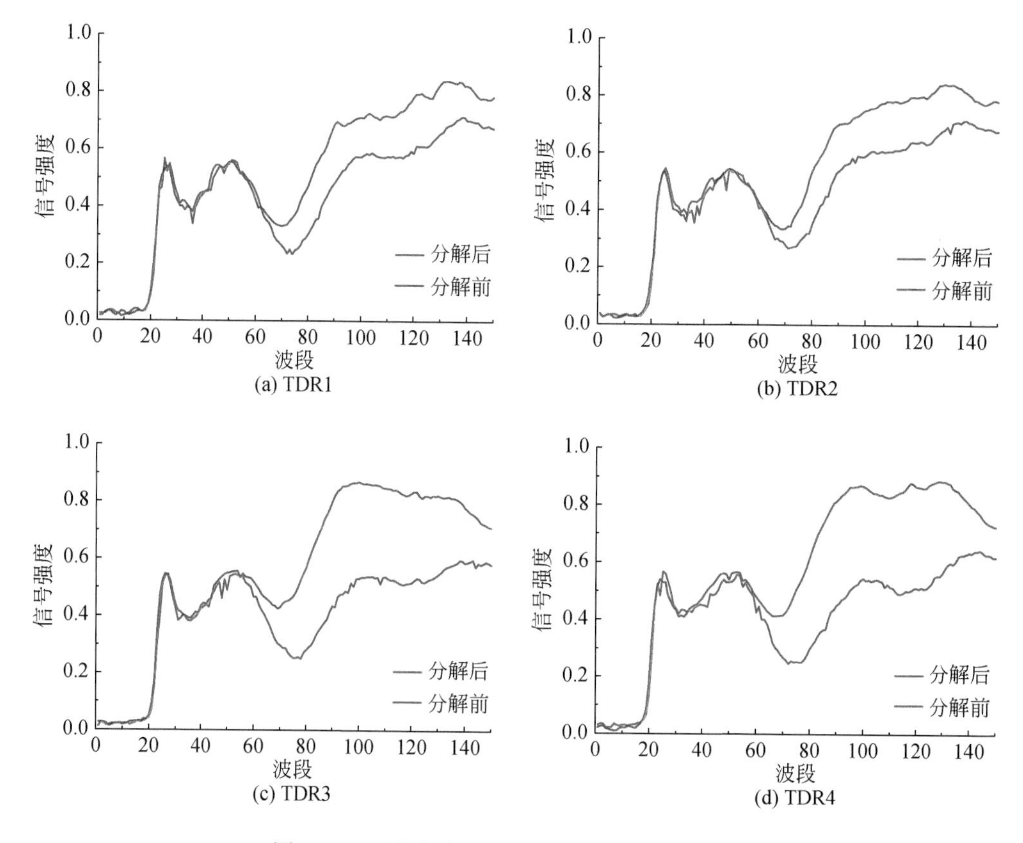

图 3.21　甲烷水合物分解过程 TDR 波形变化图

横坐标为相对距离，m；纵坐标为反射系数

表 3.11　TDR3 监测甲烷水合物分解过程数据

分解时间/h	含水量/%	甲烷水合物饱和度/%	甲烷水合物分解率/%
0	21	45	0
4	24	38	16
8	30	24	46
12	32	18	60
16	35	12	74
20	37	6	87

TDR4 所处位置距离热源 $r=30\text{mm}$，其距离与温度探针 8（即加热棒控制温度）相同，因此在加热过程中受加热棒功率的影响，分解温度保持恒定，并没有热量梯度衰减现象出现。从表 3.12 可以看出这一区域的甲烷水合物受热分解率最高，到反应截止时刻分解率达 100%。分解实验结束后 TDR4 监测区域的多孔介质含水量接近 35%，与反应开始前人工调配的含水量基本吻合。

表 3.12　TDR4 监测甲烷水合物分解过程数据

分解时间/h	含水量/%	甲烷水合物饱和度/%	甲烷水合物分解率/%
0	21	38	32
4	24	30	47
8	27	22	61
14	30	14	75
18	32	7	88
22	35	0	100

图 3.22 显示了甲烷水合物分解过程中沿径向分布的 7 支温度探针所指示的温度变化曲线。

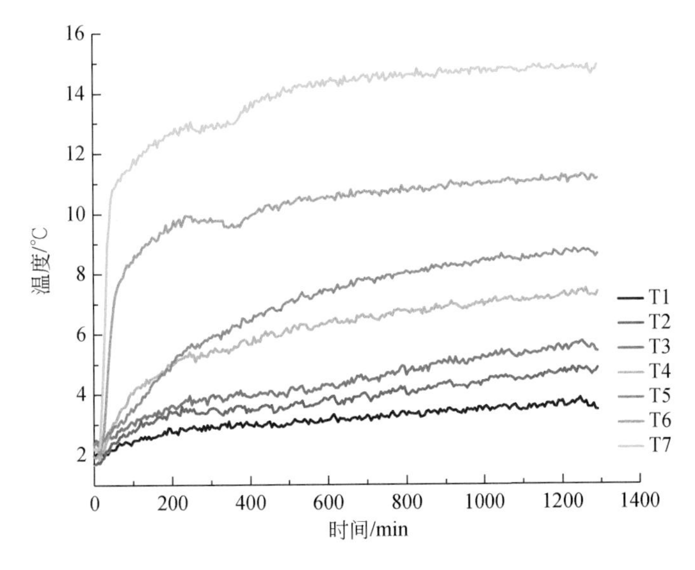

图 3.22　甲烷水合物分解过程釜内各区域温度变化图

可以明显地看出，随热源距离不同，含甲烷水合物沉积物受加热影响的温度变化明显。由于甲烷水合物分解是一个吸热过程，因此在甲烷水合物含量较高的 T7 和 T6 区间在加热时间 300min 时出现温度转折，表明有大量甲烷水合物分解，造成该区域热量来不及补充，温度略有下降。此时间区间与 TDR3 所指示的甲烷水合物分解率变化趋势基本一致。沉积物中热扩散强度随距离的延长而衰减，T1 区域受加热影响已经十分微弱。图 3. 23 列出了反应釜内温度平衡后各点加热前后温度变化量 ΔT 与热源距离的关系 ，经曲线拟合后发现热传递效应与热源距离呈二次函数衰减变化。

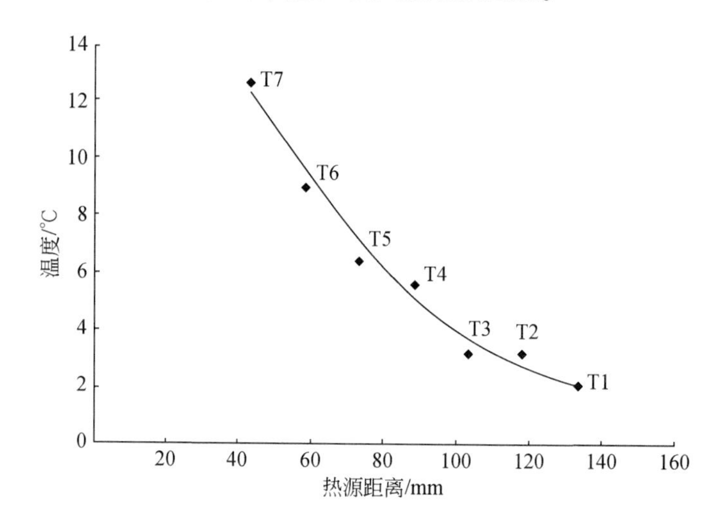

图 3. 23　甲烷水合物分解过程各点温度升高图

参 考 文 献

陈强，业渝光，刘昌岭，等 . 2010. 多孔介质中甲烷水合物相变过程模拟实验研究 . 现代地质，24（5）：972-978.

黄犊子，樊栓狮 . 2003. 采用 HOTDISK 测量材料热导率的实验研究 . 化工学报，z1：67-70.

黄犊子，樊栓狮，梁德青，等 . 2005. 水合物合成及导热系数测定 . 地球物理学报，48（5）：1125-1131.

张家荣，赵廷元 . 1987. 工程常用物质的热物理性质手册 . 北京：新时代出版社 .

Jones S B，Wraith J M，Or D. 2002. Time domain reflectometry measurement principles and applications. Hydrological Processes，16（1）：141-153.

Muñoz-Carpena R，Regalado C，Ritter A， et al. 2005. TDR estimation of electrical conductivity and saline solute concentration in a volcanic soil. Geoderma，124（3-4）：399-413.

Regalado C，Carpena R M，Socorro A， et al. 2003. Time domain reflectometry models as a tool to understand the dielectric response of volcanic soils. Geoderma，117（3-4）：313-330.

Waite W，Demartin B，Kirby S， et al. 2002. Thermal conductivity measurements in porous mixtures of methane hydrate and quartz sand. Geophysical Research Letters，29（24）：82-81-82-84.

Wright J F，Nixon F M，Dallimore S R， et al. 2002. A method for direct measurement of gas hydrate amounts based on the bult dielectric properties of laboratory test media//Proceedings of the Fourth International Conference on Gas Hydrates：745-749.

第四章　天然气水合物热激法开采实验

第一节　天然气水合物热激法开采现状

世界各国对能源矿产的需求量不断激增，急需新型能源来补充常规石油天然气等化石能源的供给。在此背景下，天然气水合物商业化开发的必要性得到了广泛认同（Collett et al., 2015；Boswell et al., 2020）。近20年来，加拿大、美国、日本和中国等先后开展了10余次天然气水合物试采，场址从最初的陆域冻土区逐渐转向陆架边缘海（Uddin et al., 2014；Saeki, 2014；Moridis et al., 2009；吴能友等，2017），天然气日产量、累计产量和连续产气时间也逐步提升。

目前天然气水合物开采仍以传统的海底原位分解采气的框架为主流：以打破天然气水合物相平衡为切入点，通过改变天然气水合物的热力学或动力学条件来破坏其内部分子间作用力，从而使天然气分子从中逃离，达到分解产气的目的。基于这种认识提出的天然气水合物开采方法有降压法、热激法、抑制剂注入法等。热激法早在2002年的Mallik冻土区试采中被应用，但由于产气效果不佳逐渐边缘化。降压法从2008年的Mallik第二次试采被应用后，逐渐成为主流。截至目前中国和日本开展了四次海域天然气水合物试采，均以降压法为核心进行工艺设计，并取得了较好的效果。然而，单独的降压开采面临着产能瓶颈，为了提升产能，达到工业气流标准，热激辅助降压开采成为研究的热点。

近年来国内外开展了大量热激辅助降压法的相关研究，也催生了许多新的天然气水合物开采方法。Nair等（2018）分别从不同角度验证了不同降压模式、降压加热联合模式下天然气水合物产能变化情况，结果表明无论降压方案如何优化，其开采效率都不如在降压过程中辅助加热所取得的效果。Yang等（2014）指出，泥质粉砂型II类天然气水合物储层在长井段水平井（1500m）、大幅降压（$0.2P_0 \sim 0.1P_0$，P_0为原始地层压力）、辅助加热（42℃）开采模式下能够达到产业化开采产能门槛值；Yu等（2019）以双水平井（水平井长度1000m、井间距90m）“下注上采”模拟Nankai海槽天然气水合物产气情况，证明在注热温度40°、注热速率2kg/(s·m)条件下该地区年平均日产能高达$8.64\times10^5 m^3/d$（综合气水比10.8），远高于纯降压双水平井开采的条件［年均日产能则为$1.376\times10^5 m^3/d$（综合气水比7.6)］。这表明在降压条件下注热能够显著提高天然气水合物产能，综合气水比也有所提升（Li et al., 2012）。

因此，热激辅助降压开采方法能够在一定程度上提高天然气水合物产能，复杂结构井或多井井网降压辅助热激法对产能的开采效率高于简单直井降压辅助效果，复杂结构井或多井井网降压辅助热激法是从量级尺度提高天然气水合物产能的优选途径。

基于这种思路，近年来也有学者提出联合深层地热资源开采浅部天然气水合物的方法（宁伏龙等，2006；孙致学等，2019；Liu et al., 2020；Liu et al., 2018）。该方法的基本思路是：通过向深层地热储层注入海水，海水在深层地热层中吸收热量后循环至浅部天然气水合物储层，利用复杂结构井技术，结合降压法和加热法促使天然气水合物分解（图 4.1）。尽管不同文献中采用的井身结构、热替换方法有所差异，但其涉及的地热应用模式均为热水直接加热储层，暂未涉及利用地热将水电解转化为电能等二次转化加热模式（Balta et al.，2010）。热水循环排量、地热储层温度（地热梯度）、地热储层渗透率、地热储层压力等参数的提高均能提高天然气水合物开采效率，但同时面临着能效比的降低（Liu et al.，2020；Liu et al.，2019）。

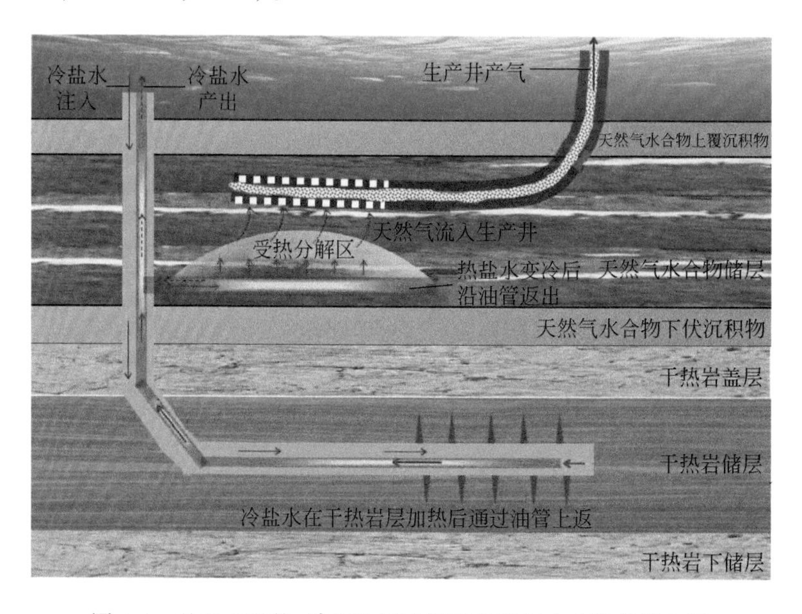

图 4.1　基于“地热+降压”联合开采天然气水合物的概念图

然而，无论是地面注热还是采用地热辅助开采天然气水合物，都不可避免地在注热井周围形成高压区域，不利于天然气水合物的分解。特别是在高饱和度、低渗透地层，面临注热困难窘境。非流体辅助加热模式［如电加热（Liang et al.，2019）、射频波辐射（Rahim et al.，2015）、微波加热（Wang et al.，2020；Zhao et al.，2016；Li et al.，2008）、电磁加热（Islam，1994）］则能从根本上解决热流体注入难题。Liang 等（2018）指出直井降压开采条件下电加热辅助增产效果优于热水加热。Li 等（2008）和 Islam 等（1994）分别从不同的角度证明在相同的热功率条件下微波加热、电磁加热导致的天然气水合物分解效率远高于注热水加热条件。Rahim 等（2015）指出微波加热开采效率优于射频波辐射开采效率。因此非流体辅助加热开采方法不仅克服了流体加热的潜在工程地质风险，而且提高了天然气水合物开采效率。尽管目前这些新型辅助开采方法仍处于概念模型阶段，但不能排除一旦技术突破，将对天然气水合物生产产业化有重要意义，特别是对于高饱和度、低渗透率、低热容储层等流体注入可行性较弱的储层而言，具有良好的应用前景。

总体而言，单纯依靠热激法很难实现天然气水合物的高效开采，依赖复杂结构井或多井井网降压，将热激法作为辅助措施一定能够提高天然气水合物的产能，在天然气水合物开采过程中加热站的地位非常重要。但是一味强调注热温度或加热功率可能无法提高能效比，因此在基于降压法辅助热激法开采天然气水合物时，热源作为辅助手段没必要“用药过猛”，而应以最大能效比作为注热或加热参数的优选标准。因此，开展天然气水合物热激法开采实验研究能够为天然气水合物开采方案设计提供有效的数据支撑。

第二节　天然气水合物热激法开采实验设计

一、开采模拟实验装置

天然气水合物生成及开采实验装置主要由天然气水合物反应釜、天然气水合物饱和度监测系统、控温系统、供液系统、供气系统、气液分离系统以及数据采集系统组成（图4.2）。该装置可进行热激法（电加热、注热液）、降压法和抑制剂注入法等多种开采技术的模拟实验研究。

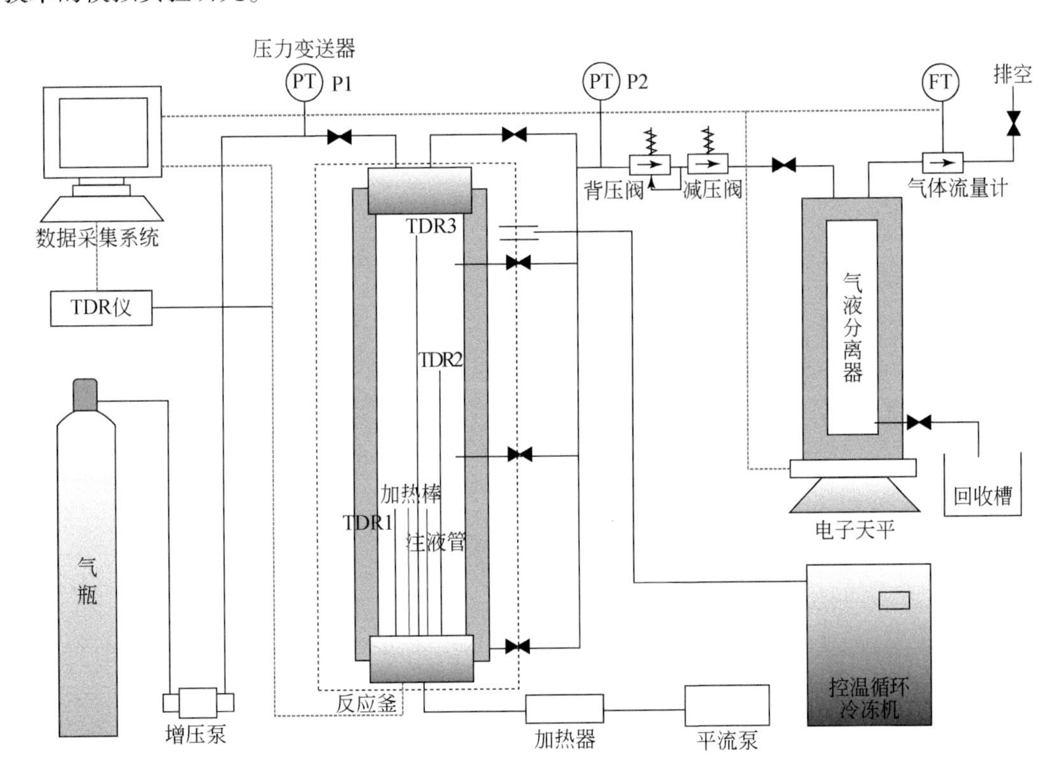

图4.2　天然气水合物开采实验装置示意图

本套装置的反应釜是纵向结构，由不锈钢材料制成，直径68mm、内筒高650mm，反应釜的设计工作压力最高为30MPa。在反应釜底部中央位置设置了加热棒或注液通道，加热及热液出口在沉积物1/3高度处。加热棒通过电加热作为电加热开采法的热源；通过注液通道，可实现对沉积物中天然气水合物的注热水法或抑制剂注入法开采。在反应釜内设有三组长短不同（580mm、340mm、140mm）的TDR探针（图4.3），TDR探针每次只可使用一组，可由计算机控制轮流测试，TDR1、TDR2 和 TDR3 分别监测整体沉积物、沉积物 2/3 高度与沉积物 1/3 高度体系天然气水合物饱和度的变化。

图 4.3　三组长短不同的 TDR 探头及多组测温点（右图已装好）

在 TDR 探针内，沿探针长度方向上设置了 6 支 PT100 热电阻温度计，以测量沉积物不同位置的温度场变化（图 4.4）。其中，温度 1、温度 2、温度 3 和温度 4、温度 5 和温度 6 测量分别位于沉积物内最上层、沉积物 2/3 高度处与 1/3 高度处，反应釜内壁处也设置了一支热电阻，即温度 7，来反映沉积物最外层 1/3 高度处的温度。温度测点多可反映开采进程。

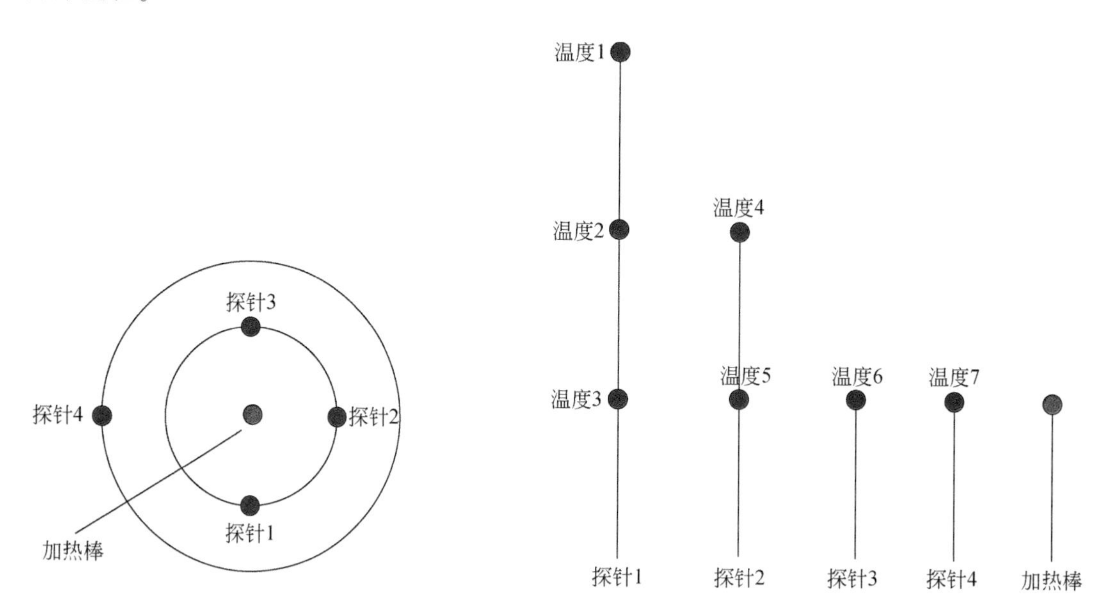

图 4.4　TDR 探针及各温度点在 TDR 探针内的位置分布图

供液系统，用来进行注热液法与抑制剂注入法开采天然气水合物时使用，能提供稳定的高压液流，主要由平流泵完成，流量范围为 0 ~ 10mL/min，压力范围为 0 ~ 20MPa，为得到更大流量，可将两台平流泵并联使用。在注热液法中，使用电加热器将需注入的液体加热到设定温度。电加热器使用直流稳压电源工作，来实现对消耗能量的计算。

供气系统，由高压甲烷气瓶、增压泵和空压机组成，由于实验要求注入压力较高，使用增压设备将气体压力升高到实验所需压力，气体可由反应釜顶层阀门注入，也可由反应釜侧面三个不同高度的阀门分别或同时注入，节约气体渗透时间且使气体分布均匀，反应釜压力由压力传感器1计量。

气液分离系统，主要控制天然气水合物分解后产生的气体液体流动和收集。分解的气液混合物可以通过反应釜顶层阀门和侧面三个平行阀门流出，根据实验方案不同选择不同的流出方式。降压开采中气体通过顶层阀门流出；注热水开采时，使用侧面三个平行阀门，热水从底部注入，可以从下到上逐个开启三个出气（液）阀门，实现天然气水合物逐层开采。在气液流出管道上接有背压阀，它的作用是在天然气水合物生成阶段维持反应釜内的压力，确保高压体系安全；天然气水合物分解阶段，控制反应分解压力，排出分解气体，分解压力由管道上压力传感器2计量。分解的气液混合物经气液分离器，将液体与气体分离，流出的气体体积由流量计计量，精密流量计量程为2000mL/min，流出的液体质量由电子天平量出。

数据采集系统，包括计算机、采集控制板卡及数据采集处理软件等。可实时监测、记录实验过程中压力、温度、气体瞬时流速、气体累积流量、液体累积质量等各参数的变化。

二、含天然气水合物沉积物样品生成

在进行天然气水合物开采实验前，首先要针对不同天然气水合物藏情况，有计划地生成天然气水合物，再利用各种开采方法进行分解，得出不同天然气水合物藏最优的开采方案。

天然气水合物生成使用的气体为纯度99.9%的甲烷，沉积物为粒径0.18～0.35mm的天然海砂。实验过程如下。

（1）将反应釜内筒安装好后，用去离子水清洗反应釜，烘干。

（2）向反应釜内加入天然海砂和水溶液，由于反应釜高度较高，为了减少空气存在，使沉积物饱和，沉积物与溶液同时逐层加入，记录加入的沉积物与溶液体积。

（3）将反应釜密封好后，用甲烷气冲洗反应釜3次，或对反应釜抽真空，以排出反应釜内的空气。

（4）甲烷气体经增压泵通入反应釜内，使反应釜内的压力达到实验预设压力，并静置2～3天，使甲烷气渗透均匀溶解于溶液中。为使甲烷气体在沉积物体系分布均匀，可使用反应釜侧面不同高度的三个阀门A、B、C同时进气。

（5）开启低温恒温循环器，设置实验温度（2℃），对反应釜降温，进行甲烷水合物生成。甲烷水合物生成过程中可通过补压来得到更多水合物。

在实验过程中，反应釜内TDR波形、温度、压力等参数由数据采集系统实时监测记录。

第三节　天然气水合物电加热开采实验

一定条件下的甲烷水合物生成后，进行电加热法开采，实验步骤如下。

（1）根据实验条件，设置实验环境温度，即将系统温度升高或降低至实验要求温度，但仍保持在水合物稳定区域内。

（2）外接气调背压阀，调节背压阀压力等于反应釜压力，同时调节减压阀，使出气流量在流量计量程范围内。

（3）设置加热棒的参数，功率为200W，设置最高温度为50℃。当反应釜内的温度、压力稳定后，开启加热棒，对沉积物体系进行加热，甲烷水合物分解。打开出气阀门（阀门位置在反应釜最上端），分解气体量由流量计计量。

甲烷水合物分解过程中，反应釜内TDR波形、温度、压力、气体瞬时流速、气体累积流量等参数由数据采集系统实时监测记录。

一、实验结果分析

对于电加热法开采实验选择了两轮实验数据进行比较。实验参数见表4.1。选择实验2对甲烷水合物分解过程进行分析。

表4.1 电加热开采甲烷水合物实验条件

实验条件	初始温度/℃	初始压力/MPa	分解时间/h	产气量/L	能量消耗/kJ	初始饱和度/%
实验1	8.0	9.0	6.0	28.80	4289	24.5
实验2	8.0	9.0	6.8	92.55	4920	63.2

加热棒的功率为200W，温度为40℃。进行开采实验时加热棒对体系加热，甲烷水合物逐渐分解使釜内压力逐渐升高，而当压力超出背压阀设定的压力时，分解气体将通过背压阀和减压阀流出，气体流量计计量其流速。图4.5、图4.6为甲烷水合物电加热法开采实验过程中压力、温度、气体瞬时流速、气体累积流量各参数变化图，附图为各温度和加热棒在沉积物内分布的位置。实验过程中，因为加热棒功率较低，且产生的热量很快被周围沉积物交换，需较长时间（1～2h）加热棒才能达到其额定温度。

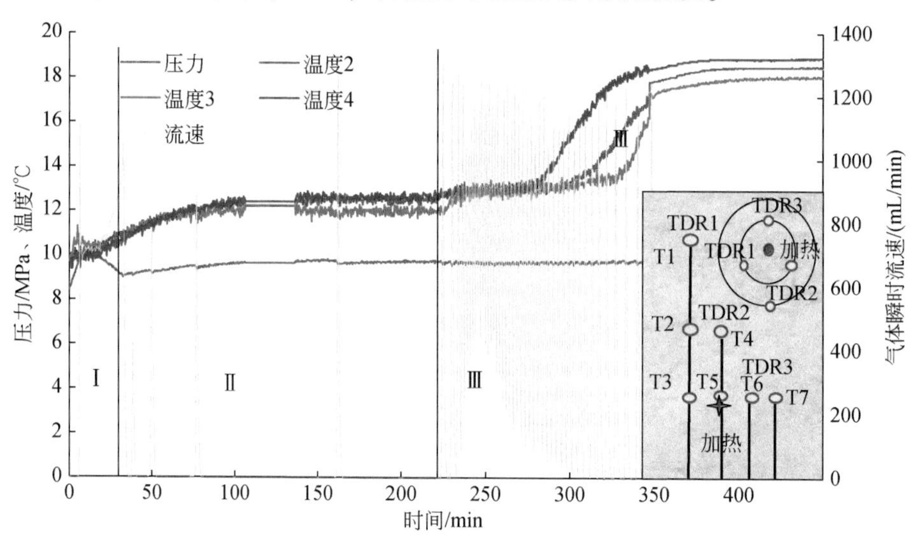

图4.5 电加热开采实验压力、温度及气体瞬时流速变化

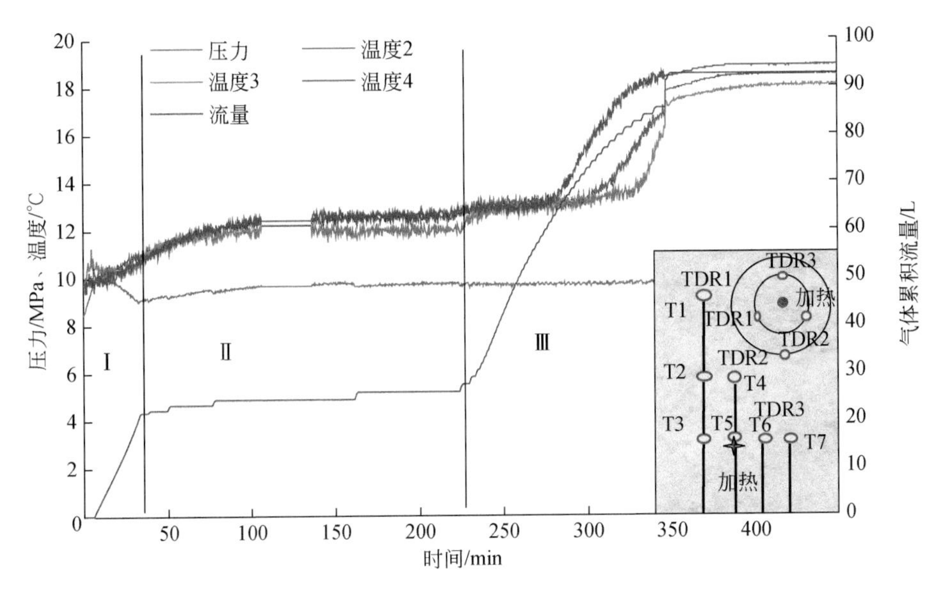

图 4.6　电加热开采实验压力、温度及气体累积流量变化

由图 4.5 可以看出，加热开始阶段（10min 左右），釜内压力有明显升高的过程，此刻，虽然各温度点温度变化较小，还处于甲烷水合物稳定存在的温压范围内，但是与加热棒直接接触的沉积物很快吸收了由加热棒产生的热量，使得其周围甲烷水合物分解，此过程持续了十几分钟，随分解气体的流出，釜内压力很快降到初始值，说明局部甲烷水合物分解完成。随后，加热棒产生的热量向较远沉积物扩散，主要向上扩散，体系温度缓慢升高，这段时间主要为沉积物体系吸收热量缓慢升温的过程，甲烷水合物只有零星分解，使压力略有升高，偶有气体流出。大约 4h，釜内沉积物中甲烷水合物大量开始分解，分解气体瞬时流速维持在 1000mL/min，气体累积流量迅速增大（图 4.6）。约 6h 后，体系中甲烷水合物分解完全，温度、压力和气体累积流量保持不变，流速为零，得到 90 多升甲烷气体。

从以上总结出，电加热开采甲烷水合物实验中，甲烷水合物分解过程可分为三阶段：阶段Ⅰ为初始分解阶段。加热棒温度升高，使与其接触的周围甲烷水合物先分解。阶段Ⅱ为系统升温阶段。随时间的延长，与加热棒接触的周围甲烷水合物已分解结束，累积流量有小幅增加。此阶段温度为 10℃左右，依据 Sloan 和 Koh（2007）相平衡数据，9MPa 压力的平衡温度为 12.48℃，说明位于距加热棒较远区域的甲烷水合物仍为稳定状态，此过程是加热棒的热量向距其较远的沉积物区域扩散的过程，沉积物体系温度缓慢升高。阶段Ⅲ为大量甲烷水合物分解阶段。沉积物体系温度升至水合物分解温度，流速呈现增长趋势，流量曲线增大速率较大。最后温度曲线先后抬升至 14℃且保持稳定，流速为 0，流量达到最大值不变，甲烷水合物分解完全。

二、能量分析

甲烷水合物采用电加热法开采过程中，其能量消耗主要有三部分：①甲烷水合物分解需要吸收的热量；②沉积物体系升温过程所需要的热量；③周围低温环境交换的热量。电加热开采甲烷水合物实验实际消耗能量可通过加热棒功率和加热时间来计算，两轮实验实际消耗的能量分别为4289kJ、4920kJ。在两轮实验中由甲烷水合物分解所产生的气体量分别为28.80L和92.55L，由甲烷水合物分解反应方程式（Goel，2006）：$CH_4(H_2O)_n \longrightarrow CH_4(g)+nH_2O-54.19kJ/mol$ 和分解产生气体量可以计算得出两轮实验甲烷水合物分解吸收热量为69.67kJ和223.90kJ。根据以上数据，分解甲烷水合物所需的热量比消耗在升高沉积物体系温度的热量要少很多。

用来评价热激法开采经济性的参数是能量效率 η 和热效率 δ，能量效率 η 为甲烷水合物分解得到的甲烷气体充分燃烧所得的热量 Q_g 与加热开采所消耗的总热量 Q_{in} 的比值，能量效率 η 可表示为

$$\eta=\frac{Q_g}{Q_{in}}=\frac{q \cdot \Delta H_g}{Q_{in}} \tag{4.1}$$

式中：q 为甲烷水合物分解的气体量，L；ΔH_g 为甲烷气体的燃烧热，39.7kJ/L。

热效率 δ 为甲烷水合物分解需要的热量 Q_d 与实验消耗的总热量 Q_{in} 的比值，即

$$\delta=\frac{Q_d}{Q_{in}}=\frac{n_g \cdot \Delta H_d}{Q_{in}} \tag{4.2}$$

式中：n_g 为甲烷水合物分解的气体量，mol；ΔH_d 为甲烷水合物分解需要吸收的热量，54.19kJ/mol。

根据以上公式计算，两轮甲烷水合物开采能量效率 η 分别为0.27和0.75，热效率 δ 分别1.62%和4.55%。从两个参数的值来看，在本次实验条件下，电加热开采能量效率和热效率很低。比较两轮实验各参数值，可知在开采温度相同条件下，甲烷水合物初始饱和度是影响能量效率和热效率的主要因素，甲烷水合物饱和度越大，能量效率和热效率越高。

采用电加热法开采甲烷水合物，需要将沉积物体系温度升高到甲烷水合物相平衡温度以上，温度升高过程缓慢，甲烷水合物开采时间长。说明电加热法能量效率低，成本较高。然而采用该方法时，可通过调节输出能量对水甲烷合物分解速率进行控制，甲烷水合物开采过程易掌控。

第四节　天然气水合物注热水开采实验

一定条件下的甲烷水合物生成后，进行注热水法开采甲烷水合物实验，实验步骤如下。

（1）设置实验环境温度，将系统温度升高或降低至实验要求温度，但仍保持在甲烷水合物稳定存在的温压条件范围内。

（2）外接气调背压阀，调节背压阀压力等于反应釜压力，同时调节减压阀，使出气流量在流量计量程范围内。

（3）设置平流泵流速为实验值，平流泵的最高流速为10mL/min。为使注热水流速能

达到实验要求，可将两台平流泵并联使用。设置加热装置温度，使热水温度升至实验所需温度。

（4）当热水温度升至实验所需温度后，将热水接入反应釜下端的注液通道，开启注水阀门，进行注热水开采。实验采用的出气（水）阀门为反应釜侧面的三个平行阀门A、B、C。

（5）开采实验开始，实验产生的气体经气液分离后由流量计计量，产生的水由电子天平量出。

甲烷水合物分解过程中，反应釜内TDR波形、温度、压力、气体瞬时流速、气体累积流量等参数由数据采集系统实时监测记录。

一、实验结果分析

为了解注热水法的开采过程和效率，做了多轮实验，下面选一轮实验对甲烷水合物分解过程进行讨论。

甲烷水合物生成且沉积物体系温压稳定后，进行注热水法开采实验。实验初始条件为：温度3.3℃，压力3.8MPa，甲烷水合物饱和度45%。将平流泵流速设为6mL/min，热水温度为35℃。实验期间为了反映甲烷水合物逐层分解的状况，保持沉积物层稳定性，开采时采用从下到上依次打开出气（水）阀门，即先打开最下端的出气阀门A，底层甲烷水合物分解完全后，关闭出气阀门A，同时打开中间的出气阀门B，当中层甲烷水合物分解完全，关闭阀门B，接着打开最上端出气阀门C，使甲烷水合物分解完全。开采过程中的压力、温度、气体瞬时流速、气体累积流量、出水量以及甲烷水合物饱和度等各参数的关系如图4.7～图4.12所示。依据甲烷水合物分解实验过程中出气阀门的更换，分解过程可分为三个阶段进行讨论。

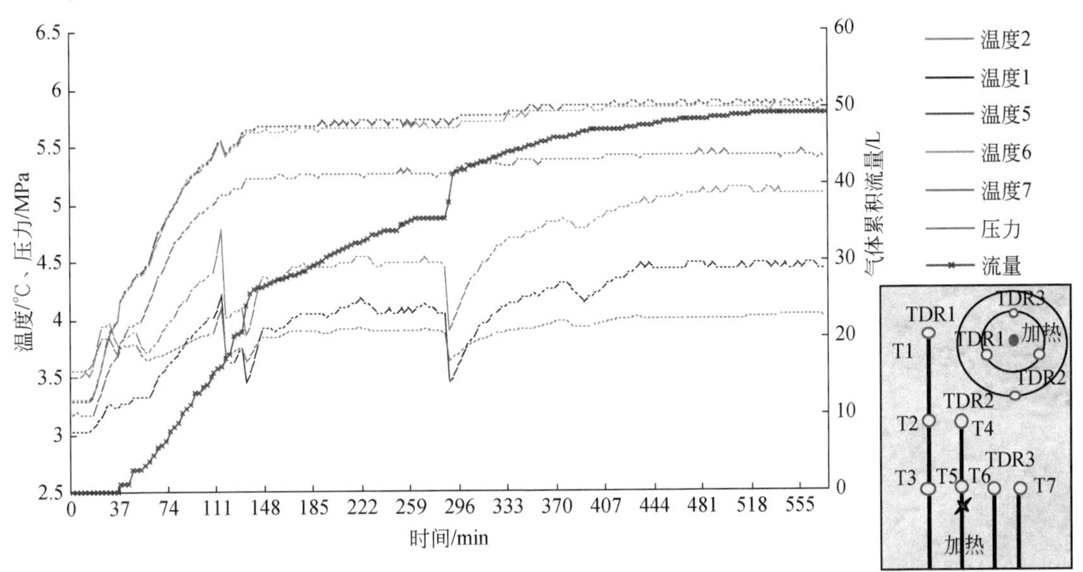

图4.7 注热水法开采甲烷水合物实验釜内温度、压力和气体累积流量变化

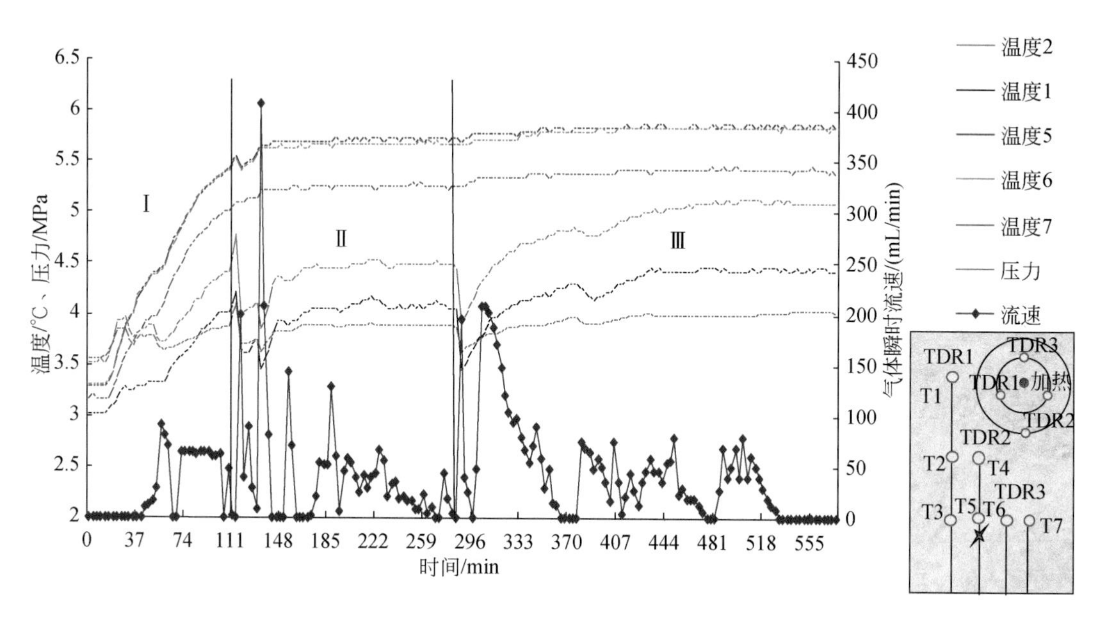

图 4.8 注热水法开采甲烷水合物实验釜内温度、压力和气体瞬时流速随时间变化

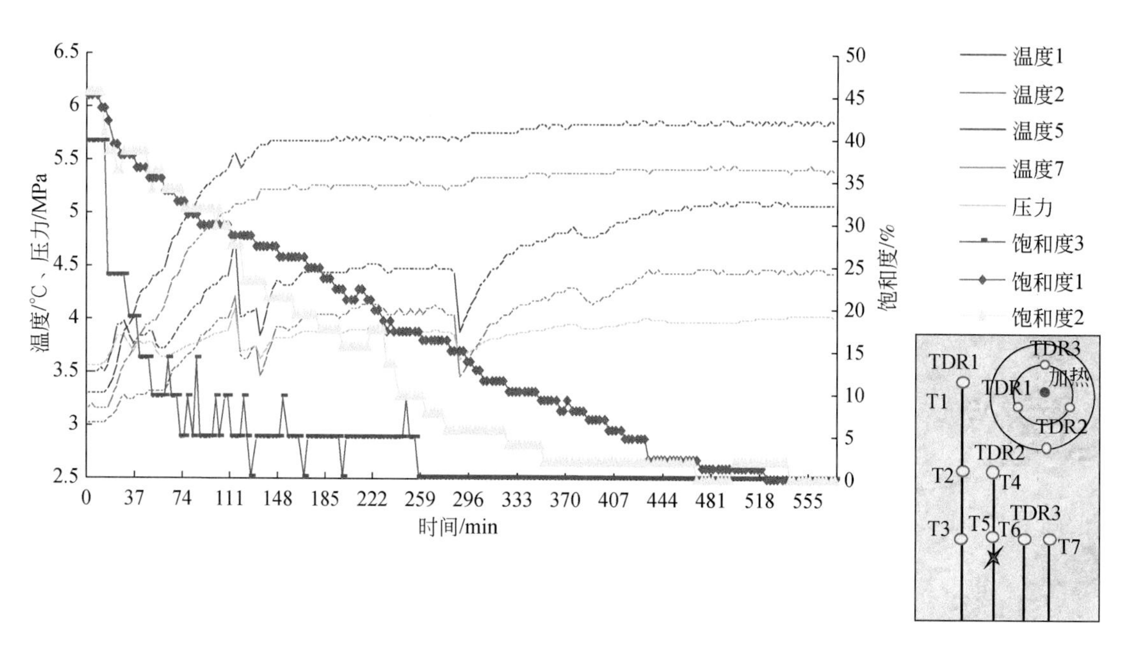

图 4.9 注热水法开采甲烷水合物实验釜内温度、压力和甲烷水合物饱和度随时间变化

第Ⅰ阶段，开始注入热水，打开最下端的出气阀门 A，其位置与注热水管出口几乎位于同一水平面，距釜底 1/3 高度处。注水开始时，沉积物体系内各温度均出现小幅升高（图 4.7、图 4.8），由于注热水管出口位置与温度 3、温度 5、温度 6、温度 7 位于同一水平面，因此温度 3、温度 5 和温度 6 升高快；而温度 7 测量沉积物外侧温度，受低温环境影响大，升高相对较慢。注入热水 3min 后，由图 4.8 和图 4.9 可判断，沉积物底层温度

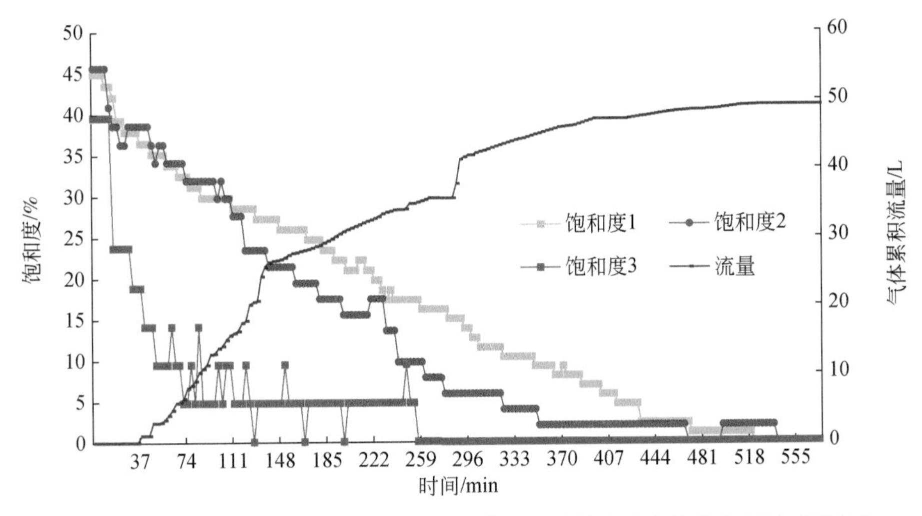

图 4.10　注热水法开采甲烷水合物实验气体累积流量和水合物饱和度随时间变化

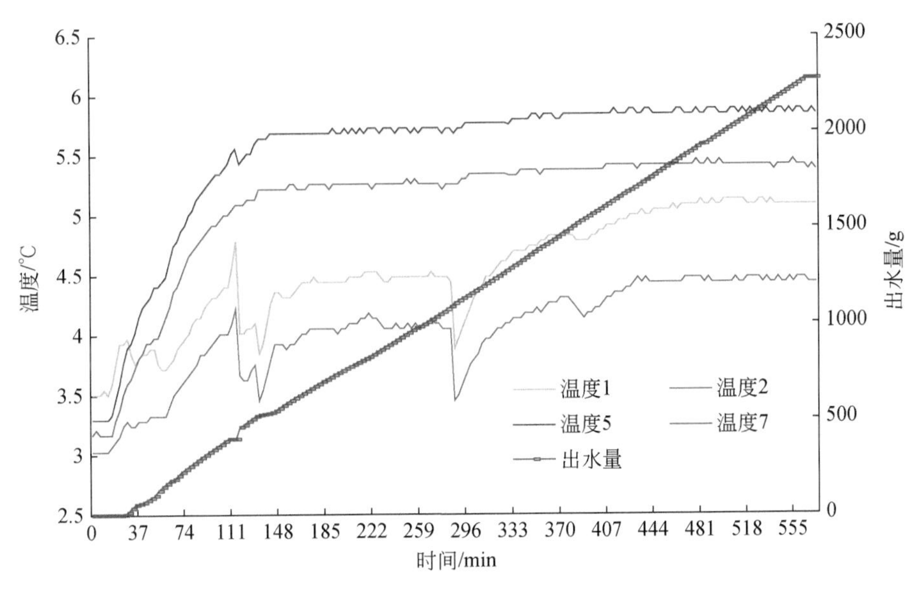

图 4.11　注热水法开采甲烷水合物实验釜内温度和出水量随时间变化

升至 3.9℃左右，高于此压力下甲烷水合物相平衡温度 3℃，底层甲烷水合物开始分解，釜内压力逐渐增大，约几分钟后，开始出气、出水，底层甲烷水合物饱和度 3 迅速减小。热水和底层甲烷水合物分解所产生的水会从阀门 A 流出，因此热水不会运移到达沉积物中上层，但中上层温度 2、温度 4、温度 1 因热传导略有小幅升高。当温度 3、温度 5、温度 6 和温度 7 较稳定且出气流速较小时，则可以认为底层甲烷水合物已经分解完全，开采进入第Ⅱ阶段。

第Ⅱ阶段，关闭下端出气阀门 A，打开中间出气阀门 B，其水平位置与温度 2 和温度 4 相当，注入的热水能够运移到沉积物 2/3 高度处流出。由于底层甲烷水合物已完全分解，底层甲烷水合物饱和度 3 为 0，温度 3、5、6 和温度 7 均稳定在 6℃左右。此阶段初始时刚

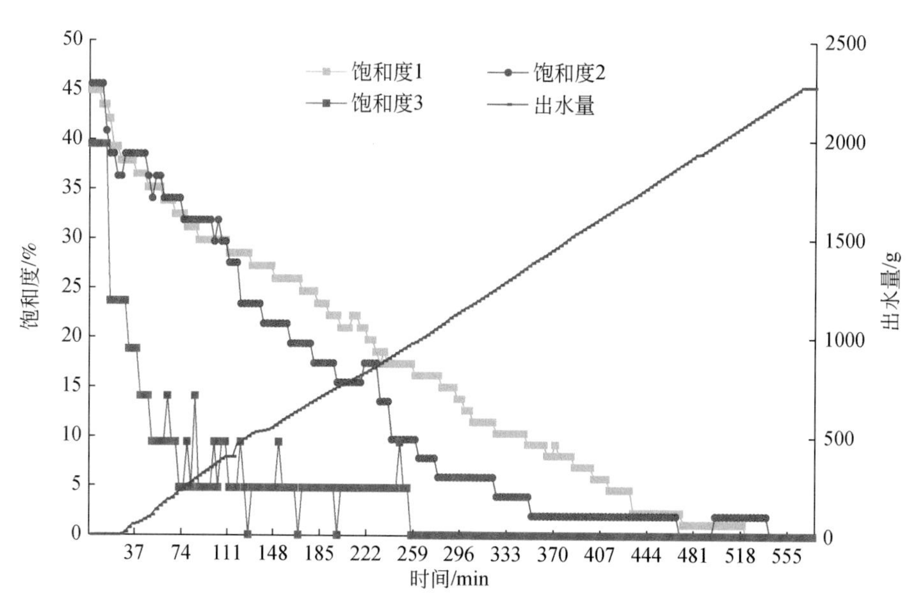

图 4. 12 注热水法开采甲烷水合物实验饱和度与出水量随时间变化

打开阀门 B 时，大量分解气体流出，使温度稍有降低；随后，温度 2 和温度 4 升高（图 4. 8），位于沉积物中层的甲烷水合物分解，饱和度 2 减小，从上层温度 1 升高和甲烷水合物饱和度 1 的减小可以推测（图 4. 9），热量传导至沉积物上层，上层有部分甲烷水合物分解。当温度 2 和温度 4 稳定，瞬时流速小，判断中层甲烷水合物分解完全，分解进入第Ⅲ阶段。

第Ⅲ阶段，关闭中层阀门 B，同时打开上端出气阀门 C，其水平位置和温度 1 相当。热水能够运移到沉积物上层，温度 1 升高，沉积物上层甲烷水合物分解，气体累积流量增加，由甲烷水合物饱和度 2 和饱和度 3 减小（图 4. 9）可判断中层仍有少量甲烷水合物在此时分解。最后，流速为 0，气体累积流量达最大值，饱和度 1 为 0，甲烷水合物分解完全。

在注热水分解过程中，水和气体从同一出气（水）口流出，气体瞬时流速波动较大（图 4. 8）。出水量随时间呈线性关系变化（图 4. 11、图 4. 12），但最后出水总量略低于注入热水总量（图 4. 13），是因为甲烷水合物生成时，甲烷水合物的密度小于水的密度，体积增大，小部分水在甲烷水合物分解后填充了甲烷水合物生成时膨胀的体积。甲烷水合物分解完全后各温度保持在一定值不变，从沉积物中不同高度处温度值之间的差异来看，距离热水出口近的温度 3、5、6 的温度较高，热水向反应釜上端运移过程中，热量因向低温环境散失，导致中上层温度逐层降低。甲烷水合物分解完全后，沉积物不同层位的温度与该层位距离热水注入口处的关系如图 4. 14 所示，说明距离热水出口越远的沉积物温度越低。

二、影响因素分析

1. 注水温度

选择 5 轮实验数据对相同注水速率、不同注水温度对甲烷水合物分解过程的影响进行

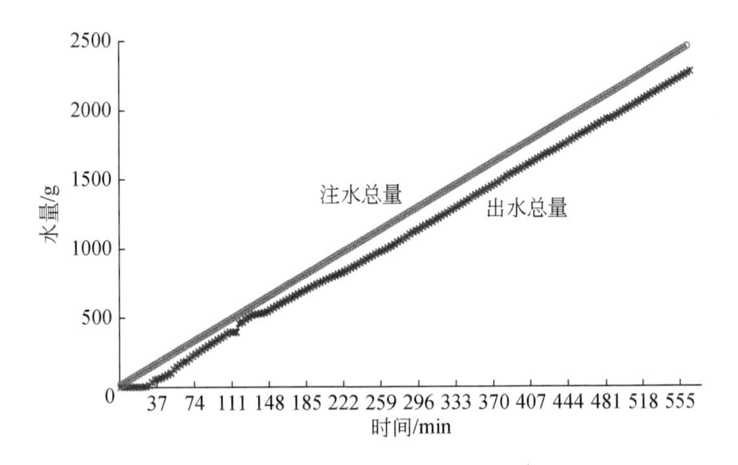

图 4.13　注热水分解时出水总量与注入热水总量的关系

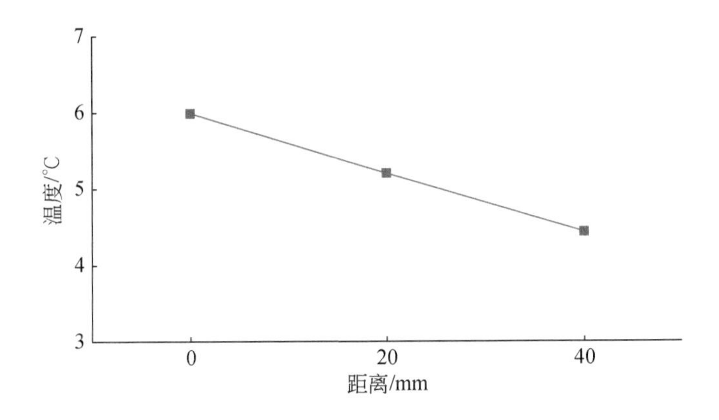

图 4.14　沉积物不同层位温度与该层位距离热水注入口处的关系

讨论，实验参数见表 4.2，各轮实验过程中环境温度均相同。

表 4.2　不同注水温度对注热水法开采甲烷水合物影响的实验条件

实验条件	注水温度/℃	注水速率/(mL/min)	初始压力/MPa	初始饱和度/%	分解时间/min	产气量/L
实验 1	25（室温不加热）	6	3.6	38.2	595	45.28
实验 2	40	6	3.6	23.1	246	26.60
实验 3	45	6	3.6	49.9	448	59.45
实验 4	50	6	3.6	36.3	368	42.82
实验 5	60	6	3.6	24.3	172	28.78

相同注水速率，不同注水温度，对反应釜内最高温度的影响如图 4.15 所示。由于环境温度低，反应釜内的能量散失较大，所以釜内的最高温度偏低，最高仅在 12℃左右。从图 4.15 中看出注水温度越高，反应釜内最高温度也越高，但是二者并不呈比例关系，可以综合经济性、分解速率等因素得出最优注水温度。

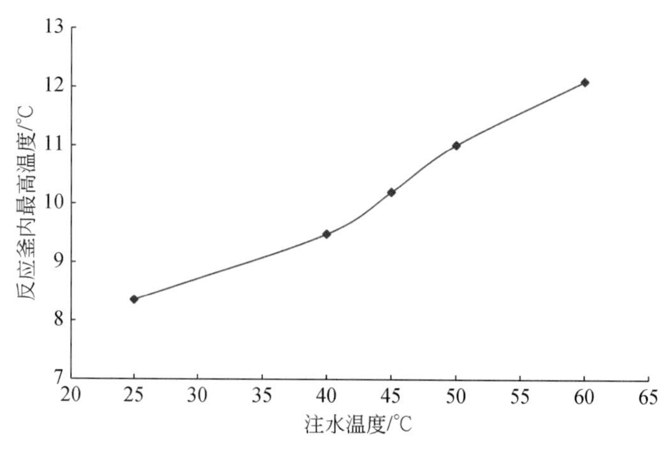

图 4.15　不同注水温度条件下反应釜内最高温度变化

相同注水速率，不同注水温度开采条件下，甲烷水合物饱和度 1 变化如图 4.16 所示。相同饱和度，注水温度越高，甲烷水合物分解越快。由于我们采用的是将沉积物中甲烷水合物分三层（调节阀门 A、B、C）逐层注热分解，在同一体系内，甲烷水合物上下分布较均匀，当分解上层沉积物中的甲烷水合物时，由于热水运移到上层过程中，温度会因环境温度低而逐渐降低，所以上层甲烷水合物饱和度减小速率慢于下层甲烷水合物，不同层位甲烷水合物分解速率规律为，下层甲烷水合物分解速率快于上层甲烷水合物分解速率。但是从图 4.16 中可以看出，注水温度越高，下、上层甲烷水合物分解速率差异越小，饱和度减小斜率为常数。

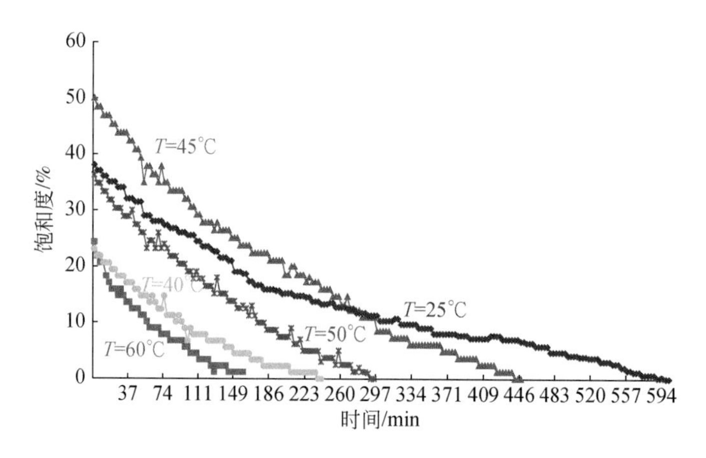

图 4.16　不同注水温度条件下反应釜内甲烷水合物饱和度变化

Kono 等（2002）在计算天然气水合物分解速率常数时采用天然气水合物分解产生的气体累积量随时间变化进行求解。但是降压开采过程中，天然气水合物产气量不仅有天然气水合物分解产气量还包括降压时自由气的量，而且在气体采集时对背压阀和流量计的控制也会对天然气水合物产气量的规律有影响，这样就不能精确地反映出天然气水合物分解的真实情况。

在天然气水合物分解过程中，饱和度的变化能够真实反映天然气水合物分解规律，所以本实验将采用沉积物中甲烷水合物饱和度变化对甲烷水合物分解速率进行讨论。

根据天然气水合物分解过程中饱和度减小，建立用饱和度 S_h 来表示天然气水合物分解速率公式为

$$-\frac{dS_h}{dt}=K_{ds}S_h^{n^*} \tag{4.3}$$

式中：n^* 为反应级数；S_h 为天然气水合物饱和度；K_{ds} 为天然气水合物分解速率常数，此处得出的分解速率常数综合考虑了分解过程中热传递、质量传递因素的影响。

根据式（4.3），计算5轮实验甲烷水合物分解速率常数和衰减方程，见表4.3。

表4.3　在5轮实验条件下甲烷水合物分解速率常数

实验条件	注水温度/℃	注水速率/(mL/min)	初始饱和度/%	分解时间/min	K_{ds}	衰减方程
实验1	25（室温不加热）	6	38.2	595	0.4×10^{-2}	$S_h=S_{h0}e^{-K_{ds}t}$
实验2	40	6	23.1	246	0.8×10^{-2}	$S_h=S_{h0}e^{-K_{ds}t}$
实验3	45	6	49.9	448	1.1×10^{-2}	$S_h=S_{h0}e^{-K_{ds}t}$
实验4	50	6	36.3	368	0.11	$S_h=S_{h0}-K_{ds}t$
实验5	60	6	24.3	172	0.13	$S_h=S_{h0}-K_{ds}t$

2. 注水速度

相同注水温度，相同甲烷水合物初始饱和度，不同注水速率对甲烷水合物分解过程的影响实验参数见表4.4，各轮实验过程中环境温度均相同。

表4.4　不同注水速率对注热水开采甲烷水合物影响的实验条件

实验条件	注水温度/℃	注水速率/(mL/min)	初始压力/MPa	初始饱和度/%	分解时间/min	产气量/L
实验5	60	6	3.6	24.3	172	28.78
实验6	60	12	3.6	24.2	93	28.60

两轮实验在注热水分解过程中甲烷水合物饱和度变化如图4.17所示。注水速率越大，甲烷水合物分解越快，甲烷水合物分解后反应釜内的最高温度分别为实验511.9℃，实验620.2℃。

根据式（4.3）和实验数据，计算实验5、实验6甲烷水合物饱和度衰减方程为 $S_h=S_{h0}-K_{ds}t$，分解速率常数分别为0.13和0.23。

三、能量分析

在注热水开采水合物过程中，其注入热量除了提供甲烷水合物分解需要的热量外，低温环境和出气（水）所带走的能量也很大。下面用能量效率 η 和热效率 δ 两个参数来对注热水法开采天然气水合物进行评价。计算式见式（4.1）和式（4.2）。

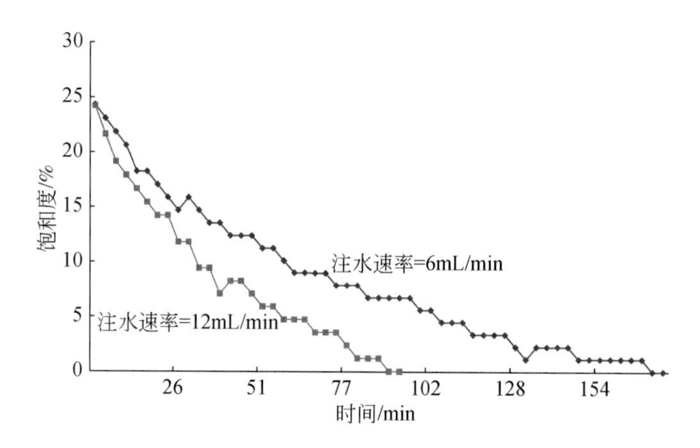

图 4.17 不同注水速率条件下反应釜内甲烷水合物饱和度变化

对实验 1、2、4、5 和实验 6 的能量效率 η 和热效率 δ 进行计算，计算结果列于表 4.5 中。对实验 5 与实验 6 进行比较，注水温度相同，初始饱和度相同，改变注水速率，发现注水速率越大，能量效率 η 和热效率 δ 越高。

表 4.5 注热水分解甲烷水合物能量分析

实验条件	注水温度 /℃	注水速率 /(mL/min)	初始饱和度 /%	产气量 /L	总耗能 Q_{in} /kJ	能量效率 η	热效率 δ /%
实验 1	25 (室温不加热)	6	38.2	45.28	963.9	1.72	11.3
实验 2	40	6	23.1	26.60	516.2	2.05	12.6
实验 4	50	6	36.3	42.82	917.5	1.85	11.4
实验 5	60	6	24.3	28.78	564.7	2.02	12.3
实验 6	60	12	24.2	28.60	519.3	3.07	18.7

对实验 2 与实验 5 进行比较，在注水速率相同，初始饱和度相同的条件下，改变注水温度，得出能量效率 η 和热效率 δ 随着注水温度的升高而减小。而从实验 1（注入室温溶液）与实验 4（加热至 50℃）的能量效率 η 和热效率 δ 比较可以看出，实验 1 要比实验 4 的低，主要原因是，相同初始饱和度、相同环境温度和初始压力条件下，当注入溶液为室温时，虽然不用消耗对溶液加热的能量，但是热液温度低，甲烷水合物分解完全所需要的时间要长，通过平流泵向反应釜内泵入溶液消耗的电能增加，以至于该能量大于注入 50℃ 热液消耗的总能量。但是在实际条件下，天然气水合物藏分解所需的热水量很大，加热所消耗的能量巨大，这种消耗是必需的，但是如果我们在实验中能够优化热液注入甲烷水合物层的过程，使该过程消耗的能量减少至最小，则采用室温条件下的液体尤其是海水，是具有无污染性、经济性和可行性的。

从表 4.5 中数据看出，在相同注水温度条件下（实验 5、实验 6），当注水速率提高一倍时，能量效率 η 和热效率 δ 均提高了 0.6 倍左右。而在相同注水速率条件下，注水温度升高一倍时，能量效率 η 和热效率 δ 变化幅度较小，说明注水速率对甲烷水合物分解快慢起主要作用。

所以在进行注热水开采时，要综合考虑开采时间、饱和度与能量消耗之间的关系，找出能量效率 η、热效率 δ 最优的条件来进行开采。

参考文献

宁伏龙，蒋国盛，汤凤林，等．2006．利用地热开采海底天然气水合物．天然气工业，26（12）：136-138.

孙致学，朱旭晨，刘垒，等．2019．联合深层地热甲烷水合物开采方法及可行性评价．海洋地质与第四纪地质，39（2）：146-156.

吴能友，黄丽，胡高伟，等．2017．海域天然气水合物开采的地质控制因素和科学挑战．海洋地质与第四纪地质，37（5）：1-11.

Balta M T，Dincer I，Hepbasli A. 2010. Geothermal-based hydrogen production using thermochemical and hybrid cycles：a review and analysis. International Journal of Energy Research，34（9）：757-775.

Boswell R，Hancock S，Yamamoto K，et al. 2020. 6 - Natural Gas Hydrates：Status of Potential as an Energy Resource，in Future Energy. 3rd ed. Amsterdam：Elsevier.

Collett T，Bahk J J，Baker R，et al. 2015. Methane hydrates in nature current knowledge and challenges. Journal of Chemical & Engineering Data，60：319-329.

Goel N. 2006. In situ methane hydrate dissociation with carbon dioxide sequestration：current knowledge and issues. Journal of Petroleum Science and Engineering，51（3-4）：169-184.

Islam M. 1994. A new recovery technique for gas production from Alaskan gas hydrates. Journal of Petroleum Science and Engineering，11（4）：267-281.

Kono H O，Narasimhan S，Song F，et al. 2002. Synthesis of methane gas hydrate in porous sediments and its dissociation by depressurizing. Powder Technology，122（2-3）：239-246.

Li D L，Liang D Q，Fan S S，et al. 2008. In situ hydrate dissociation using microwave heating：preliminary study. Energy Conversion and Management，49（8）：2207-2213.

Li X S，Li B，Li G，et al. 2012. Numerical simulation of gas production potential from permafrost hydrate deposits by huff and puff method in a single horizontal well in Qilian Mountain，Qinghai province. Energy，40（1）：59-75.

Liang Y P，Liu S，Wan Q C，et al. 2019. Comparison and optimization of methane hydrate production process using different methods in a single vertical well. Energies，12（1）：124.

Liu L，Zhang Z，Li C，et al. 2020. Hydrate growth in quartzitic sands and implication of pore fractal characteristics to hydraulic，mechanical，and electrical properties of hydrate- bearing sediments. Journal of Natural Gas Science and Engineering，75：103109.

Liu Y，Hou J，Zhao H，et al. 2018. A method to recover natural gas hydrates with geothermal energy conveyed by CO_2. Energy，144：265-278.

Liu Y，Hou J，Zhao H，et al. 2019. Numerical simulation of simultaneous exploitation of geothermal energy and natural gas hydrates by water injection into a geothermal heat exchange well. Renewable and Sustainable Energy Reviews，109：467-481.

Moridis G，Silpngarmlert S，Reagan M，et al. 2009. Gas Production from a Cold，Stratigraphically Bounded Hydrate Deposit at the Mount Elbert Site，North Slope，AlaskaRep. Berkeley，CA：Lawrence Berkeley National Lab.

Nair V C，Prasad S K，Kumar R，et al. 2018. Energy recovery from simulated clayey gas hydrate reservoir using depressurization by constant rate gas release, thermal stimulation and their combinations. Applied Energy, 225: 755-768.

Rahim I, Nomura S, Mukasa S, et al. 2015. Decomposition of methane hydrate for hydrogen production using microwave and radio frequency in-liquid plasma methods. Applied Thermal Engineering, 90: 120-126.

Saeki T. 2014. Road to offshore gas production test- from Mallik to Nankai Trough//The Offshore Technology Conference. Houston, Texas, May.

Sloan Jr E D, Koh C A. 2007. Clathrate Hydrates of Natural Gases. 3rd ed. Boca Raton: CRC press.

Uddin M, Wright F, Dallimore S, et al. 2014. Gas hydrate dissociations in Mallik hydrate bearing zones A, B, and C by depressurization: effect of salinity and hydration number in hydrate dissociation. Journal of Natural Gas Science and Engineering, 21: 40-63.

Wang B, Dong H, Fan Z, et al. 2020. Numerical analysis of microwave stimulation for enhancing energy recovery from depressurized methane hydrate sediments. Applied Energy, 262: 114559.

Yang S, Lang X, Wang Y, et al. 2014. Numerical simulation of Class 3 hydrate reservoirs exploiting using horizontal well by depressurization and thermal co- stimulation. Energy Conversion and Management, 77: 298-305.

Yu T, Guan G, Abudula A, et al. 2019. Application of horizontal wells to the oceanic methane hydrate production in the Nankai Trough, Japan. Journal of Natural Gas Science and Engineering, 62: 113-131.

Zhao J, Fan Z, Wang B, et al. 2016. Simulation of microwave stimulation for the production of gas from methane hydrate sediment. Applied Energy, 168: 25-37.

第五章　含天然气水合物岩心电阻率主控因素研究

第一节　含天然气水合物岩心电阻率实验模拟研究进展

天然气水合物生长消耗沉积物中的自由水并填充未成岩储层的孔隙和裂隙，使得天然气水合物储层呈现异常高阻的特征（Lee and Collett，2011；王秀娟等，2010a；Shankar and Riedel，2014；梁金强等，2016），天然气水合物饱和度高低也通过一定方式影响电阻率大小（Peng et al.，2019；陈玉凤等，2018）。

韩国天然气水合物研究与开发组织（GHDO）于2007年韩国东海郁陵盆地的第一次深海钻探工程中成功实施了针对天然气水合物的岩心取样与测井工作，并在UBGH-1-9和UBGH-1-10两个钻点发现电阻率异常升高现象（>80Ωm），根据Archie公式估算到的天然气水合物在孔隙中的饱和度高于60%（最大可达90%）；印度国家天然气水合物计划（NGHP）在01航段中获得了Krishna-Godavari（KG）海盆几个站点的测井数据，并利用电阻率测井数据进行了天然气水合物饱和度估算。结果表明在KG海盆区域在海底以下75m和155m两个层位发现电阻率异常抬升区域，其中的天然气水合物饱和度超过25%。我国也在第一次天然气水合物钻探航次（GMGS-1）中发现南海神狐海域天然气水合物稳定区上部10～25m范围内存在天然气水合物层，通过Archie公式处理的电阻率数据估算表明，SH2站位和SH7站位在不同深度存在天然气水合物层，且饱和度最高达43%。

以上工作表明，电阻率数据是天然气水合物资源勘查及饱和度估算的重要技术参数之一。然而，一部分研究结果指出含天然气水合物沉积物的电阻率受饱和度等影响因素作用，特征复杂，目前所采用的数据处理方法存在结果不准确的现象。受天然气水合物藏深水、高压、低温的环境限制，现场开展天然气水合物储层基础物性和变化机理的研究难度大、成本高。室内物理模拟与数值模拟等手段，作为一种经济有效的研究方式得到国内外的普遍应用。

由于深海保压取心和测井成本高且数量有限（表5.1），因此对沉积物样品进行天然气水合物生成分解室内模拟实验研究是了解含天然气水合物沉积物电阻率物性的基本手段（陈玉凤等，2018）。天然气水合物生成过程中电阻率的变化规律可以得出，电阻率可以清楚地反映天然气水合物生成过程中的成核和生长阶段（李淑霞等，2010），并且由于含天然气水合物沉积物的物理性质对天然气水合物生长模式非常敏感（Helgerud，2021），因此可以指示生成过程不同阶段的特征（陈强等，2016；Chen et al.，2017）。

一、纯水甲烷水合物沉积物生成实验

纯水甲烷水合物生成的初始阶段，在沉积物饱和水的情况下，所有测量位置的电阻率

相近，此时为沉积物电阻率最低值（He et al.，2020）。当沉积物中的水未饱和时，反应釜不同位置的电阻率会出现明显的差异。由于水为润湿相，沿着颗粒壁存在，在毛细管力作用下，水占据较小的孔隙，游离气体分布在较大孔隙中。气体的存在阻碍了孔隙溶液带电离子的迁移，从而导致较高的电阻率（Birkedal et al.，2011）。

表 5.1　全球主要天然气水合物赋存区储层特征

位置	岩石类型	孔隙度/%	温度/℃	天然气水合物饱和度/%	电阻率/(Ω·m)
中国祁连山冻土区（Zhu et al.，2010）	粉砂岩、泥岩	7～27	0～5	30～80	50～240
美国阿拉斯加北坡（Winters et al.，2011）	粗砂、砂岩	20～60	3～8	20～80	10～100
加拿大麦肯齐三角洲（Sun and Goldberg，2005）	砂岩	35～40	6～14	20～95	2～10
印度 Krishna-Godavari 盆地（Shankar and Riedel，2011；Oshima et al.，2019）	砂岩	30～55	5～8	10～38	1.0～1.4
韩国郁陵盆地（Ryu et al.，2013）	泥岩、粉砂质泥岩	65～71	10～20	12～79	1～5
中国神狐海域（王秀娟等，2010b）	泥质粉砂岩	35～50	13～15	10～40	2.5～4
日本 Nankai 海槽（Fujii et al.，2008）	砂质泥岩	30～60	10～15	15～74	2～20

在饱和水沉积物中甲烷水合物成核阶段，溶解在水中的甲烷分子和水分子会在沉积物颗粒表面形成微小晶核，导致溶液中带电离子减少，电阻率升高（王英梅等，2012）。在未饱和水沉积物中，甲烷水合物在反应釜中不同区域成核位置不同。由于受重力作用，气体主要分布在反应釜上层，水分子向下迁移导致下层水饱和度较高，气-水接触面较小，甲烷水合物较难生成，因此电阻率向下逐渐减小（图 5.1）。上层甲烷水合物主要在气-水两相界面上成核，孔隙中的大气泡逐渐减小，气体的阻碍效果减弱，电阻率会降低。因此，对未饱和水的沉积物，其甲烷水合物成核阶段电阻率降低程度不同是由含水饱和度不同所导致的。

在甲烷水合物生长阶段，初始甲烷水合物饱和度较低，电阻率的增长较慢，甲烷水合物晶核主要形成在沉积物颗粒表面，以接触模式为主。随着甲烷水合物饱和度的进一步增加，甲烷水合物形成初期疏松晶体逐渐致密，此时甲烷水合物主要以接触-悬浮模式分布在沉积物孔隙中（Stern et al.，2004）。随着饱和度不断提高，堵塞了离子的迁移通道，降低了孔隙的连通性，因此电阻率迅速上升，此时甲烷水合物以胶结模式为主（胡高伟等，2014）。随后电阻率变化逐渐趋缓，随着甲烷水合物的生成，电阻率缓慢增长。在非饱和水沉积物中，上层甲烷水合物生成消耗小孔隙中的水分子，在毛细管力作用下下层孔隙中的水分子向上迁移进行补充（李小森等，2013；You et al.，2015），沉积物电阻率逐渐增大（图 5.2）。

纯水甲烷水合物电阻率实验测得的电阻率相差较大，主要受沉积物性质影响（表 5.2）。祁连山冻土区岩心的岩性多为粉砂岩、泥岩等致密岩石类型，孔隙度低，与石英砂沉积物相比电阻率偏高。并且冻土区岩心之间也存在较大渗透率差异，造成电阻率的差异。

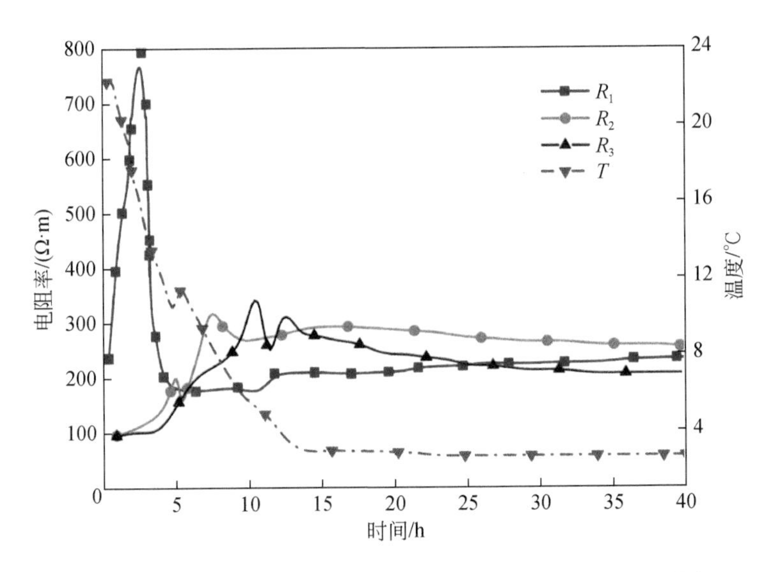

图 5.1　非饱和水沉积物中甲烷水合物成核阶段电阻率演化特征

R_1、R_2 和 R_3 分别代表反应釜上中下三层电阻率［据王英梅等（2012）修改］

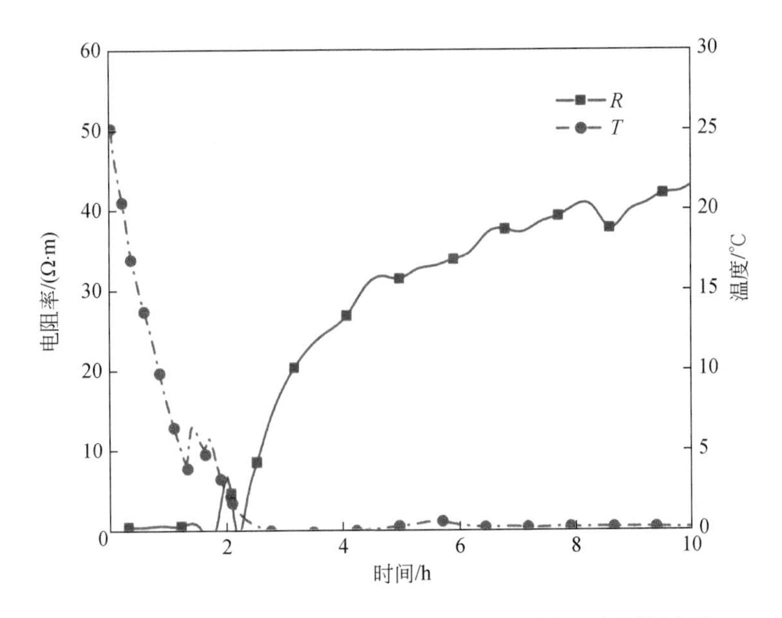

图 5.2　非饱和水沉积物中甲烷水合物生成过程电阻率演化特征［据周锡堂等（2007）修改］

表 5.2　纯水甲烷水合物生成过程实验模拟特征

实验案例	粒径或岩性	孔隙度/%	含水饱和度/%	初始温度/℃	初始电阻（电阻率）	饱和度/%	生成后温度/℃	生成后电阻（电阻率）
He 等（2020）	100～120/目	48.24	77.3	8	$5×10^7$ Ω	24	8	$6×10^5$ Ω
周锡堂等（2007）	20～40/目		50～80（含 SDS 水溶液）	0	$2.5×10^6$ Ω			$4×10^7$ Ω

续表

实验案例	粒径或岩性	孔隙度/%	含水饱和度/%	初始温度/℃	初始电阻（电阻率）	饱和度/%	生成后温度/℃	生成后电阻（电阻率）
李栋梁等（2016）	祁连山岩心	4.3	100	2	$1.8\times10^5\Omega\cdot m$		2	$3\times10^5\Omega\cdot m$
唐叶叶（2018）	祁连山岩心	4	100（0.5% NaCl）	2	773.13Ω · m	27.31		1769.03Ω · m
王英梅等（2012）	1～2mm	38	60	4	220Ω · m			250Ω · m

二、纯水甲烷水合物沉积物分解实验

在降压分解实验的初始阶段，反应釜会先释放游离气，当气体流经测点时电阻率会增加。到游离气释放阶段的后期，由于产水会导致中下层电阻率的升高（He et al.，2020；You et al.，2015）。在甲烷水合物分解阶段出现电阻率相对缓慢下降及明显增加的现象。这是由于甲烷水合物分解导致电阻率缓缓下降，但是并未降低至上文中提到的可以明显影响电阻率的水合物饱和度值，所以下降并不明显（He et al.，2020）；甲烷水合物分解产生大量的气泡对水产生了隔离作用，同时甲烷水合物分解引起的温度下降，导致局部位置电阻率快速增加。因此，电阻率升高最大的点往往也是甲烷水合物饱和度最高、分解产气量最多的位置（You et al.，2015）。

对于注热水开采实验，在开采初期由于甲烷水合物大量分解导致气体和水的流动性较大，所以反应釜中电阻率变化具有一定的随机性。但随着注热水的进行，甲烷水合物逐渐分解完，电阻率总体呈下降趋势（王英梅等，2012；You et al.，2015）。

因此在天然气水合物开采过程中，电阻率不仅受甲烷水合物分解影响，还与开采过程中的流体流动有着较大的关系，所以利用电阻率作为天然气水合物开采过程中储层监控指标时需要排除流体流动的干扰。

三、含盐水甲烷水合物沉积物生成实验

在甲烷水合物生成初期，饱和盐水沉积物中，随着温度降低，离子迁移率降低，压力降低对电阻率影响较小，电阻率会升高。而在非饱和盐水沉积物中，沉积物颗粒被盐水部分饱和。吸附盐水层覆盖在沉积物颗粒表面并在孔隙空间中相连接，孔隙溶液中的离子可以自由迁移。由于游离气的存在，温度降低导致气体收缩，孔隙中流体连通性变好，电阻率会有多种变化可能（Li et al.，2010）。随温度的降低，当游离气体饱和度高时，气体占据孔隙主要空间，这时孔隙连通性是影响电阻率的主要因素，电阻率随温度呈下降趋势；当游离气体饱和度低时，离子的迁移速率是影响电阻率的主要因素，电阻率呈上升趋势。

诱导阶段的压力持续降低，电阻率变化较为稳定。当电阻率出现下降时，对应着甲烷水合物开始成核。成核消耗孔隙溶液中电离度很小的甲烷分子和水分子，盐离子被水合物

晶格排斥在外（图5.3），导致成核位置离子浓度增大（Saw et al.，2012）。并且甲烷水合物成核阶段为放热反应（Gao and Marsh，2003），离子迁移率加快，在这两者共同作用下，沉积物电阻率降低（图5.4）。在非饱和盐水沉积物中，除放热反应和排盐效应外，游离气体被消耗，但甲烷水合物的生成量较少，孔隙的连通性变好，电阻率降低。相比之下，温度起主要作用。但是在孔隙溶液初始盐度较高的情况下，电阻率下降现象并不明显。

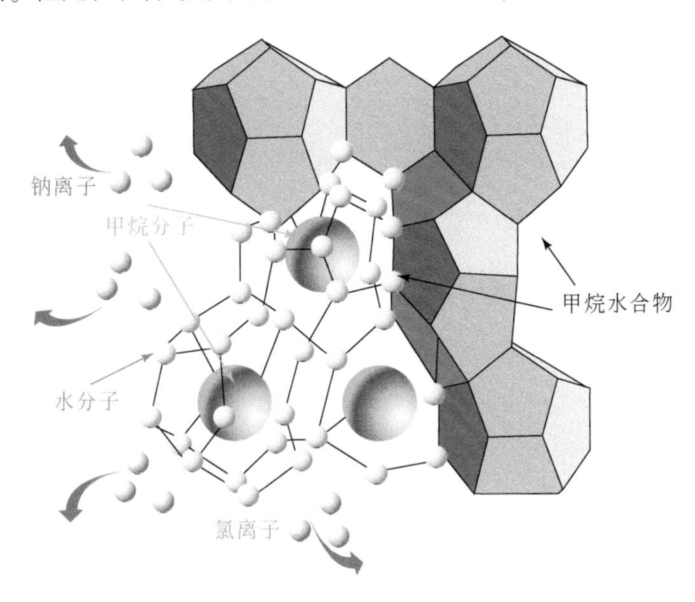

图5.3　甲烷水合物生成过程中排盐效应示意图［据Wang等（2019）修改］

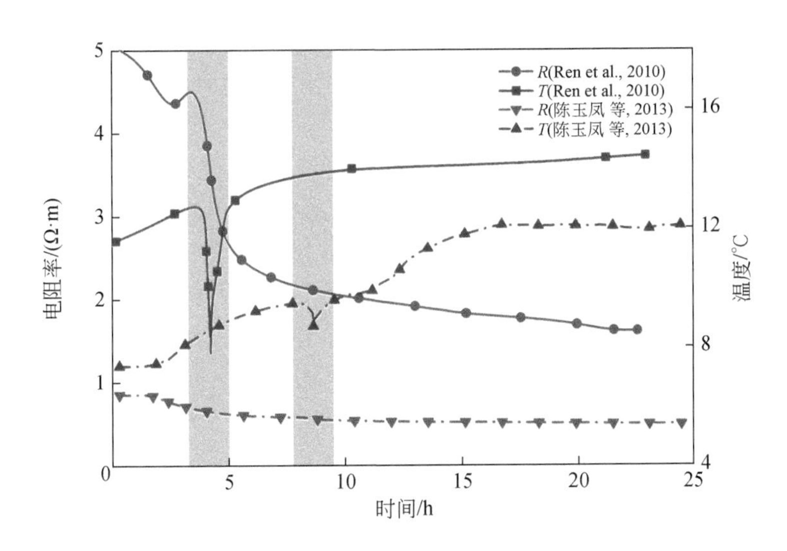

图5.4　甲烷水合物生成过程排盐效应电阻率演化特征（陈玉凤等，2013）

与纯水甲烷水合物形成过程相似，反应釜中不同位置会出现不同的电阻率变化趋势。在饱和盐水沉积物中，甲烷水合物易在颗粒表面成核。含游离气时，受重力作用影响，气体主要分布在反应釜上部，水分子向下部迁移（图5.5）。甲烷水合物主要成核位置为气体和水的接触面。成核位置的电阻率会先降低，随后其周围位置电阻率开始下降，自身下降速率减慢。这是由于初始成核位置盐浓度高于周边位置，由于化学势差会产生渗透和扩散作用，既从周围吸水同时高浓度离子也向低浓度区域转移，因此周围位置盐度增加，电阻率下降。而初始成核位置的浓度增加逐渐减慢（陈强等，2016）。

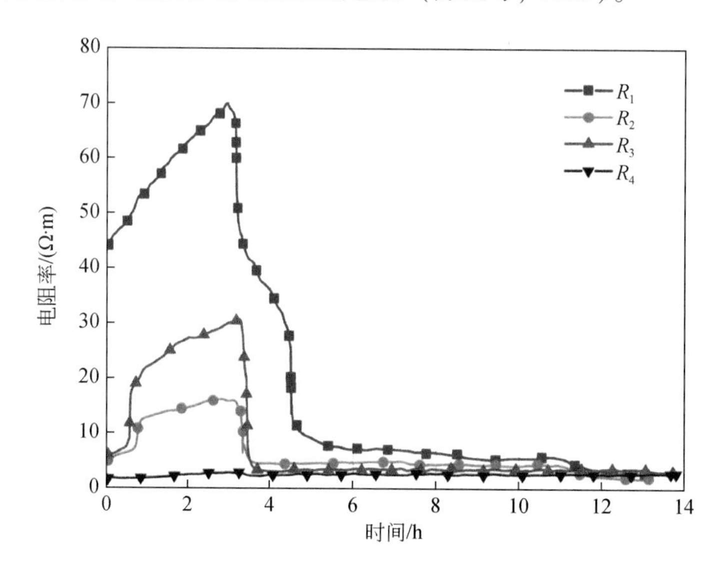

图 5.5　非饱和盐水沉积物甲烷水合物成核阶段电阻率演化特征

R_1、R_2、R_3 和 R_4 分别代表反应釜从上到下的电阻率［据 Chen 等（2017）修改］

在饱和盐水沉积物中，随着甲烷水合物晶核不断生长聚集在颗粒表面，会部分阻塞孔喉，造成电阻率增大。但随着时间的推移，电阻率存在降低的现象（图 5.6）。一种解释认为，先生成的甲烷水合物晶体会随着渗透作用的水分子迁移到大晶体孔隙中，随着晶体不断聚集，尺寸不断增大，接近孔喉尺寸时，会堵塞流体的运移通道，此时甲烷水合物为接触-胶结模式。聚集的甲烷水合物晶体相对疏松，重结晶过程甲烷水合物逐渐致密，从而产生新的孔隙溶液迁移通道（Spangenberg et al.，2015），甲烷水合物分布模式从接触-胶结模式转向悬浮模式。另一种解释认为是 Ostwald 熟化现象。甲烷水合物 Ostwald 熟化现象是指由于受不同尺寸水合物晶体中甲烷浓度的差异所驱动，小晶体的水合物会逐渐消融，大晶体水合物持续增大，不断增大的水合物晶体会从沉积物颗粒表面转移到孔隙中，甲烷水合物分布由接触-胶结模式转变为悬浮模式。Ostwald 熟化现象能改善孔隙连通性，已在盐水实验中得到了证实（Chen and Espinoza，2018）。

在非饱和盐水沉积物中，甲烷水合物成核主要在气-水两相接触位置，形成甲烷水合物膜，逐渐阻塞孔隙空间，导致电阻率升高。由于甲烷水合物形成存在排盐作用，甲烷水合物膜表面会具有高盐度。通过渗透作用，周围低盐度水分子会吸附到水合物膜周围，这将导致水在沉积物中流动。并且甲烷水合物膜是由多个水合物晶体构成，晶体之间存在孔隙（Haber et al.，2015），水可以通过甲烷水合物膜与另一侧的气体接触，产生新的气-水界面，形成新的甲烷水合物膜（Jin et al.，2020）。甲烷水合物膜不断重复生成变厚，不断消耗水分子的同时水合物外壳向内塌陷（Tohidi et al.，2001），导致电阻率降低（图 5.7）。

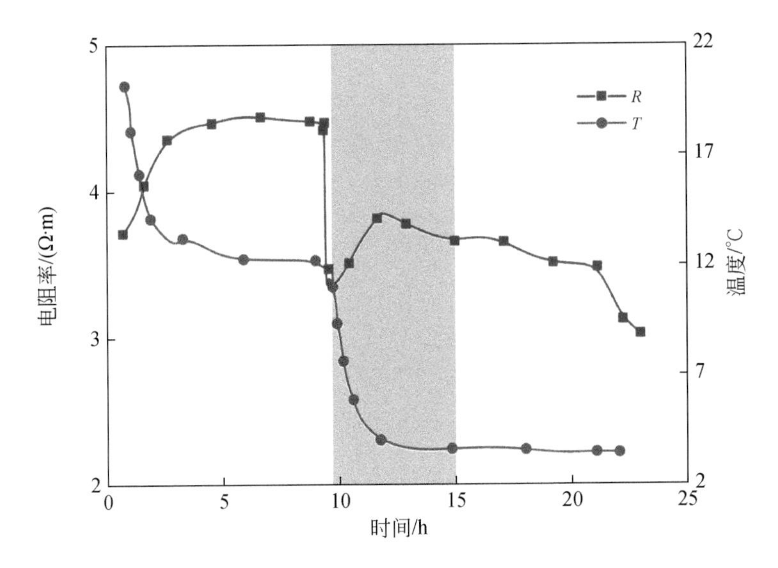

图 5.6　饱和盐水沉积物甲烷水合物生长阶段电阻率演化特征［据陈玉凤等（2018）修改］

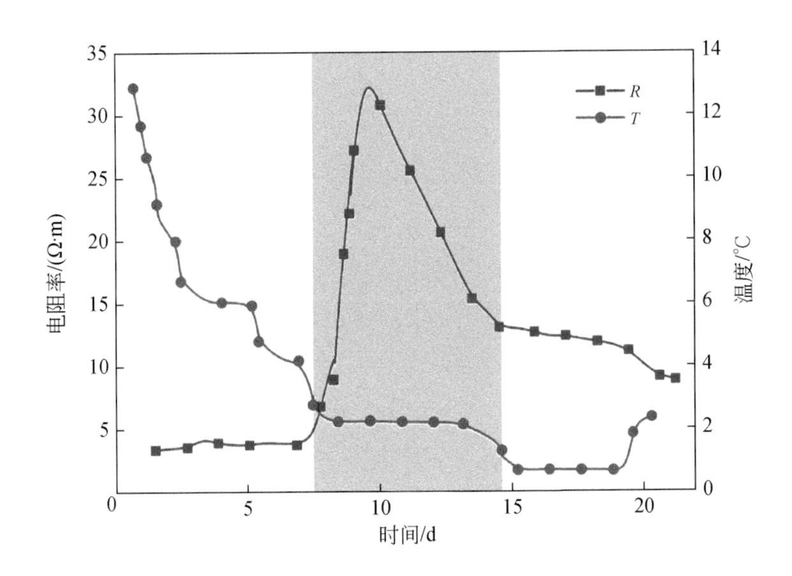

图 5.7　非饱和盐水沉积物甲烷水合物生长阶段电阻率演化特征［据 You 等（2015）修改］

因此在含盐水沉积物中甲烷水合物的形成导致盐浓度升高，而同时也会改变赋存位置，堵塞沉积物孔隙，导致剩余水的连通性较差，离子迁移率降低。盐浓度高会使电阻率降低，而迁移率低会使电阻率增加。实际电阻率变化即为盐分富集与孔隙率降低之间相互竞争的结果（Li et al.，2018）。因此，天然气水合物排盐效应导致水吸附的特性对于海洋沉积物中天然气水合物的生长至关重要。由于沉积物中各部位水合物含量以及孔隙连通性的差异，上述电阻率演化过程可以部分或全部出现在反应釜不同部位，进而影响其电阻率（表 5.3）。

表 5.3　盐水甲烷水合物生成过程实验模拟特征

实验案例	粒径	孔隙度/%	初始含水饱和度/%	初始盐度/%	初始温度/℃	初始电阻率/(Ω·m)	天然气水合物饱和度/%	生成后电阻率/(Ω·m)
陈玉凤等（2018）	60～100 目	40.5	100	3.5	3	3.173	82.17	6.763
陈玉凤等（2013）	60～100 目	43	100	3.5	5.6	1.667	45	2.661
Li 等（2018）	40～80 目	38	100	3.5	2.5	1.14	89	41.5
Li 等（2010）	200～400μm	32.8	100	2	2	5.5		12
李彦龙等（2019）	50～85μm	41	100	2.5	1	1.9	32	2.4
陈玉凤等（2013）	60～100 目	43	100	3.5	2	1.92	39.8	2.878
You 等（2015）	110μm	35	51	3.5	2	5.8		20
Li 等（2012）	200～300μm	41.68	40	3.35	2.6	1.17	33	3.14
Chen 等（2017）	20～40 目	38	75	3.35	2.15	12		60
Lim 等（2017）	100μm（玻璃珠）	39	54	3.35	1	0.4	17.4	31.34

四、含盐水甲烷水合物沉积物分解实验

采用降压法开采天然气水合物，在游离气释放阶段，由于沉积物中释放出的游离气体存在节流效应，会导致整体温度降低，电阻率迅速增加。此后，随着压力的降低，天然气水合物开始分解，饱和度下降，各测点的电阻率总体下降。这是由于沉积物中原被水合物占据的孔隙空间随着天然气水合物的分解而增大，离子的连通性增强，迁移速率加快。与此同时，天然气水合物分解为吸热反应，当环境温度不能及时提供热量时，沉积物中的天然气水合物分解位置会出现温度小幅度降低而导致电阻率局部升高的现象。当与环境进行热量交换温度恢复后，电阻率会再次降低。由于天然气水合物分解产生气体，气体流动过程中会改变溶液中离子的分布，导致不同位置电阻率出现波动。当天然气水合物完全分解后，电阻率基本稳定，但由于分解产生的水稀释原孔隙中的溶液，且产生的水携带了盐溶质，因此整体电阻率较分解前偏高。

采用热激法分解天然气水合物。升高环境温度，但温度未超过相平衡温度前，孔隙中导电离子数量不变，电阻率随温度的升高而逐渐降低（粟科华，2015）。当温度超过相平衡温度时，天然气水合物迅速分解。在天然气水合物高饱和度区域，分解产生的水会稀释原溶液，导致离子浓度降低，并且释放出来的气体会占据孔隙空间阻碍离子运移，导致电阻率激增，随着气体流出沉积物，孔隙连通性变好，因此沉积物电阻率快速下降。最终阶段系统电阻率比初始阶段电阻率高，这是由于经过天然气水合物生成及分解过程，沉积物的带电离子被重新分配，并随着液体被排出，导致系统电阻率较高。

通过注入热盐水开采天然气水合物，刚注入热盐水时，由于温度较高，沉积物电阻率

迅速下降。此后随着天然气水合物的分解，产生大量气体会降低孔隙的连通性，电阻率逐渐升高，并且随着天然气水合物含量越高，分解产生的气体越多，电阻率也越高。随着分解气体从沉积物逐渐释放，电阻率下降。由于热盐水温度的影响，分解完全阶段的电阻率较初始阶段电阻率低（李淑霞等，2012）。

选择注入醇类化学抑制剂开采天然气水合物时，高电导率的盐水会从抑制剂注入口向出口移动，电阻率也因此降低。由于天然气水合物分解产生大量水，高电阻率的抑制剂会被水稀释而导致电阻率相对变化不明显。随着醇类抑制剂的不断注入，天然气水合物分解完全，原孔隙中的盐溶液被醇类代替，导致最终电阻率比初始值高（Sung and Kang，2003）。

采用 CO_2 置换甲烷水合物中的甲烷时，随着 CO_2 注入，储层压力逐渐升高，注入的 CO_2 气体与甲烷水合物表面接触，水合物笼形结构发生客体分子之间的置换而引起界面瞬间分解，导致电阻率瞬间下降。但置换过程只发生在甲烷水合物表面，内部仍然保持原始状态（Jung and Santamarina，2010）。采用 N_2/CO_2 混合气（80%：20%）置换甲烷水合物，反应过程与 CO_2 置换相似，但由于较小的 N_2 分子可以代替小笼子中的甲烷，置换率较纯 CO_2 高（图 5.8）。

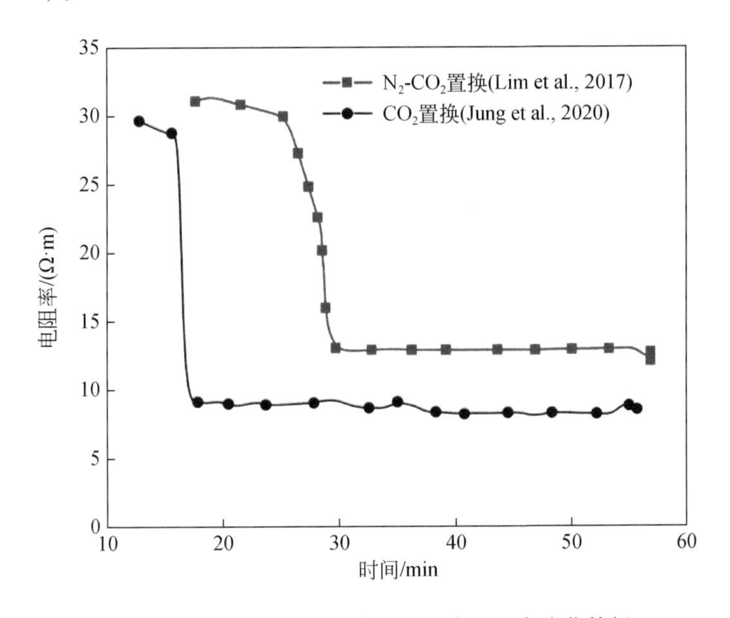

图 5.8　气体置换甲烷水合物过程中电阻率演化特征

第二节　含天然气水合物岩心电阻率传感器设计

一、电阻率传感器测试原理

天然气水合物在生成和分解过程中电阻率会发生很明显的变化，如果通过实验得到电阻率的变化情况就可以反演天然气水合物的生成、分解状况。但是目前专业测量天然气水合物电阻率的传感器并不多，所以针对天然气水合物特殊的生成和分解环境，改良加工适合天然气水合物实验条件的电阻率传感器。

根据物理学理论可得，形状规则而且材料均匀的导体，其电阻 R 与导体长度 L 成正比，与导体的横截面积 S 成反比，其表达式为

$$R=\rho \frac{L}{S} \tag{5.1}$$

式中：ρ 为电阻率，与导体的形状、长度、面积没有关系，只是与导体本身的材料有关（Spangenberg et al.，2005）。根据式（5.1）可得电阻率的表达式：

$$\rho=R \frac{S}{L} \tag{5.2}$$

电阻率的单位为 Ω · m（欧姆 · 米），导体的电阻率越高其导电能力越差。

目前测量天然气水合物电阻率的传感器主要有 3 电极电阻率传感器和 5 电极电阻率传感器，其中 5 电极电阻率传感器是在 3 电极电阻率传感器的基础上改良加工的。3 电极电阻率传感器（沈平平等，2004）顾名思义有三个电极环，这三个电极环固定在一根细长的绝缘杆上，使电极环处于细长杆探入天然气水合物实验环境的部分。这三个电极环布置均匀如图 5.9 所示，其中 A 为供电电极，主要是用来建立电流场，M 和 N 为测量电极。A、M、N 三个电极环分别通过导线引出到电阻率传感器的前端。B 为零电极主要用来做电阻率传感器的基准电位，放置在 N 电极的位置。制作电阻率传感器时，首先要有一套模具，采用双模压制技术制作出电阻率传感器的绝缘细长杆，其中绝缘细长杆一般采用耐氧化、耐腐蚀的高强度有机材料，A、M、N 三个电极环一般采用合金的材料制作。通过大量的实验测试表明：3 电极电阻率传感器在一定的水合物实验区域内可以测量电阻率的变化情况，但是对电铸铝传感器的设计尺寸要求比较高。在实验时通过供电电极在天然气水合物的实验环境中建立电流场，测量流过实验环境的电流 I 和待测电极与 M 或者 N 中的一个测量电极之间的电位差 U，通过计算公式就可以得出电阻率的值（赵仕俊等，2009）。

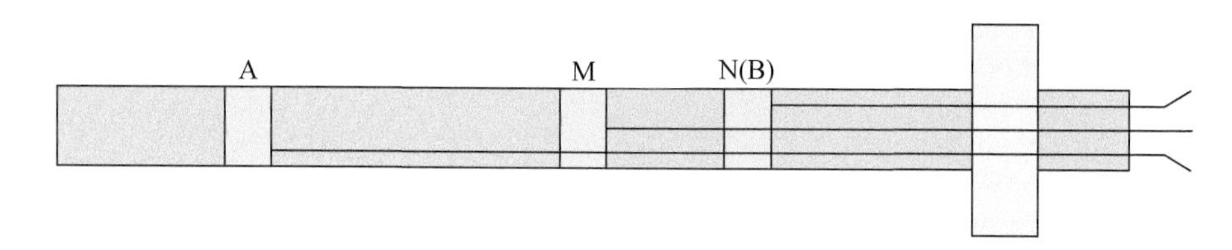

图 5.9　3 电极电阻率传感器示意图

但是 3 电极电阻率传感器有些缺陷，因为实验环境是模拟海洋海底环境，实验时要加入 3.5% 的饱和食盐水，传感器与多孔介质之间存在很多空隙，因而空隙间会充满食盐溶液。可能会导致测量电流沿电极的轴向绝缘杆分流，从而影响测量电流进入多孔介质。其次对于天然气水合物模拟实验来说，反应釜的空间一定。测量电极跟反应釜壁的距离很小，供电电极之间存在电势差，可能容易沿着反应釜的内壁形成电流场，对实验造成干扰，影响测量结果。

5 电极电阻率传感器（郭桂柱，2012）由一根绝缘长杆、航空插头、两个聚焦电极、

主电极和两个回流电极组成。其中两个聚焦电极和两个回流电极都用导线短路。在进行具体的实验测量时，对主电极和聚焦电极通以相同极性的电流 I_0 和 I_S，在具体的加工过程中两个聚焦电极通过导线短路，所以聚焦电极之间没有电位，如图 5.10 所示，A_0 和 A_1 之间的电位是相等的。此时，沿电阻率传感器的纵向方向的电位梯度为零，所以从主电极流出的电流不会沿电阻率传感器的探头纵向方向分流，所以电流 I_0 被 I_S 压迫成椭圆的球形，垂直于电阻率传感器的电极流出，从而实现聚焦的功能，如图 5.10 所示。

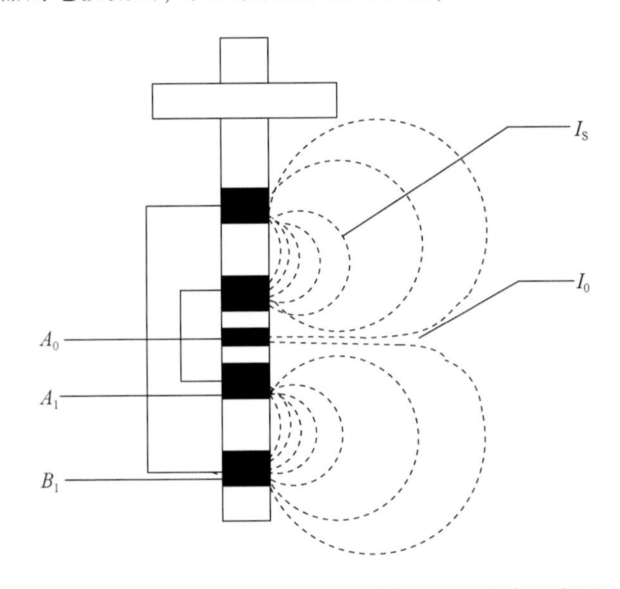

图 5.10　天然气水合物电阻率传感器电流场分布示意图

从电阻率传感器的五个电极中引出的三个端子分别是 A_0、A_1 和 B_1，电流从 A_1 进入以后分成两路，一部分流入聚焦电极，如图 5.11 所示的 I_S，另一部分流入主电极，如图 5.11 所示的 I_0，但是流入聚焦电极的电流部分远远大于流入主电极的电流。A_0 和 B_1 之间的等效为电阻 R_1，A_1 和 B_1 之间的等效为电阻 R_2，A_2 和 B_2 之间的等效为电阻 R_3，R_2 和 R_3 体现了电场的接触面而造成的电阻干扰。流入主电极的电流 I_0 受到了聚焦电极的聚焦作用，可以准确地反应多孔介质中电阻率的情况。

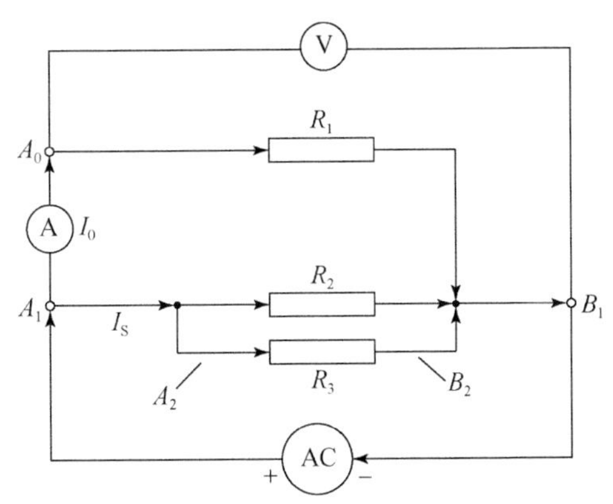

图 5.11　天然气水合物电阻率传感器测量原理图

在具体的实验测量时，函数信号发生器通过电极 A_1、B_1 向电极的探头提供正弦的交流电，A_0、A_1 之间通过交流电流变送器进行短路，所以 A_0、A_1 之间看作是等电位的，且变送器测定 A_0、A_1 之间的电流 I_0，所以 $U_{A_1B_1}=U_{A_0B_1}$，交流电压变送器接在 A_0、B_1 之间测得 A_0、B_1 之间的电压 $U_{A_0B_1}$，所以根据电阻率的表达式可得 $R=K\frac{U_{A_0B_1}}{I_0}$。

二、电阻率传感器数学模型

5 电极电阻率传感器的数学模型分析：聚焦电极和主电极是对称分布的，所以对电阻率传感器分析时只取上半电流场分析（Freedman and Vogiatzis，1979）。假设流经整个电流场的电流为 I，主电极和回流电极之间的电势差为 U，主电流场的球体直径为 a，聚焦电流场的球体直径为 b，根据平均电流密度的计算公式可得上半电流场的平均电流密度 j 为

$$j=\frac{I/2}{\pi\left(\frac{a}{2}\right)^2-\pi\left(\frac{b}{2}\right)^2} \tag{5.3}$$

对于电流场的上半球，就其中一个直径为 ϕ 的球面而言，这个球面上的场强大小满足下式：

$$E=\frac{U}{\frac{\pi}{2}\phi} \tag{5.4}$$

则整个上半球的平均场强为

$$\overline{E}=\frac{\frac{1}{2}\int_b^a E\cdot 4\pi\left(\frac{\phi}{2}\right)^2\mathrm{d}\phi}{\frac{4}{3}\pi\left(\frac{a}{2}\right)^3-\frac{4}{3}\pi\left(\frac{b}{2}\right)^3} \tag{5.5}$$

根据欧姆定律的微分形式可得

$$\overline{E}=j\rho \tag{5.6}$$

所以将式（5.5）代入式（5.6）可得

$$\rho=\frac{U}{I}\frac{3(a-b)(a+b)^2}{2(a^2+b^2+ab)} \tag{5.7}$$

令

$$k=\frac{3(a-b)(a+b)^2}{2(a^2+b^2+ab)} \tag{5.8}$$

根据以上推导得出电阻率的表达式为

$$\rho=k\times\frac{U}{I} \tag{5.9}$$

根据上述推导过程可以得知电阻率传感器测得的电阻率与待测介质的电场电流和主电极、回流电极之间的电势差以及电流场的直径有关。

所以电阻率的表达式可以作为待测介质的电阻率计算公式，不过，k 与电流场的直径

有关，测量传感器尺寸不大，制作过程中的机械会导致系数 k 有偏差，所以在实际应用中应该对每支测量传感器进行实验标定，通过实验标定确定其系数 k。

三、含天然气水合物岩心电阻率传感器设计方案

基于上一节的电阻率传感器的理论分析，针对天然气水合物生成、分解的特殊环境选择合适的材质，根据反应釜的大小设计测量传感器的具体尺寸。天然气水合物电阻率传感器主要由航空插头、两个聚焦电极、主电极和两个回流电极组成。

主电极与聚焦电极之间的绝缘层是非常薄的，这样有利于提高整个电极系的分层能力。而在天然气水合物的实际应用中，由于电极系被整个待测介质掩埋，所以不存在电极系分层能力高低的情况，同时考虑到加工工艺的难度，主电极和聚焦电极之间绝缘层的厚度适当放大了，并没有机械地按照3电极电阻率传感器电极系的相对比例设计。在天然气水合物的实际应用中，待测介质相对电极体系来说非常的厚，就不需要太好的聚焦能力，只需要保证电流能够避免反应釜壁的干扰即可，因此聚焦电极的长度没有必要设计得很长。鉴于以上的分析，聚焦电极和回流电极长度为1.5mm，主电极长度为1.0mm，各个电极间距均为2mm。

由于电阻率传感器应用在具有腐蚀影响的环境中，在选择电极材料时比较了各种不同的材料，有不锈钢、黄铜等。因为不锈钢的耐腐蚀性比较好，最后选用不锈钢作为电极环的制作材料。但是不锈钢材料对焊锡的附着性很差，所以在不锈钢材料上面镀上一层金，保证了焊接工作的顺利进行。

将各个电极环用导线连接起来，导线既不能太粗，太粗会占据很大的内部空间，但又需要导线有一定的刚度，若是导线太柔软，注塑时，胶容易漏出来。导线的绝缘层与电极环连接处要剥除，最终选用直径为0.47mm的漆包线作为连接电极环的导线，将导线用热缩管套住。

为了使实验结果尽可能地将理论与实际相结合，在做天然气水合物电学特性实验时，在多孔介质中加入浓度为3.5%的食盐水溶液至饱和。在食盐溶液中建立直流电流场，会发生电极的电解反应，使电极腐蚀，产生的极化效应使测量存在很大的误差。所以在实验测量时使用交流电，建立交流电场。交流电的频率过高或者过低对实验的测量都有影响，在电容和电压一定的条件下，交流电的频率与电流强度成正比。频率过高，电流强度过大，电极产生极化，而且交流信号频率越高，信号检测越困难。频率过低，电流强度过小，测量电阻又会很高。所以，通过多次实验，最终选用频率为20kHz交流信号测量传感器的激励信号。而且通过多次实验得出，正弦波的抗电解效果最明显，所以选用正弦波为激励信号。两个聚焦电极通过导线短路，向航空插头引出一根线，主电极向航空插头引出一根线，两个回流电极也通过导线短路，向航空插头引出一根线。选用交流信号源在待测介质中产生交流电流场，交流电压变送器测量电压，交流电流变送器测量电流。聚焦电极与回流电极之间连接交流信号激励源。交流电流变送器一端连接主电极，一端连接聚焦电极。交流电压变送器连接在主电极和回流电极之间。天然气水合物电阻率传感器如图5.12所示。

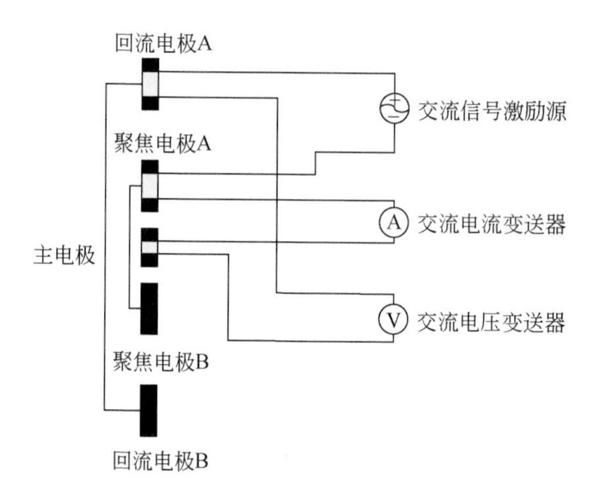

图 5.12　天然气水合物电阻率传感器

第三节　岩心电阻率与天然气水合物饱和度相关关系

电阻率探测技术在天然气水合物勘查工作中能够发挥重要的作用，但以 Archie 公式为核心的数据处理与反演模型仍需进一步修改和完善。针对此种情况，使用自主研发的天然气水合物电学特性模拟实验装置开展模拟海底环境下孔隙水垂向不均匀分布体系中含天然气水合物岩心电学参数变化特征研究，并结合饱和度等数据讨论 Archie 公式相关参数定值问题。

一、实验设计

为模拟海底真实环境，实验采用了浓度 3.5% 的 NaCl 溶液作为沉积物孔隙水，粒径为 0.18～0.125mm 的天然海砂作为多孔介质（孔隙度 40%），人工配置沉积物含水量 30%。在压力 9MPa、环境温度 1℃的条件下开展甲烷水合物生成实验。

研究使用的实验装置如图 5.13 所示。该套实验装置由高压反应釜、电学传感器及数据采集系统构成。

高压反应釜：整体为快开结构，容积 3.8L，工作压力 20MPa，工作温度-20～120℃。在釜体上、中、下三个层位分别安装一支五环棒状电极（图 5.13 中②号部件）、一对片状电极（图 5.13 中③号部件）和一支 PT100 热电阻温度计（图 5.13 中④号部件）。为保证电学测量稳定性，釜体内壁在保证耐压的基础上加装了绝缘内衬。

三支电阻率传感器平均分布在反应釜上、中、下三个层位，电阻率传感器设计见图 5.12。

主要实验步骤如下：①使用浓度 3.5% 的 NaCl 溶液配置含水量 30% 的沉积物样品，装入反应釜（装填过程需将沉积物不断压实，及时排除多余水分，保证沉积物不出现过饱和现象）；②密封反应釜后向其中加入高压甲烷气体至实验所需值，静置 24h 以确保气体

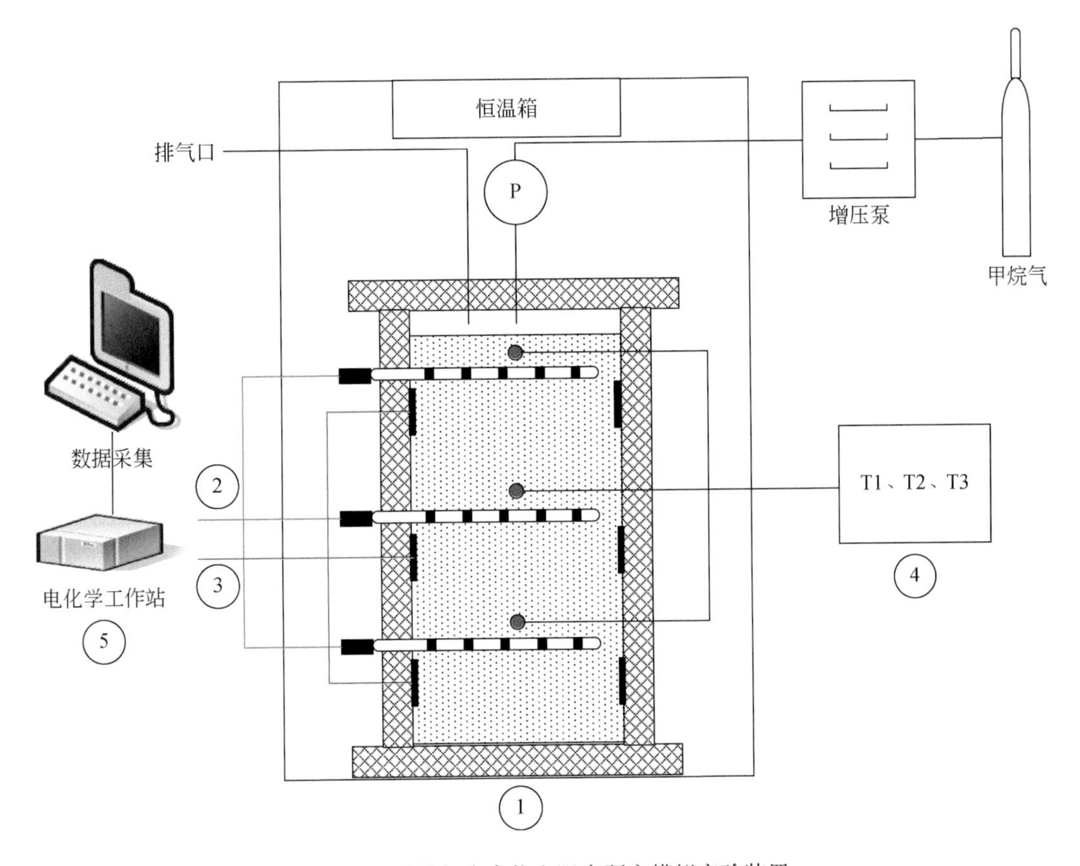

图5.13　天然气水合物电阻率研究模拟实验装置

充分溶解于水中；③确认实验装置保压能力以及各传感器工作正常后，开启控温装置给反应釜降温，开始甲烷水合物生成实验；④实时收集并分析实验数据，通过寻找温度异常升高且压力快速下降的现象判断甲烷水合物是否生成，待反应釜内的温度和压力保持稳定后，认为甲烷水合物生成过程结束；⑤收集并处理实验数据。

二、结果与讨论

1. 孔隙中甲烷水合物形成对岩心电阻率的影响

图5.14展示了一组盐水-沉积物体系中甲烷水合物生成过程岩心的电阻率变化规律。

可以看出，实验开始阶段温度受控温箱影响逐渐降低至设定值，经过一段诱导时间后甲烷水合物开始生成，生成过程放出大量反应热导致温度上升，与之对应的电阻率也出现明显变化特征。由此可以证明电阻率能够灵敏地指示甲烷水合物生成过程。

同时发现上、中、下三层电阻率曲线出现了几个不同的变化阶段，且各层之间的变化幅度也不相同。因此，可认为与温度指示标志不同，电阻率不仅能够判别甲烷水合物生成，还可以指示生成过程不同阶段的特征。为进一步分析实验结果，将电阻率数据单独作图并划分了不同阶段。

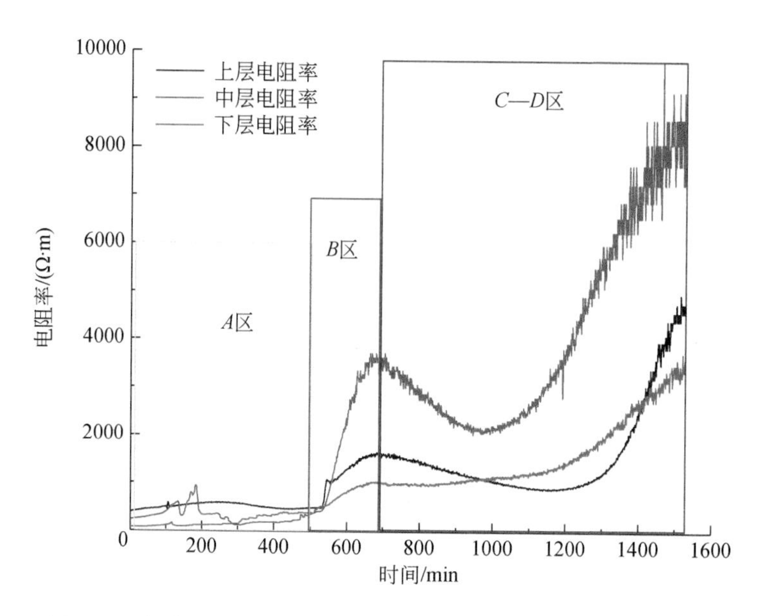

图 5.14　盐水-沉积物体系中甲烷水合物生成过程电阻率变化规律

影响海底沉积层电阻率的因素包含温度、孔隙水盐度以及沉积层含水量等，其中温度受环境条件影响，而孔隙水盐度和含水量则与甲烷水合物生成与分解密切相关。根据图 5.14中 *A* 区展示的反应釜降温幅度与电阻率的关系可以发现，温度降低导致的沉积物电阻率增加幅度并不大，可以初步判断甲烷水合物的生成是影响沉积层电阻率的主要因素。值得注意的是，人工配置的沉积物含水量为 30%，并未达到饱和状态。在釜中受重力作用，一部分孔隙水向下迁移并赋存于釜体底部，使得沉积物含水量在垂向上分布不均匀，含盐水越多的层位电阻率越小。因此，*A* 区沉积层上、中、下三层的电阻率呈现逐渐降低的趋势。

在经历 *A* 区的诱导时间后，甲烷水合物开始大量结晶，造成电阻率快速升高。从图 5.14中 *B* 区可以看出，中层电阻率升高幅度最大，其次是上层和下层。这是由孔隙水垂向分布和上部气体供给综合作用造成的。孔隙水在垂向上的不均匀分布使得中、下层积累了较为充足的孔隙水；上层沉积物未达到水饱和状态，颗粒间存在较多通道，有利于釜体上部的气体到达釜体中部。在以上两方面条件的促使下，沉积物中层能够生成大量的甲烷水合物。而中部的甲烷水合物层阻碍了上层气源向下供给，所以沉积物下层甲烷水合物生成量不大。

甲烷水合物生成使得排盐效应不断加强，增强了液体的导电能力，所以电阻率在甲烷水合物大量生成后出现了降低的趋势，如图 5.14 中 *C* 区所示。实验的最后阶段如图 5.14 中 *D* 区所示，甲烷水合物晶体经过积累和聚集，占据了大量的沉积物孔隙，堵塞了电极间导电液体的流通通道，使得电阻率大幅度升高。

含 NaCl 溶液的沉积物在甲烷水合物生成过程中，电阻率同时受到电解液离子浓度和电解液体积两个变量的影响，因此表现出先升高再降低最后升高的变化规律。为了进一步验证该结论，开展了一组含去离子水沉积物生成 CO_2 水合物的电阻率变化规律的研究。基

于 CO_2的弱电离性质，该实验体系内导电离子仅由 CO_2溶解提供，因此在压力和温度稳定的情况下，反应体系离子浓度不变，电阻率仅受电解液体积变化的影响。实验结果如图 5.15 所示。

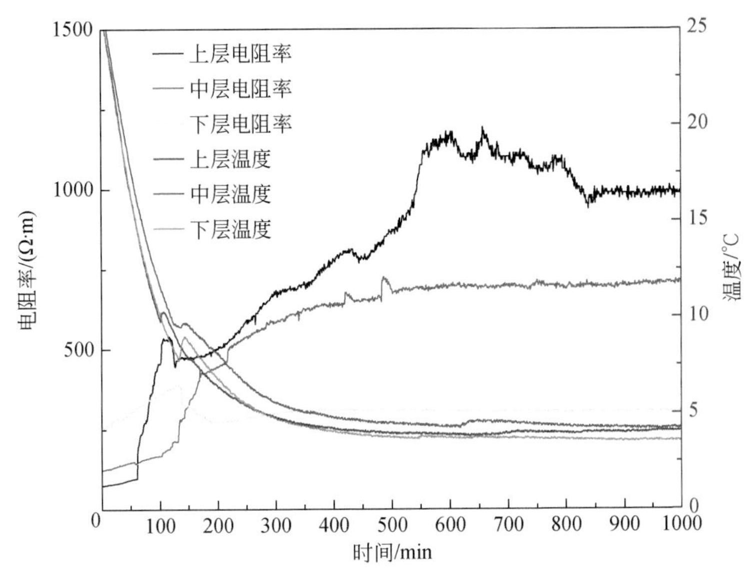

图 5.15　CO_2水合物生成过程温度与电阻率关系曲线

从图 5.15 可以看出，CO_2水合物生成过程中，电阻率异常升高与温度异常升高对应良好，表明 CO_2 水合物生成消耗了液态水，使得反应体系电解液体积减小，电阻率升高。但是由于没有离子浓度变化，因此三个层位的电阻率基本保持了持续升高的特征。

2. 甲烷水合物饱和度与电阻率相关关系研究

实验中甲烷水合物的饱和度通过监测反应釜内气体温度和压力的变化，根据气体状态方程计算出被甲烷水合物吸收的气体量，并结合岩心的密度和水合数等计算获得。甲烷水合物饱和度计算公式：

$$S_h = \frac{[P_1/(Z_1T_1) - P_2/(Z_2T_2)]M_hV_g}{R\rho_hV_p} \times 100\% \tag{5.10}$$

式中：S_h为甲烷水合物饱和度；P_1为反应釜内初始气相压力，MPa；P_2为甲烷水合物生成后反应釜内气相压力，MPa；T_1为反应釜内初始温度，K；T_2为甲烷水合物生成后反应釜内温度，K；Z_1和 Z_2为气体压缩因子，与压力和温度有关；V_p为多孔介质孔隙的体积，L；V_g为反应釜气体体积，L；M_h为甲烷水合物摩尔质量；ρ_h为甲烷水合物的密度，0.91g/mL；122.02g/mol；R 为气体常数，通常取 8.314J/(mol·K)。表 5.4 中列出了实验过程中甲烷气体的温度、压力及其对应的压缩因子。

甲烷水合物饱和度、温度在反应过程中的变化趋势如图 5.16 所示。

可以看出，系统降温过程中出现小幅度的温度异常升高，与之对应的是甲烷水合物饱和度开始升高；温度降低至实验设定值一段时间后，出现更为明显的温度异常升高，此时甲烷水合物饱和度继续大幅度提升。最终通过降压法计算得到甲烷水合物饱和度为 25.6%。

表 5.4　实验过程中甲烷气体的温度、压力及其对应的气体压缩因子

P/MPa	T/K	Z	P/MPa	T/K	Z
7.00	278.1	0.84946	5.02	275.1	0.88605
7.04	277.9	0.85004	4.65	275.2	0.89454
6.96	277.5	0.85057	4.49	275.2	0.89785
6.84	276.9	0.85156	4.07	275.6	0.9079
6.73	276.3	0.85247	3.64	277.1	0.91903
6.61	276.0	0.85417	3.45	276.8	0.92298
6.49	275.7	0.85627	3.22	276.2	0.92740
6.35	275.5	0.85877	3.10	275.8	0.92976
6.20	275.4	0.86161	2.94	275.3	0.93264
6.10	275.3	0.8635	2.81	274.8	0.93517
5.94	275.3	0.86677	2.70	274.4	0.9376
5.68	275.3	0.87195	2.62	274.1	0.93918
5.42	275.2	0.87820	2.61	274.1	0.93937

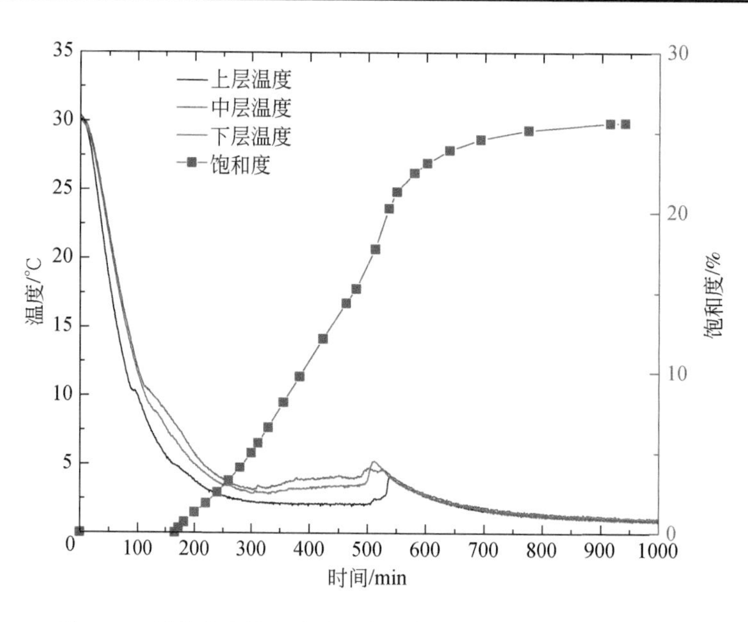

图 5.16　甲烷水合物生成过程中温度、压力与饱和度变化趋势

图 5.17 给出了甲烷水合物生成过程中反应釜上、中、下三层的电阻率随饱和度的变化趋势，可以看出各层电阻率在甲烷水合物饱和度为 20% 左右出现了一个明显的拐点。当甲烷水合物饱和度低于 20% 时，电阻率主要受孔隙水的盐度变化影响，沉积层中孔隙的连

通性没有受到明显干扰，而当甲烷水合物饱和度高于20%时，沉积层中大部分孔隙被甲烷水合物占据，阻断了电解液连通性，导致电阻率大幅度升高。

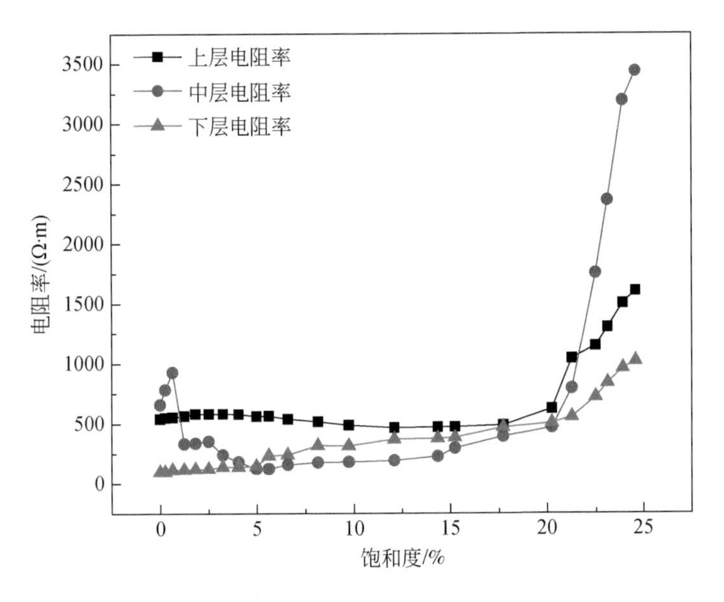

图 5.17　不同甲烷水合物饱和度下沉积层电阻率变化图

第四节　天然气水合物微观分布与岩心电阻率响应

沉积物孔隙中各相物质的微观分布对电阻率测量响应有较大影响，由于孔隙中甲烷水合物和气的电阻率远大于水的电阻率，通过测量反应体系的电阻率无法区分游离气与甲烷水合物，当出现气体包裹体时，会使得甲烷水合物饱和度被高估（Sahoo et al.，2018）。近年来，声学、电法、时域反射技术和激光拉曼光谱技术等测试方法不断应用于甲烷水合物模拟实验领域，随着 X-CT、核磁共振波谱法和 XRD 等现代仪器及测试技术的发展，天然气水合物实验装置朝着综合性、可视化和微观化的方向发展（宁伏龙等，2008；业渝光和刘昌岭，2011），其中通过 X-CT 技术可以观测到反应体系中的游离气、甲烷水合物和孔隙水的微观分布状态，定量计算出孔隙空间内各相组分的体积占比，能够辅助研究天然气水合物在沉积物孔隙中的填充过程，是从微观层面研究甲烷水合物聚散动态特性的重要探测手段（蒲毅彬等，2005；李承峰等，2016）。因此，通过开发 X-CT 与电阻率联合测试技术，有望揭示甲烷水合物微观分布模式与含甲烷水合物沉积物体系宏观电阻率响应规律之间的内在联系，为优化甲烷水合物饱和度与电阻率的关系模型提供理论基础。

一、实验装置

测量系统的实物照片和总体结构如图 5.18 和图 5.19 所示，按照测量系统所实现的功能，可分成三部分，天然气水合物实验模拟部分、电阻率测量部分和 CT 扫描部分。其中天然气水合物实验模拟部分的主要功能是通过提供适当的温度和压力条件，模拟天然气水合物在介质中的生成过程；电阻率测量部分的主要功能是在天然气水合物生成过程中实时采集反应体系中多位置的电阻率数据；CT扫描部分的主要功能是在天然气水合物生成过程中获取特定时刻反应体系的图像数据。

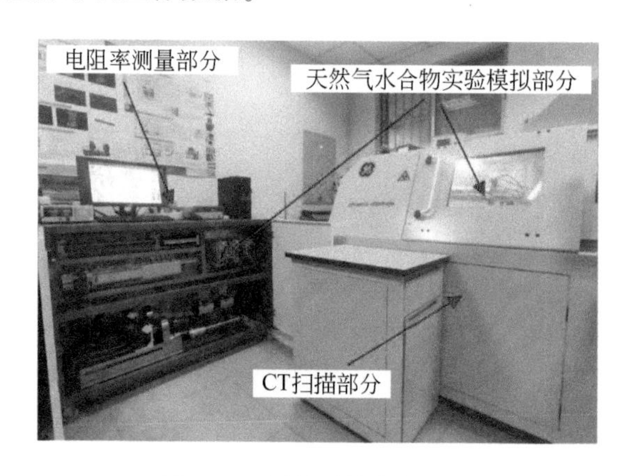

图 5.18　测量系统实物照片

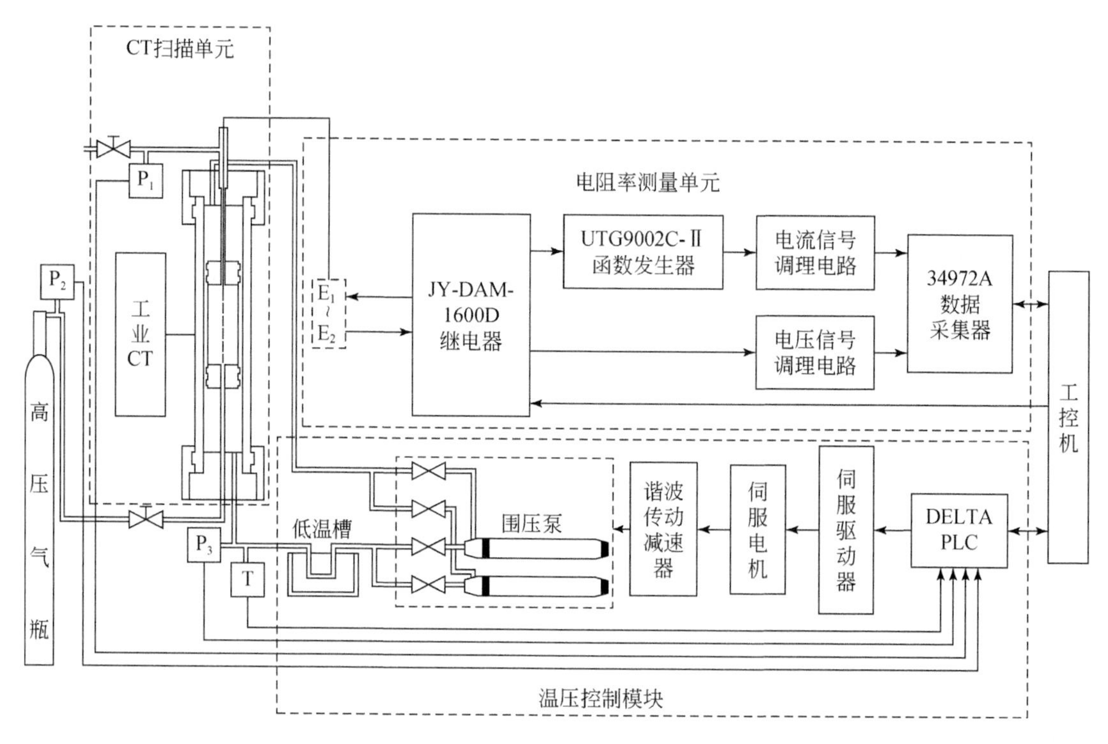

图 5.19　测量系统总体结构示意图

1. 天然气水合物实验模拟单元

该部分主要包括射线穿透式反应釜和温压控制模块，具体参数和功能如下：射线穿透式反应釜（图 5.20）最外层承压管为 PEEK 材质，壁厚 2mm，高度为 70mm，内径为 35mm，具有良好的耐辐照性，有利于 X 射线的穿透，承压管最大承压可达 10MPa；实验所用沉积物装入沉积物胶桶，胶桶材质为氟橡胶，具有耐高压、耐腐蚀、绝缘性好等特点，胶桶壁厚 0.5mm，胶桶内径 25mm，有效高度 45mm。沉积物胶桶下端中心位置为气体进口，上端中心位置为气体排出和电阻率探针插入复用口。承压管下端边缘处是围压液进口通路，上端对应的是围压液出口通路，围压液选用浓度 60% 的乙二醇溶液，允许流经通路的最大流量为 100mL/min。

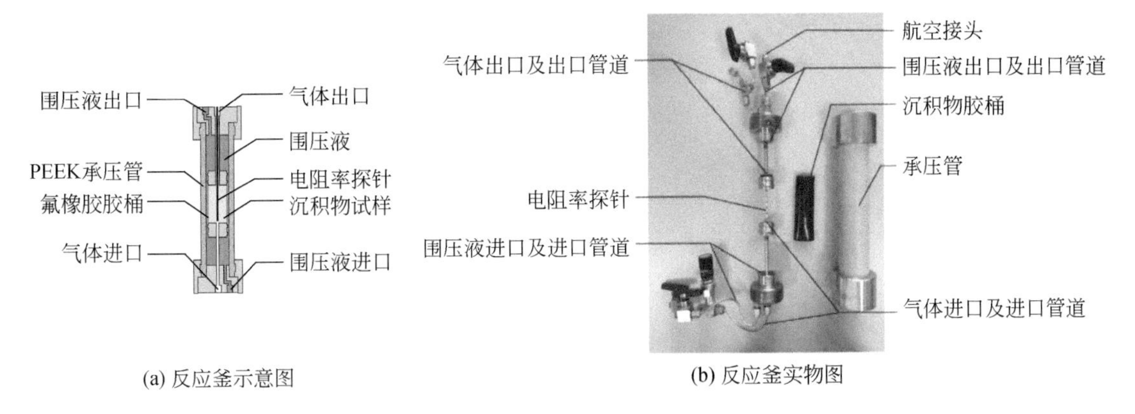

(a) 反应釜示意图　　(b) 反应釜实物图

图 5.20　射线穿透式反应釜结构示意图及实物图

温压控制模块主要包括 DELTA DVP-EH 系列 PLC（电源、CPU、AD/DA 模块）、ASDA-AB 伺服驱动器、三相永磁式同步交流伺服电机、HSTL PT100 热电阻温度变送器、ETBAISSDE-DPI701 压力传感器、BHD-80-80-U 谐波传动减速器、BELEF 气动执行器和 YJ-DN30 系列围压泵（图 5.21）。

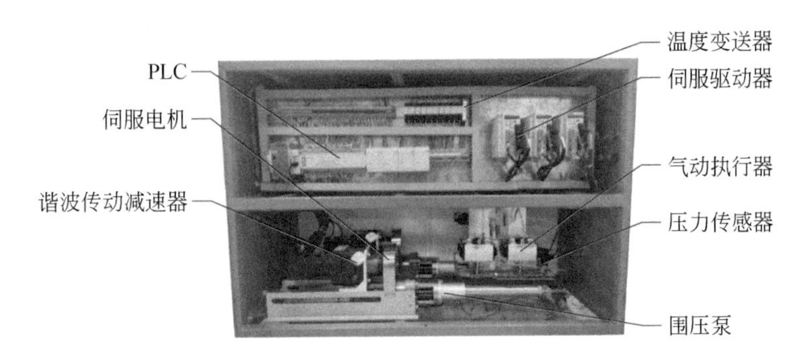

图 5.21　PLC 温压控制柜

具体工作过程如下：通过 PLC 的伺服驱动器模块驱动伺服电机，谐波传动减速器为电机负载，减速器柔轮带动围压泵活塞进行推进和拉回运动，通过气动执行器完成对围压泵流体进出口通断的控制，最终实现对承压管内液压以及围压液流量的调节。通过低温槽水浴对围压管道降温，低温槽制冷液最低温度可达-30℃，通过调节围压液流速和制冷液温度，进一步控制围压液的温度。系统最大围压可达 10MPa，最低温度为-5℃，控制精度为

±1℃。为防止围压液中混有气体，导致温度和围压控制产生较大误差，实验之前可在管道内围压液循环的同时，通过控制围压管道与外界气动阀门的通断，排除管道内的气体。反应釜气体出口处管道安装有压力传感器 P_1，实时监测沉积物胶桶内气体的压力，测量精度为 0.1% FS；高压气瓶出口处安装有压力变送器 P_2，测量精度为 0.1% FS；围压液进口处管道安装有压力变送器 P_3 以及温度变送器 T，实时监测沉积物胶桶围压的大小和围压液的温度，围压液压力传感器的测量精度为 0.1% FS，围压液温度测量精度为±0.5℃。PLC 的 AD 模块用于采集围压泵内液压、围压液进口温度、高压气瓶气压和沉积物胶桶内气压数据。PLC 通过 USBACAB230 编程电缆与工控机连接。

2. CT 扫描单元

如图 5.22 所示，系统所用的 CT 设备为 GE 公司生产的 Phoenix v | tome | x 型工业 CT，具有功率大、分辨率高的特点。配备纳米级（工作电压可达 180kV）和微米级（工作电压可达 240kV）两个钨靶射线源，载物台可进行 360°旋转，探测器为 16 位数字平板探测器，有效面积为 20cm×20cm，扫描图像最大像素为 1024×1024。

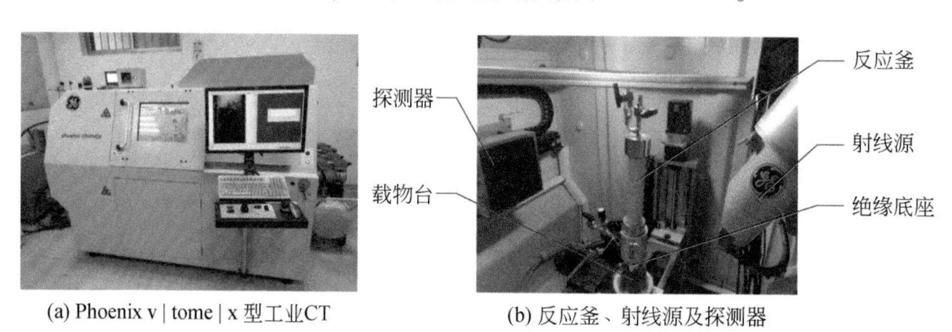

(a) Phoenix v | tome | x 型工业CT　　(b) 反应釜、射线源及探测器

图 5.22　CT 扫描装置

反应釜通过绝缘底座与载物台相连，绝缘底座选用亚克力材料，刚度较高，长时间承压不易发生形变。扫描参数包括工作电压、工作电流、曝光时间和切片数目，可根据实测的样品尺寸以及扫描时间需求进行设定。CT 扫描的原始图像通过 VG Studio 和 Avizo 等三维图像处理软件进行重构和处理后，可计算出孔隙中各相物质的含率。

3. 基于 X-CT 的岩心孔隙度和天然气水合物饱和度计算方法

根据样品的尺寸选择了纳米级射线源，工作电压 110kV，工作电流 100μA，曝光时间 333ms，切片数目为 1000 张，分辨率为 28.55μm/Voxel，放大倍数为 7.01。在低温高压环境下，天然气水合物在反应釜中生成，首先通过 CT 扫描获得含天然气水合物沉积物体系的灰度图像［图 5.23（a）］，然后对图像中每个像素点的灰度值进行统计，进而可以得到扫描区域的灰度直方图［图 5.23（b）］。为了确定各相物质的含量和微观分布状态，需要对图像分割，从而完成各部分单独提取，因此阈值的选择对图像分割结果具有显著影响。实验中含天然气水合物沉积物体系中包括游离气、天然气水合物、孔隙水和沉积物四相，由于 CT 扫描图像分辨率有限，各相物质的灰度值会部分叠加，本节采用多峰拟合法、迭代法、最大类间方差法和最大熵法，结合扫描图像和灰度直方图，计算出灰度相邻两相物质之间的阈值，并利用沉积物孔隙度和天然气水合物饱和度两个参数进行验证。

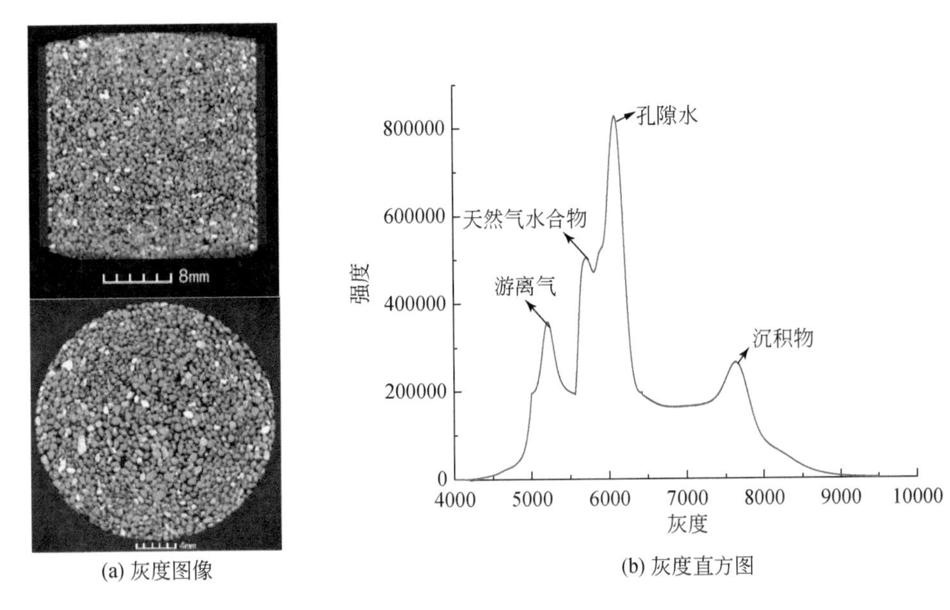

(a) 灰度图像　(b) 灰度直方图

图 5.23　CT 扫描灰度图像及其灰度直方图

利用不同的阈值分割方法得到不同的灰度阈值，为了选择合适的阈值分割方法，选取含水合物沉积物体系中沉积物孔隙度和天然气水合物饱和度两个参数作为检验指标。基于上述阈值分割方法，分别获得图像的不同分割结果，采用像素统计的方法计算沉积物孔隙度和天然气水合物饱和度，计算公式如式（5.11）和式（5.12）所示：

$$\phi = \frac{\sum_{i=1}^{n} P_{\mathrm{g}}(i) + \sum_{i=1}^{n} P_{\mathrm{h}}(i) + \sum_{i=1}^{n} P_{\mathrm{w}}(i)}{N} \tag{5.11}$$

$$S_{\mathrm{h}} = \frac{\sum_{i=1}^{n} P_{\mathrm{h}}(i)}{\sum_{i=1}^{n} P_{\mathrm{g}}(i) + \sum_{i=1}^{n} P_{\mathrm{h}}(i) + \sum_{i=1}^{n} P_{\mathrm{w}}(i)} \tag{5.12}$$

式中：ϕ 为孔隙度；S_{h}为天然气水合物饱和度；$P_{\mathrm{g}}(i)$ 为游离气像素数；$P_{\mathrm{h}}(i)$ 为天然气水合物像素数；$P_{\mathrm{w}}(i)$ 为孔隙水像素数；N 为所有切面像素之和；i 为第 i 张切面图；n 为切片数目。孔隙度理论值通过排水法获得，排水法是利用水占据沉积物孔隙的方法，量取体积为 V_{S}的沉积物，将沉积物与水混合均匀，保证水过饱和，水的体积记作 V_{W}，混合后水和沉积物总体积为 V_{T}，则沉积物孔隙度 ϕ 为

$$\phi = \frac{V_{\mathrm{W}} + V_{\mathrm{S}} - V_{\mathrm{T}}}{V_{\mathrm{S}}} \times 100\% \tag{5.13}$$

天然气水合物饱和度理论值通过气体消耗量法获得，见式（5.10）。通过 CT 图像计算的孔隙度和水合物饱和度以及理论值见表 5.5。

表 5.5　孔隙度和天然气水合物饱和度计算结果与误差分析

阈值分割方法	孔隙度/%	相对误差/%	天然气水合物饱和度/%	相对误差/%
理论值	40.63	0	32.85	0
Lorentz 拟合	39.36	-3.13	36.53	11.20
Gauss 拟合	34.72	-14.56	39.22	19.39
迭代法	42.08	3.57	31.15	-5.18
最大类间方差法	44.01	8.32	28.39	-13.58
最大熵法	45.67	12.40	26.50	-19.33

通过排水法计算沉积物样品孔隙度为 40.63%，通过气体消耗量法计算天然气水合物饱和度为 32.85%、通过对比可知，迭代法阈值分割后计算出的孔隙度、天然气水合物饱和度相对误差较小，适用于本节实验中 CT 图像的阈值分割。采用该方法对图像分割完成后，对游离气、天然气水合物和孔隙水各部分进行提取，提取结果如图 5.24 所示。

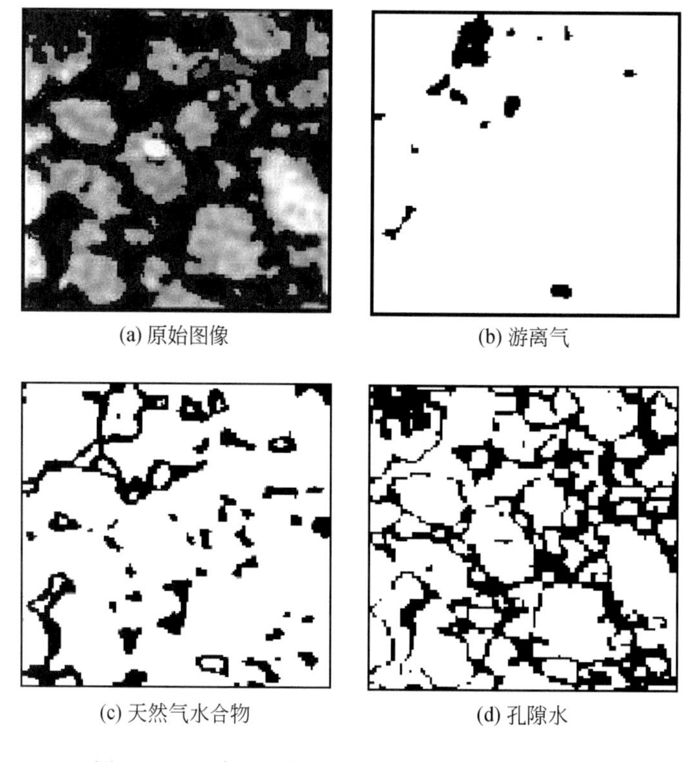

(a) 原始图像　(b) 游离气

(c) 天然气水合物　(d) 孔隙水

图 5.24　迭代法图像提取（黑色部分为目标区域）

确定迭代法为 CT 图像的阈值分割方法后，可以根据像素统计的方法求出孔隙中各相物质的含率。为了能够更好地掌握天然气水合物在孔隙中填充的动态过程，可以通过提取沉积物有效孔隙的方法，统计各种孔径范围的孔隙的占比，判断不同阶段天然气水合物的填充效果。由于水合物为固相且天然气水合物的电阻率远大于孔隙水的电阻率，对于新生成的天然气水合物来说，此前积累的天然气水合物可以看作沉积物骨架的一部分，所以在水饱和状态下，有效孔隙可以看作孔隙水所占据的部分，具体步骤如下。

(1) 采用 VG Studio MAX 三维数据分析软件进行实验数据重构，截取表征单元体，如图 5.25 所示，选取区域范围为 350×350×350 体素大小，导出原始图像数据。

图 5.25　表征单元体的选取

(2) 把每张原始图片数据依次导入 MATLAB 软件，采用迭代方法进行阈值分割，并进行二值化处理（图 5.26）。

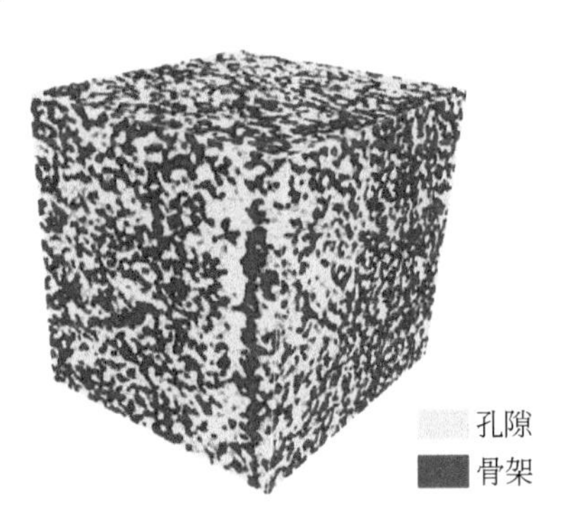

图 5.26　表征单元体二值化处理

(3) 将二值化后的图像数据按照顺序导入 Avizo 三维分析软件进行二次重构，提取出有效孔隙部分（图 5.27）。

(4) 采用最大内切球算法（缪永伟等，2018），把连通的孔隙部分进行分割，对分割开的孔隙区域通过式（5.14）等效孔径计算公式计算出对应的等效孔径。

$$D_{eq}=\left(\frac{6V_{pore}}{\pi}\right)^{\frac{1}{3}} \tag{5.14}$$

式中：D_{eq}为等效孔径；V_{pore}为孔隙体积。

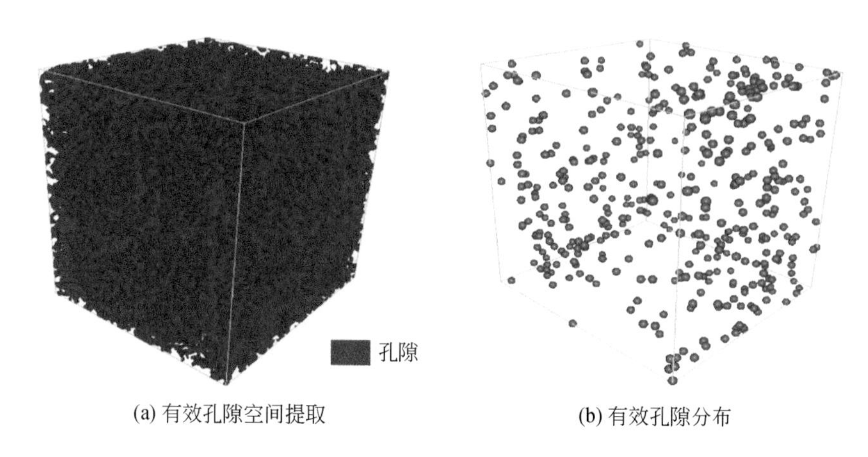

(a) 有效孔隙空间提取　　(b) 有效孔隙分布

图 5.27　有效孔隙提取及其分布

二、含天然气水合物沉积物电阻率响应及微观影响因素

自然界中的天然气水合物主要以层状、脉状、块状和弥散状等宏观分布模式赋存在储层孔隙或裂隙中，通过天然气水合物宏观分布模式可以粗略地对含天然气水合物储层进行评估（李承峰等，2013）。研究发现，天然气水合物与沉积物颗粒接触、悬浮于孔隙流体中或胶结于沉积物表面都会对沉积物体系的电学、声学、力学等参数造成不同的影响（Dvorkin et al.，1999；Hyndman and Spence，1992），为了掌握天然气水合物含量及其分布对储层宏观物性参数的影响规律，提高储层天然气水合物饱和度计算的准确性，需要明确天然气水合物微观分布模式与宏观物性参数之间的关系。

（一）不同初始含水量下电阻率响应特性及影响因素

1. 甲烷水合物生成过程中电阻率响应特性

根据温压变化趋势（图 5.28）和电阻率变化规律（图 5.29），可将甲烷水合物生成过程分成四个阶段。

阶段Ⅰ：温度由室温迅速降到 0℃，反应釜内气体压力由 5.3MPa 降低至 4.9MPa，同时孔隙水的导电性降低，上层电阻率由 1.47Ω·m 升高至 1.68Ω·m，中层电阻率由 1.42Ω·m 升高至 1.54Ω·m，下层电阻率由 1.48Ω·m 升高至 1.62Ω·m。

阶段Ⅱ：温度降到设定值保持恒定，满足甲烷水合物生成的温压条件，此时进入诱导阶段，该阶段电阻率、压力均保持稳定。

阶段Ⅲ：甲烷水合物开始生成，压力由 4.9MPa 快速降低至 3.3MPa，由于甲烷水合物生成时的排盐效应，电阻率先略有下降，随后甲烷水合物大量生成，电阻率快速增大，上层电阻率升高至 4.09Ω·m，中层电阻率升高至 3.08Ω·m，下层电阻率升高至 4.65Ω·m。

阶段Ⅳ：甲烷水合物不断积累，生成速率逐渐减小，气压由 3.3MPa 缓慢下降至 3.0MPa，电阻率增长也变得缓慢，上层电阻率由 4.09Ω·m 升高至 4.20Ω·m，中层电阻

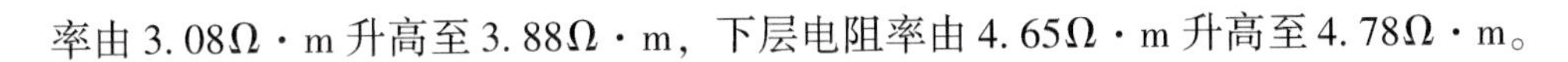
率由3.08Ω·m升高至3.88Ω·m，下层电阻率由4.65Ω·m升高至4.78Ω·m。

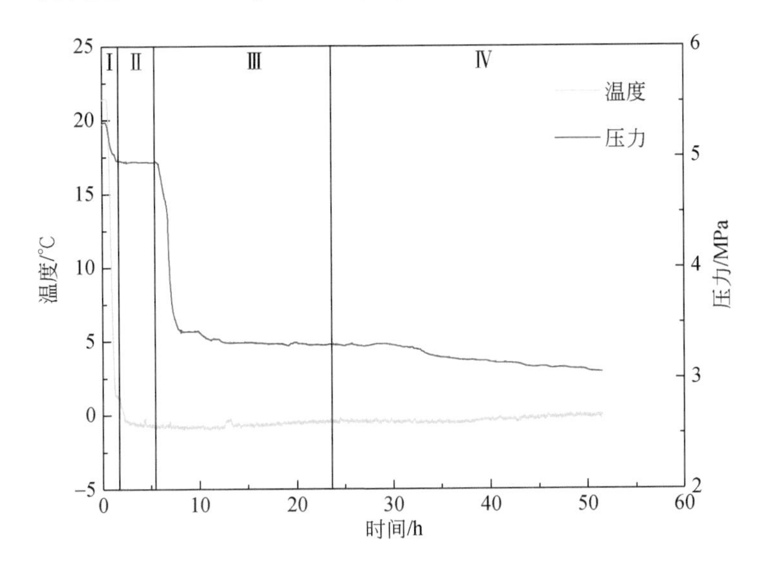

图5.28　甲烷水合物生成过程中温度与压力的变化

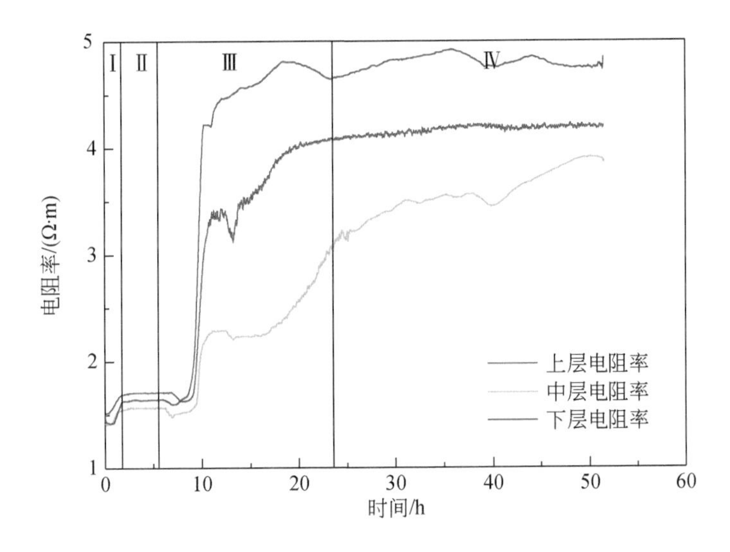

图5.29　甲烷水合物生成过程中电阻率的变化

2. 孔隙中各相含率动态变化特性

在实验过程中，选择初始时刻、8h、10h、15h、20h、30h、40h和50h等8个扫描时刻，获得了CT扫描图像数据。实验初始时刻二维主视灰度图如图5.30（a）所示，根据电阻率探针的位置以及测量层位的范围，通过VG Studio MAX三维分析软件将扫描的区域分为上层、中层和下层，各层位厚度分别为8.392mm、8.249mm和8.421mm，每层都由若干张俯视切面构成，每张切面的高度定义为垂直距离。对应其他时刻的扫描图像也按照此标准进行划分。初始时刻样品的游离气、孔隙水分布如图5.30（b）所示，游离气主要分布在样品上层以及下层区域，中层样品游离气含量较低。由于重力作用，上层样品中的孔隙水下移，大量孔隙被游离气占据，含水饱和度为77.93%；由于反应釜采用下进气方式，所以下层样品中也存在大量游离气，含水饱和度为67.33%；而处于中层的样品得到上层样品水的补给，同时离进气口较远，含水饱和度高达98.92%，远大于上层和下层。

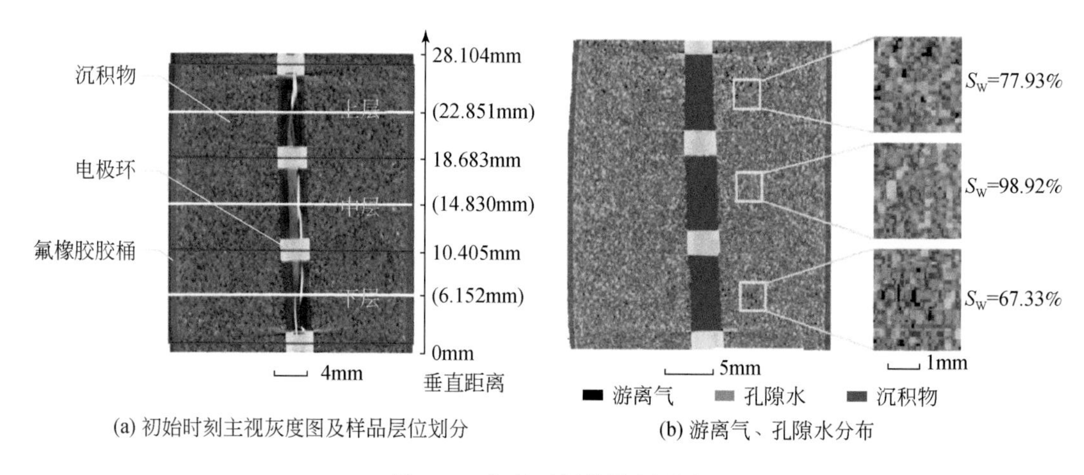

(a) 初始时刻主视灰度图及样品层位划分　　(b) 游离气、孔隙水分布

图 5.30　初始时刻样品主视图

根据上述分层结果，对处理后的上层、中层和下层的三维区域灰度图进行阈值分割，统计游离气、甲烷水合物、孔隙水的像素数，由式（5.12）和式（5.15）可以计算出各层位在不同扫描时刻的甲烷水合物饱和度 S_h 以及含水饱和度 S_w。

$$S_w = \frac{\sum_{i=1}^{n} P_w(i)}{\sum_{i=1}^{n} P_g(i) + \sum_{i=1}^{n} P_h(i) + \sum_{i=1}^{n} P_w(i)} \tag{5.15}$$

式中：S_w 为含水饱和度；$P_g(i)$ 为游离气像素数；$P_h(i)$ 为水合物像素数；$P_w(i)$ 为孔隙水像素数；i 为第 i 张俯视切面图；n 为某一层位的切片数目。甲烷水合物饱和度 S_h 以及含水饱和度 S_w 的变化趋势如图5.31和图5.32所示。

由图5.31甲烷水合物饱和度变化可知，实验进行到20h，上层样品甲烷水合物饱和度增大到22.34%，中层样品甲烷水合物饱和度为22.59%，下层样品甲烷水合物饱和度为24.93%，在此之前，上层样品和下层样品中甲烷水合物饱和度均大于中层。在20h之后，中层样品甲烷水合物饱和度由22.59%增大到30.72%，上层样品甲烷水合物饱和度由22.34%增大到27.50%，下层样品甲烷水合物饱和度由24.93%增大到25.36%，中层样品甲烷水合物饱和度上升幅度更大。由图5.32可知，在整个甲烷水合物生成过程中，中层样品含水饱和度由98.92%降至69.17%，上层样品含水饱和度由77.93%降至39.27%，下层样品含水饱和度由67.33%降至36.32%，上下两层样品中含水量较中层样品低，存在着大量的游离气，甲烷水合物生长速率较快，中层甲烷水合物生成速率较慢，但最终中层甲烷水合物饱和度要大于上下两层。

3. 甲烷水合物微观分布对电阻率的影响

通过实验获得了甲烷水合物生成过程中各层位甲烷水合物饱和度与电阻率的关系，如

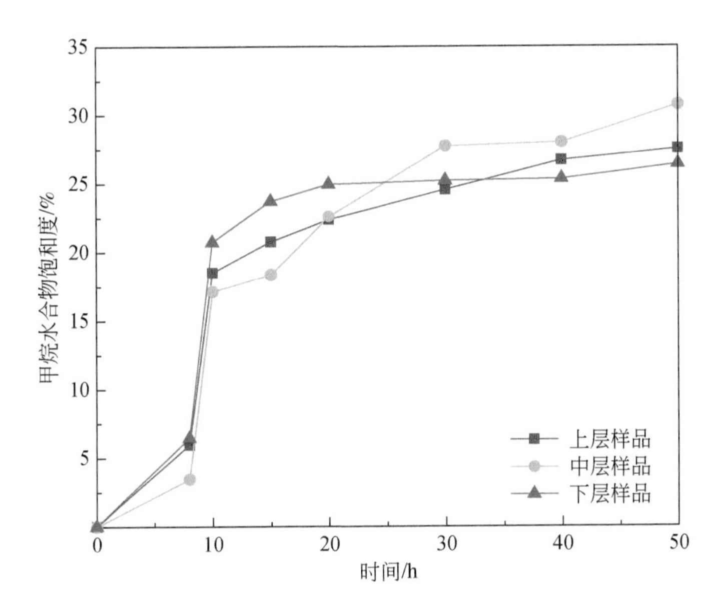

图 5.31　甲烷水合物饱和度的变化

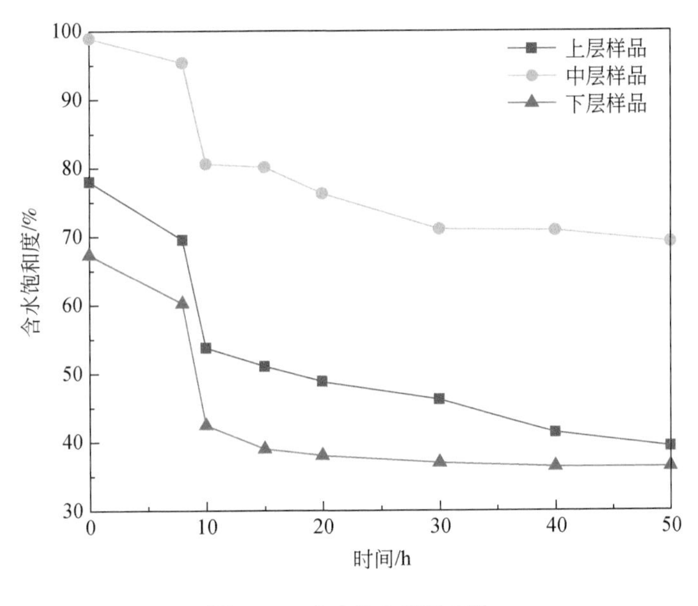

图 5.32　含水饱和度的变化

图 5.33 所示。根据电阻率随甲烷水合物饱和度的变化趋势，可将其分为 *A*、*B*、*C* 三个阶段。

在相同甲烷水合物饱和度下，中间层位的电阻率总体低于上下两层电阻率，最终中层甲烷水合物饱和度比另外两层高，上层甲烷水合物饱和度为 27.50%，中层甲烷水合物饱和度为 30.72%，下层甲烷水合物饱和度为 25.36%。结合图 5.30（b）的分析可知，甲烷水合物生成过程中中层样品含水饱和度较高，导电性较好，故电阻率较上层和下层偏低，

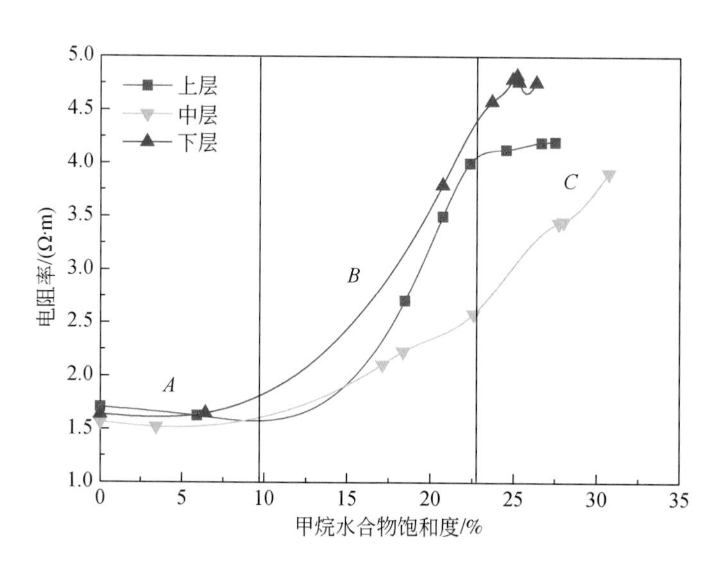

图 5.33　不同层位甲烷水合物饱和度与电阻率关系

同时中层样品中孔隙水的饱和度较高也为生成甲烷水合物提供了充足的水源，所以最终甲烷水合物的饱和度也较高。

在甲烷水合物生成前期，如图 5.33 中 *A* 阶段所示，随着甲烷水合物饱和度增大，各个层位的电阻率变化并不显著，此时甲烷水合物的填充作用对电阻率的影响较小。在甲烷水合物生成中期，由图 5.33 中 *B* 阶段电阻率曲线可以看出，甲烷水合物饱和度持续增大，各个层位的电阻率快速上升，该阶段甲烷水合物的填充作用对体系电阻率的影响较大。在甲烷水合物生成后期，如图 5.33 中 *C* 阶段所示，上下两层电阻率随着甲烷水合物饱和度的增大而增加的速度逐渐变缓，表明甲烷水合物对孔隙的填充作用对电阻率的影响逐渐减弱，而中层电阻率随着甲烷水合物饱和度的变化而增大的趋势依然显著。由于孔隙水饱和度的不同，各层位的电阻率不能直接反映出甲烷水合物饱和度的大小，由于中层样品的含水饱和度较高，所以即使在相同甲烷水合物饱和度条件下，中层电阻率也低于上下两层。在甲烷水合物生成后期，中层样品没有出现与上下两层类似的电阻率增长减缓的现象，推测其原因在于中层孔隙水饱和度较高、气体含量较少，在甲烷水合物饱和度低于 30.72% 时，孔隙尚未被甲烷水合物完全堵塞，因此甲烷水合物的填充作用仍然对电阻率变化产生较大影响，而上下两层含气量较大，气体阻碍了孔隙水的连通性，导致孔隙更容易堵塞。由图 5.33 可知，同一层位电阻率在甲烷水合物的不同生成阶段受甲烷水合物饱和度的影响也不同，实验结果表明这与甲烷水合物在孔隙中的填充方式有关，即电阻率的响应特性受甲烷水合物微观分布（赋存状态）的影响。

1）上层样品电阻率与甲烷水合物微观分布

图 5.34 显示了沉积物体系的上层电阻率随甲烷水合物饱和度的变化以及甲烷水合物在孔隙中的微观分布图，其中Ⅰ、Ⅱ、Ⅲ、Ⅳ四张图分别显示了饱和度为 5.92%、18.46%、22.34% 和 27.50% 时，甲烷水合物在孔隙中的分布状态及其对应的电阻率。甲烷水合物微观分布图截取至上层垂直距离为 22.851mm 处的俯视截面。

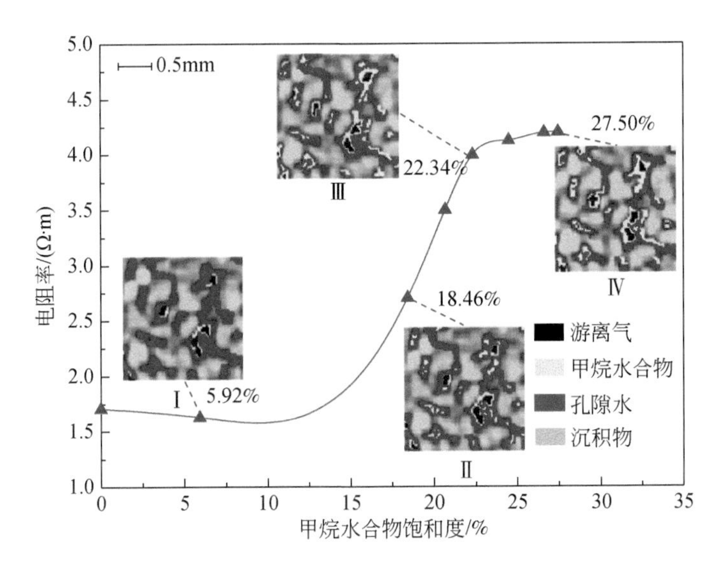

图 5.34　上层样品电阻率随甲烷水合物饱和度的变化及甲烷水合物的微观分布

通过分析上层样品电阻率变化曲线可知，在甲烷水合物生成初期，即甲烷水合物饱和度从0增大到10.50%时，电阻率由1.69Ω·m降至1.58Ω·m，随着甲烷水合物饱和度的增大，电阻率略有降低。结合CT图像进行分析，如图5.34中Ⅰ阶段所示，甲烷水合物生长初期以接触分布模式为主，甲烷水合物沿着沉积物表面生长，在远离沉积物表面的孔隙水中几乎没有甲烷水合物生成，由于甲烷水合物生成量较少，在该阶段甲烷水合物对孔隙水连通截面的阻塞效应影响较小。甲烷水合物生成过程具有排盐效应，即孔隙中水的离子浓度增加，相对于甲烷水合物对孔隙水连通性的阻塞作用；排盐效应对体系导电性的影响更大，因此随着甲烷水合物饱和度的增加，体系的电阻率不仅没有增大，反而呈现减小的趋势。

在甲烷水合物生成过程的中期，即甲烷水合物饱和度由10.50%增大到22.34%的过程中，电阻率由1.58Ω·m增大到3.99Ω·m，增大了约1.5倍，电阻率随甲烷水合物饱和度的升高而快速增大。如图5.34中Ⅱ阶段CT图像所示，甲烷水合物开始在远离沉积物表面的孔隙水中大量生成，分布模式转变为接触与悬浮共存，但该阶段新生成的甲烷水合物以悬浮分布模式为主，孔隙中大量甲烷水合物的存在对孔隙水连通截面的阻塞作用明显增强，所以甲烷水合物的填充作用成为该阶段影响体系导电性的主要原因，电阻率随着甲烷水合物饱和度的升高而显著增大。

在甲烷水合物生成过程的后期，即甲烷水合物饱和度从22.34%增大到27.50%，电阻率由3.99Ω·m增大到4.20Ω·m，电阻率随甲烷水合物饱和度的增大而增大的速度逐渐降低。结合图5.34中Ⅲ和Ⅳ阶段CT图像进行分析，甲烷水合物在孔隙中持续生成的过程中体积逐渐变大，孔隙水中悬浮的甲烷水合物相互聚集，继而向沉积物颗粒表面的甲烷水合物靠拢，由悬浮分布模式转变为接触模式，同时孔隙水中气体周围也有不断生成的悬浮分布模式的甲烷水合物，如图5.34Ⅲ和Ⅳ阶段所示甲烷水合物微观分布仍为接触与悬浮共存的模式。经过甲烷水合物的持续生成和累积，再加上游离气对孔隙水的阻塞作用，孔隙已经得到一定程度的堵塞，连通性较好的孔隙变得相对封闭，当甲烷水合物饱和度继续增大到 27.50% 时，该阶段生成的甲烷水合物对孔隙水连通截面阻塞作用已经不能像甲烷水合物生成中期那样显著，电阻率的变化也越来越难以反映甲烷水合物的填充作用，导致电阻率随甲烷水合物饱和度的增大上升趋势逐渐变缓。

2）中层样品电阻率与甲烷水合物微观分布

中层沉积物体系电阻率与甲烷水合物微观分布如图 5.35 所示。Ⅰ、Ⅱ、Ⅲ、Ⅳ四张图分别显示了饱和度为 3.46%、17.13%、22.59% 和 30.72% 时，甲烷水合物在孔隙中的分布状态及其对应的电阻率。甲烷水合物微观分布图截取至中层垂直距离为 14.830mm 处的俯视截面。

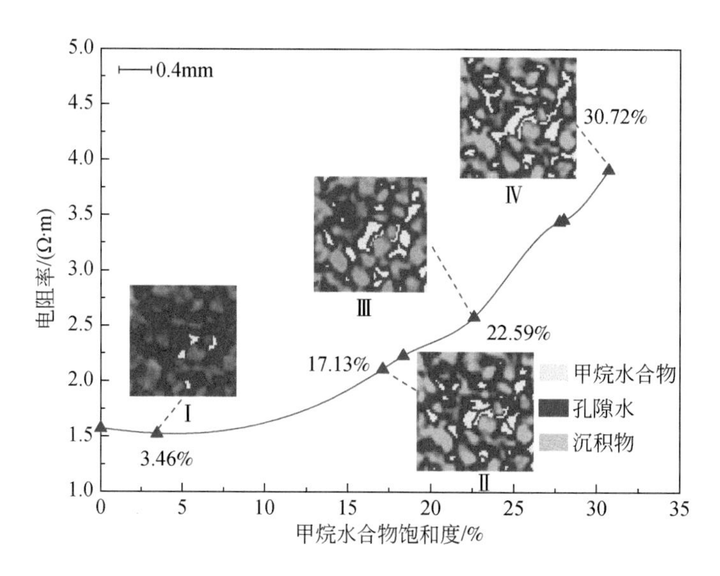

图 5.35　中层样品电阻率随甲烷水合物饱和度的变化及甲烷水合物微观分布

当甲烷水合物饱和度从 0 增大到 5% 时，电阻率由 1.57Ω · m 减小到 1.51Ω · m。结合Ⅰ阶段甲烷水合物微观分布可知，在此阶段生成的甲烷水合物以接触分布模式为主，排盐效应强于甲烷水合物填充作用。

在甲烷水合物饱和度由 5% 增大到 18.36% 阶段，电阻率由 1.51Ω · m 增大到 2.23Ω · m，电阻率随甲烷水合物饱和度的升高缓慢上升。由Ⅱ阶段 CT 图像可知，甲烷水合物分布模式为接触与悬浮共存，该阶段生成的甲烷水合物主要为悬浮分布模式，甲烷水合物的填充作用已经强于排盐效应，是孔隙导电性变化的主导因素，电阻率随着甲烷水合物饱和度的增大升高比较显著。

甲烷水合物饱和度从 18.36% 增大到 30.72% 的过程中，电阻率由 2.23Ω · m 增大到 3.91Ω · m，相比于上层样品，电阻率随甲烷水合物饱和度的增大而增大的趋势依然显著。由Ⅲ和Ⅳ阶段 CT 图像可知，该阶段甲烷水合物分布为接触与悬浮共存的分布模式，但是足量的孔隙水为甲烷水合物提供了充足的生长空间，新生成的甲烷水合物延续了上个阶段甲烷水合物的生长模式，主要在远离沉积物表面的孔隙水中大量生成，以悬浮分布模式为主。虽然经过之前阶段甲烷水合物的生成和积累，孔隙已经得到一定程度的堵塞，但是与上层样品相比，中层含气量较小，游离气对孔隙水的阻塞程度较低，当甲烷水合物饱和度增大到30.72%时，该阶段生成的甲烷水合物的量不足以导致电阻率随甲烷水合物饱和度的增大上升趋势逐渐变缓，因此电阻率的变化仍然可以反映出甲烷水合物的填充作用。

3）下层样品电阻率与甲烷水合物微观分布

图5.36为下层沉积物体系电阻率变化与甲烷水合物微观分布的CT图像，其中甲烷水合物微观分布图截取至下层区域垂直距离为6.152mm处的俯视截面。Ⅰ~Ⅳ阶段甲烷水合物的饱和度依次为6.43%、20.71%、24.93%、26.36%。

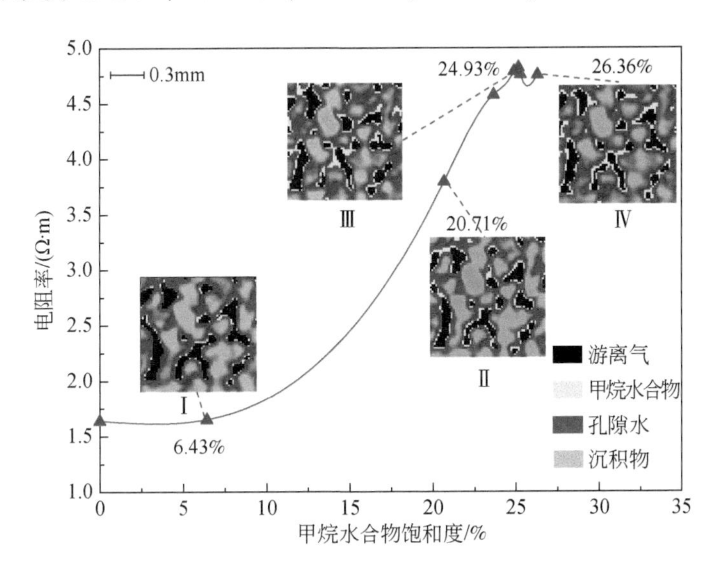

图5.36 下层样品电阻率随甲烷水合物饱和度的变化及甲烷水合物微观分布

下层样品甲烷水合物饱和度从0增大到6.43%过程中，电阻率由1.64Ω·m变化到1.65Ω·m，电阻率基本保持不变。如Ⅰ阶段图像所示，当孔隙中含气量较大时，甲烷水合物主要在沉积物表面和游离气与孔隙水界面附近生长，甲烷水合物是接触和悬浮共存的分布模式，由于下层样品含气量较大，沉积物导电区域被进一步压缩，这使得孔隙内甲烷水合物生成对孔隙水连通性的影响越大，电阻率对孔隙的填充作用更加敏感，此阶段甲烷水合物生成量较少，排盐效应比较弱，在甲烷水合物饱和度低于6.43%时，排盐效应和甲烷水合物对孔隙的填充作用大致抵消，故下层样品甲烷水合物生成初期电阻率随甲烷水合物饱和度的增加并没有呈现出明显的下降趋势。

在甲烷水合物饱和度由6.43%增大到26.36%过程中，电阻率由1.65Ω·m增大到4.76Ω·m。由Ⅱ至Ⅳ阶段甲烷水合物分布图像可知，甲烷水合物继续在游离气周围大量聚集，并开始向孔隙水中延伸，分布模式为接触与悬浮共存，与上层样品相似，该阶段新生成的甲烷水合物以悬浮分布为主，电阻率先随甲烷水合物饱和度的升高而快速增大，后因游离气和甲烷水合物对孔隙水的阻塞，在甲烷水合物饱和度大于23.68%后出现电阻率增大速率减缓现象。

（二）不同黏土含量下电阻率响应特性及影响因素

由于黏土矿物颗粒粒径较小，当与天然海砂沉积物混合后，其分布状态会影响介质的结构，进而改变介质的岩性，并且黏土矿物阳离子交换容量会产生附加导电性，最终使得含天然气水合物沉积物的电学响应特性发生改变。在进行含黏土沉积物的天然气水合物模拟实验之前，需要对实验样品中黏土的分布情况进行检测。

为便于对比，本节选用透明塑料管作为测样容器，将配置好的黏土含量为20%的天然海砂沉积物置于塑料管底部，上方加入黏土，通过该方法提高扫描样品黏土体积分数，增强 CT 扫描时黏土灰度峰信号，从而更清晰地观测黏土颗粒在海砂中的空间分布。图 5.37 为样品实物图和 CT 扫描结果，通过对比可知黏土主要分布于天然海砂的孔隙中，由于占据了部分孔隙的体积，所以沉积物的有效孔隙度减小，加入黏土的样品有效孔隙为 19.50%。

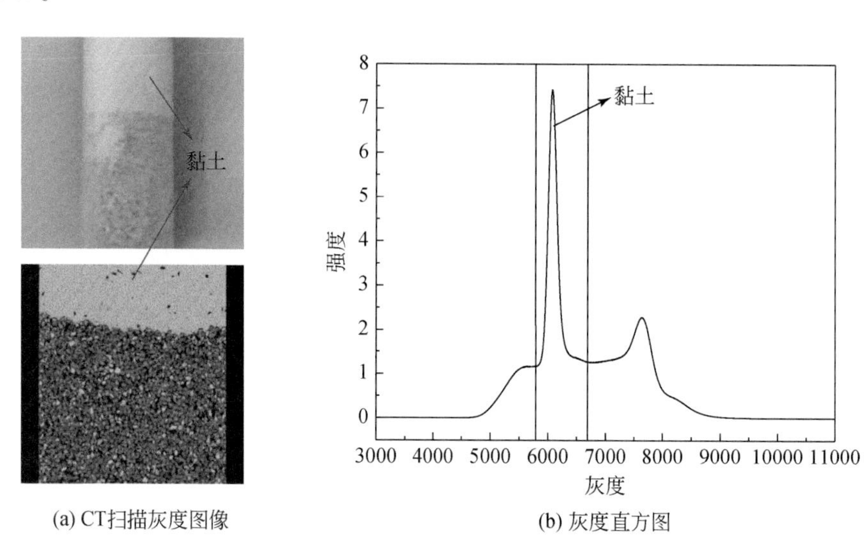

(a) CT扫描灰度图像　　(b) 灰度直方图

图 5.37　含黏土沉积物 CT 扫描结果

1. 甲烷水合物生成过程中电阻率响应特性

根据温压变化特性（图 5.38）与无黏土层和含黏土层沉积物的电阻率变化规律（图 5.39），可将甲烷水合物生成过程分成四个阶段。

阶段Ⅰ：由于黏土对孔隙的堵塞作用，含黏土层的电阻率比无黏土层的电阻率要高，当温度由 18.1℃迅速降到 1℃左右，反应釜内气体压力由 5.5MPa 降低至 4.9MPa，无黏土层电阻率由 1.49Ω · m 升高至 1.60Ω · m，含黏土层电阻率由 2.50Ω · m 升高至 2.94 Ω · m。

阶段Ⅱ：温度降低幅度逐渐变缓，该阶段电阻率、压力变化幅度也相应减小，此时温度和压力已经满足甲烷水合物生成的条件，进入甲烷水合物生成诱导阶段。

阶段Ⅲ：甲烷水合物开始生成，压力由 4.8MPa 快速降低至 3.7MPa，由于甲烷水合物生成时的排盐效应，电阻率先略有下降，随后甲烷水合物大量生成，电阻率快速增大，含黏土层电阻率由 2.89Ω·m 升高至 5.74Ω·m，无黏土层电阻率由 1.63Ω·m 升高至 3.06Ω·m，可以看出无黏土层电阻率快速增长时间点要比含黏土层更超前，这是因为含黏土层的有效孔隙更小，甲烷水合物优先在无黏土层的大孔隙中生成。

阶段Ⅳ：甲烷水合物不断积累，生成速率逐渐减小，气压由 3.7MPa 缓慢下降至 3.3MPa，电阻率增长也变得缓慢，含黏土层电阻率由 5.73Ω·m 升高至 6.03Ω·m，无黏土层电阻率由 3.06Ω·m 升高至 3.61Ω·m。

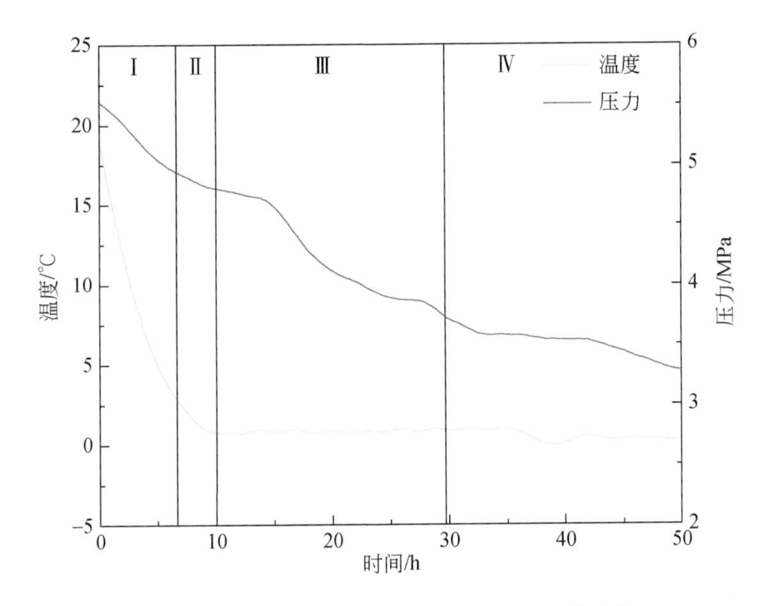

图 5.38　甲烷水合物生成过程中温度和压力变化

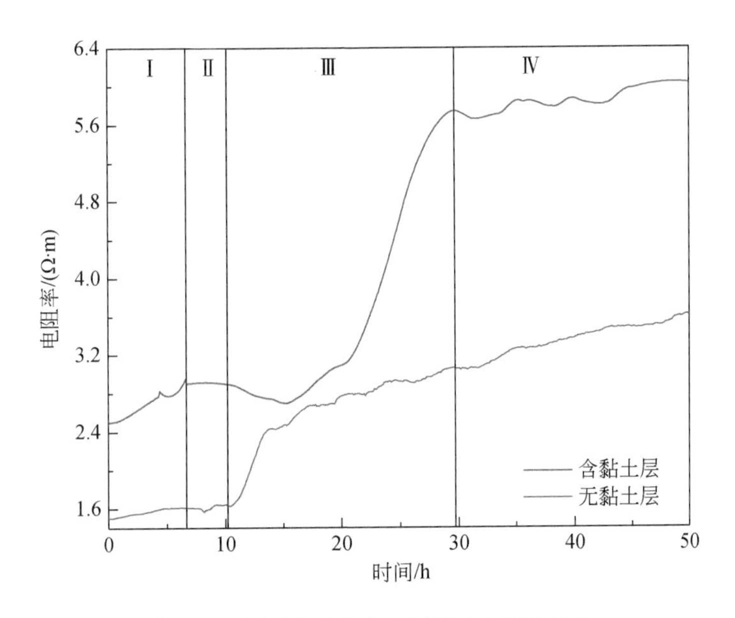

图 5.39　甲烷水合物生成过程中电阻率变化

2. 孔隙中各相含率动态变化特性

在实验过程中，选择初始时刻、10h、15h、20h、25h、30h 和 50h 共 7 个扫描时刻，获得了 CT 扫描图像数据，实验初始时刻二维主视灰度图如图 5.40 所示，根据电阻率探针的位置以及试样装填的范围，无黏土层和含黏土层两个区域划分如下所示，其中，无黏土层和含黏土层的层位厚度分别为 8.337mm 和 8.281mm。

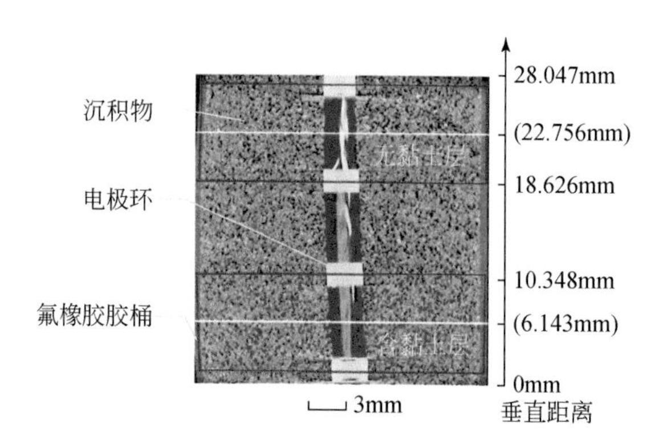

图 5.40　初始时刻样品主视灰度图

对无黏土层和含黏土层的灰度图进行阈值分割，统计游离气、甲烷水合物、孔隙水的像素数计算出甲烷水合物饱和度，结果如图 5.41 所示。

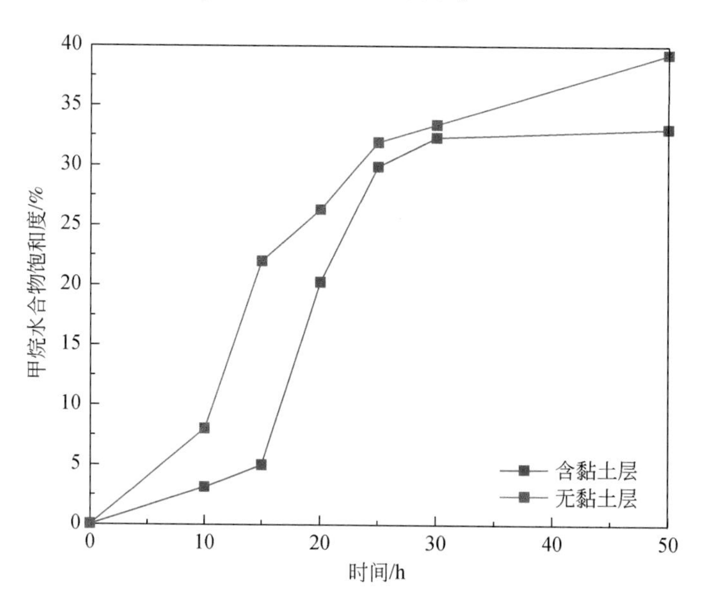

图 5.41　含黏土层和无黏土层甲烷水合物饱和度的变化

图 5.42 和图 5.43 为实验进行过程中的初始时刻、15h 和 30h 无黏土层与含黏土层有效孔隙的统计结果，孔隙中黏土和甲烷水合物的存在均会使沉积物的有效孔隙减小，进而影响后续甲烷水合物的生成过程。

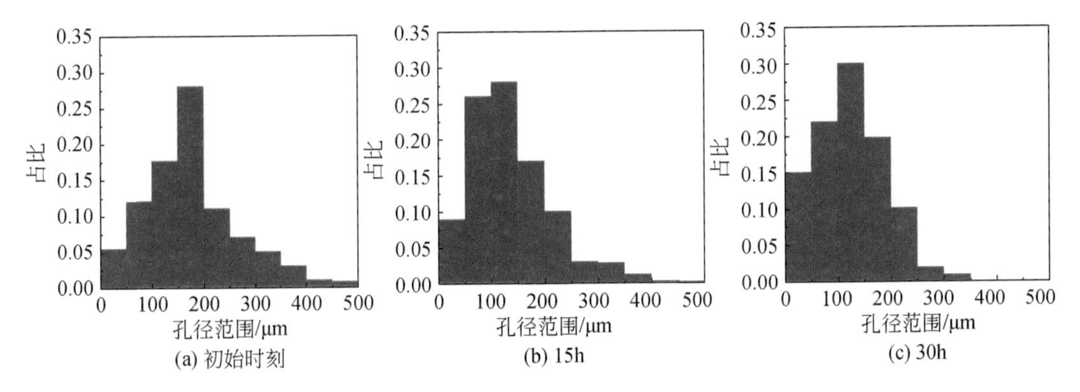

图 5.42　无黏土层有效孔隙统计结果

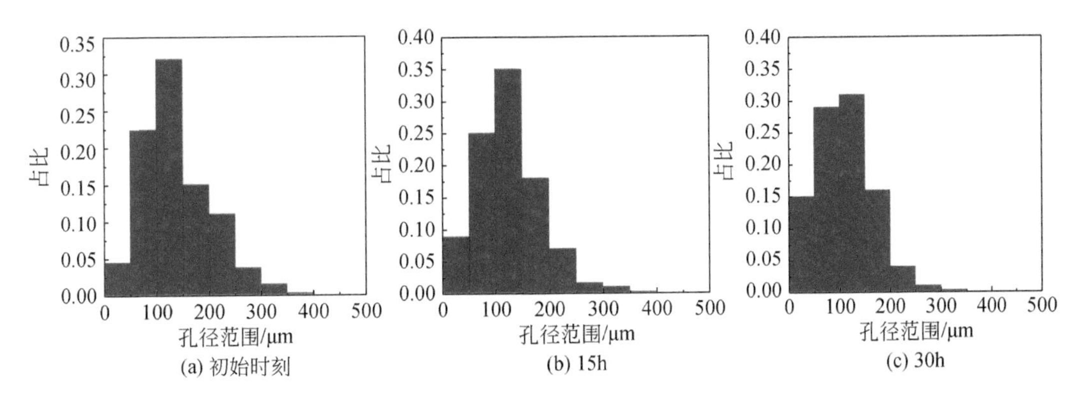

图 5.43　含黏土层有效孔隙统计结果

由图 5.41 含黏土层与无黏土层甲烷水合物饱和度变化可知，①0 ~ 15h，无黏土层样品比含黏土层样品中甲烷水合物饱和度增长速率较快，甲烷水合物饱和度较高，无黏土层样品甲烷水合物饱和度增长到 21.98%，含黏土层甲烷水合物饱和度增长到 4.96%。结合图 5.42 和图 5.43 分析，在实验初始时刻，无黏土层孔径范围为 100 ~ 200μm 的孔隙占比为 45.6%，含黏土层孔径范围为 50 ~ 150μm 的孔隙占比为 54.4%，无黏土层有效孔隙始终比含黏土层有效孔隙更大，甲烷水合物倾向于在大孔隙中生成。②15 ~ 25h，由于无黏土层孔隙中甲烷水合物得到积累，有效孔隙也逐渐减小，直至与含黏土层有效孔隙相当，两层位孔径范围集中在 50 ~ 150μm，甲烷水合物在含黏土层中生长变快，甲烷水合物饱和度由 4.96% 增长到 29.87%。③25h 之后，两个层位甲烷水合物饱和度增长逐渐降低，无黏土层样品甲烷水合物饱和度由 31.90% 增大到 39.24%，含黏土层样品甲烷水合物饱和度由 29.87% 增大到 33.04%，在 20% 黏土含量下，黏土减小了孔隙度从而抑制了甲烷水合物生成。

3. 甲烷水合物微观分布对电阻率的影响

实验获得在甲烷水合物生成过程中由无黏土层与含黏土层甲烷水合物饱和度与电阻率的关系如图 5.44 所示。根据电阻率随甲烷水合物饱和度的变化趋势，可将其分为 *A*、*B*、*C* 三个阶段。

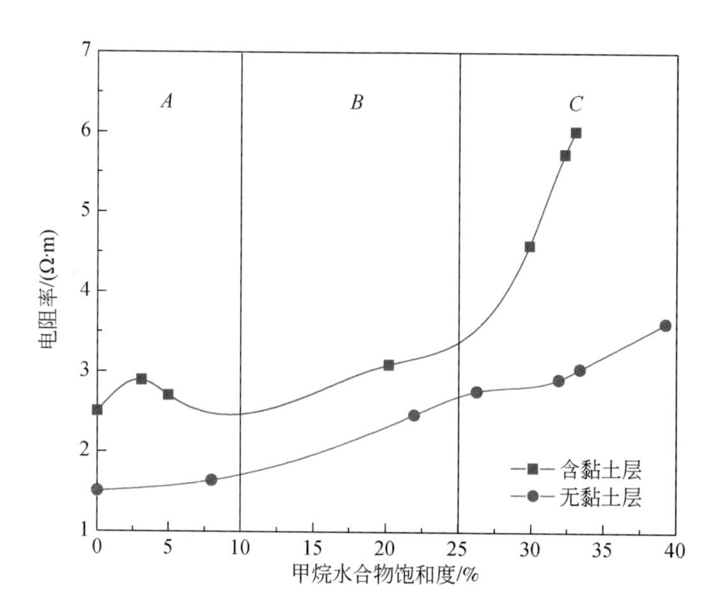

图 5.44　含黏土层和无黏土层不同层位甲烷水合物饱和度与电阻率关系

由图 5.44 可知，在相同甲烷水合物饱和度条件下，无黏土层的电阻率比含黏土层的电阻率偏低，可见在 20% 黏土含量下，其对孔隙的阻塞作用强于导电增强作用。

在甲烷水合物生成前期，如图 5.44 中 *A* 阶段所示，甲烷水合物饱和度增大，含黏土层与无黏土层的电阻率增大并不显著，此时甲烷水合物的填充作用对电阻率的影响较小。在甲烷水合物生成中期，由图 5.44 中 *B* 阶段电阻率曲线可以看出，甲烷水合物饱和度继续增大，含黏土层与无黏土层的电阻率缓慢上升，甲烷水合物对孔隙的填充作用对体系电阻率的影响逐渐增大。如图 5.44 中 *C* 阶段所示，在甲烷水合物生成后期，无黏土层的电阻率随着甲烷水合物饱和度的增大变化仍然保持缓慢上升的态势，表明甲烷水合物对孔隙的填充作用对电阻率的影响作用没有发生太大变化，而含黏土层的电阻率随着甲烷水合物饱和度的变化增大显著，表明该阶段甲烷水合物对孔隙的填充作用对电阻率的影响比其他阶段更大。由于受黏土含量的影响，含黏土层样品由于黏土本身的阻塞作用，相同甲烷水合物饱和度下电阻率实测值较无黏土层偏大。无黏土层样品在甲烷水合物生成后期，由于甲烷水合物还存在充足的生长空间，与样品中含有游离气时相比，孔隙水的阻塞程度较低，当甲烷水合物饱和度低于 39.24% 时，甲烷水合物的填充作用导致电阻率继续缓慢上升。

1）无黏土层样品电阻率与甲烷水合物微观分布

图 5.45 显示了无黏土层沉积物体系电阻率与甲烷水合物微观分布的关系。Ⅰ～Ⅲ阶段甲烷水合物的饱和度依次为 7.99%、26.26% 和 39.24%。甲烷水合物微观分布图截取至无黏土层垂直距离为 22.756mm 处的俯视截面。

通过分析无黏土层样品电阻率变化曲线可知，在甲烷水合物生成初期，甲烷水合物饱和度增大到 7.99% 时，电阻率由 1.50Ω · m 缓慢增大到 1.63Ω · m，由图像Ⅰ可知，甲烷水合物生长初期沿着沉积物表面生长，以接触分布模式为主，沉积物体系电阻率随甲烷水

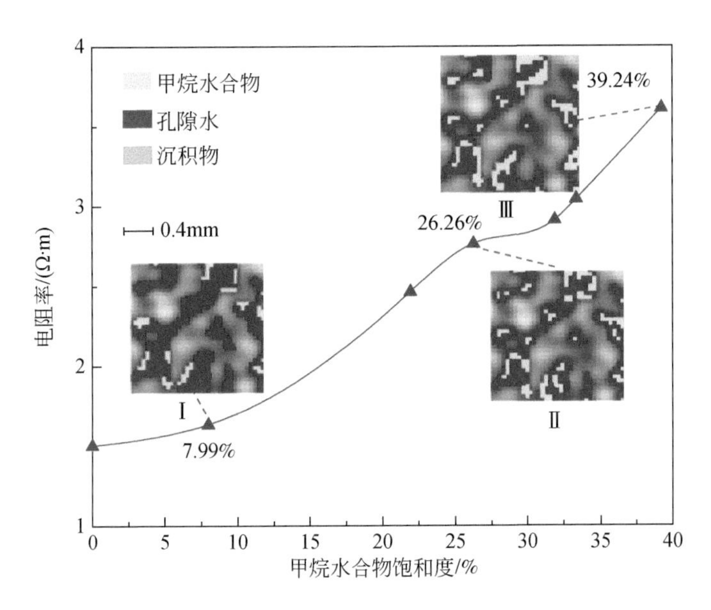

图 5.45　无黏土层样品电阻率与甲烷水合物微观分布

合物饱和度的增加呈缓慢上升趋势。

在甲烷水合物生长中后期，甲烷水合物饱和度由 7.99% 增大到 39.24%，电阻率由 1.63Ω·m 增大到 3.61Ω·m，电阻率增长速率变大。如Ⅱ和Ⅲ阶段 CT 图像所示，甲烷水合物以悬浮模式在孔隙水中大量生成，总体表现为接触与悬浮共存的分布模式，悬浮分布的甲烷水合物对孔隙水连通截面阻塞作用较大，相较于前期以接触为主的分布模式下的电阻率的变化，电阻率随着甲烷水合物饱和度的增大升高比较明显。

2）含黏土层样品电阻率与甲烷水合物微观分布

含黏土层沉积物体系电阻率与甲烷水合物微观分布的关系如图 5.46 所示。Ⅰ、Ⅱ、Ⅲ阶段甲烷水合物的饱和度分别为 3.12%、20.21%、33.04%。甲烷水合物微观分布图截取至含黏土层垂直距离为 6.143mm 处的俯视截面。

甲烷水合物生成初期，如图 5.46 中Ⅰ阶段所示甲烷水合物饱和度从 0 增大到 10%，电阻率首先由 2.50Ω·m 升高至 2.89Ω·m，然后又降至 2.48Ω·m。随着甲烷水合物饱和度增大，电阻率先上升后下降，如Ⅰ阶段图像所示，甲烷水合物以接触分布模式沿着沉积物表面的黏土层生长，生成量比较少。当甲烷水合物饱和度小于 3.12% 时，排盐效应较弱；当甲烷水合物饱和度大于 3.12% 时，随着甲烷水合物生成量的升高，排盐效应逐渐显著。

在甲烷水合物生长中期，甲烷水合物饱和度由 10% 增大到 25% 过程中，电阻率由 2.89Ω·m 增大到 3.33Ω·m，电阻率随甲烷水合物饱和度的升高缓慢上升。由Ⅱ阶段 CT 图像可知，与无黏土层相似，甲烷水合物分布模式为接触与悬浮共存，新生成的甲烷水合物以悬浮分布模式为主，在孔隙水中生成，电阻率随着甲烷水合物饱和度的增大升高比较显著。

在甲烷水合物生成的后期，即甲烷水合物饱和度从 25% 增大到 33.04%，电阻率由

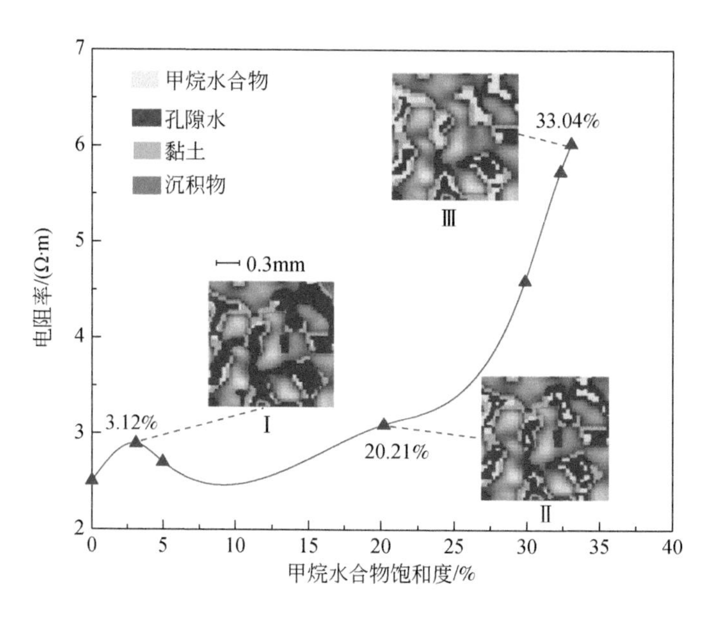

图 5.46　含黏土层样品电阻率与甲烷水合物微观分布

3.33Ω · m 增大到 6.02Ω · m，随甲烷水合物饱和度的增大迅速增大约 1.8 倍，相对于无黏土层，其变化速率更大。结合Ⅲ阶段的 CT 图像进行分析，该阶段甲烷水合物分布仍为接触与悬浮共存的分布模式，新生成的甲烷水合物继续以悬浮模式在孔隙中生成。与无黏土层相比，黏土颗粒不仅占据了甲烷水合物，更倾向于生成的大孔隙，也占据了小的孔隙或吼道，在甲烷水合物饱和度相当的情况下，含黏土层孔隙的阻塞程度更高，后续生成的甲烷水合物对孔隙的阻塞作用更强，出现了电阻率迅速增大的现象。与含大量游离气的沉积物体系相比，含黏土层电阻率后期并没有出现随着甲烷水合物累积而增长变缓的现象，是因为黏土颗粒并不同于游离气阻断孔隙水导电通路，其附加导电性使得孔隙水导电路径不被完全堵塞。

第五节　天然气水合物饱和度与岩心电阻率关系模型

一、基于电学参数的天然气水合物饱和度与岩心电阻率关系模型

1. 基于 Archie 公式的天然气水合物饱和度与电阻率关系模型

利用电阻率与天然气水合物饱和度之间的关系，并结合 CT 图像对天然气水合物饱和度与电阻率关系模型进行优化是 CT-电阻率联合测试技术的重要目标，Archie 公式是在电阻率测井领域定量计算储层天然气水合物饱和度的重要经验公式（Archie，1942）。

饱和水储层电阻率 ρ_0 与储层孔隙水电阻率 ρ_w 成正比，比例系数为地层因子 F，其表达式为

$$F=\frac{\rho_0}{\rho_w}=\frac{a}{\phi^m} \tag{5.16}$$

式中：a 为岩性系数；m 为胶结指数；ϕ 为岩石孔隙度。岩石含天然气水合物时电阻率 ρ_t 与饱和水储层电阻率 ρ_0 成正比，比例系数为电阻率增大指数 I，其表达式为

$$I=\frac{\rho_t}{\rho_0}=\frac{b}{S_w^n} \tag{5.17}$$

式中：b 为岩性系数；n 为饱和度指数，一般取 1.9386（Pearson et al.，1983）；S_w 为孔隙水饱和度。由式（5.16）和式（5.17）可得天然气水合物饱和度 S_h 和电阻率之间的关系：

$$S_h=1-\left(\frac{ab\rho_w}{\phi^m\rho_t}\right)^{\frac{1}{n}} \tag{5.18}$$

随着天然气水合物的生成，沉积物有效孔隙度与天然气水合物饱和度存在如下关系：

$$\phi=\phi_0(1-S_h) \tag{5.19}$$

式中：ϕ_0 为含黏土沉积物的初始孔隙度。在考虑有效孔隙的情况下，沉积物中含水饱和度与初始孔隙度下含水饱和度之间满足如下关系：

$$S_w=S_{w0}/(1-S_h) \tag{5.20}$$

式中：S_{w0} 为初始孔隙度下含水饱和度，即不考虑水合物填充对孔隙度的影响。

2. 含黏土条件下的天然气水合物饱和度与电阻率关系模型

Archie 公式适用于无黏土的纯净砂岩，在含黏土的沉积物体系中，由于黏土颗粒吸附作用而在表面形成的双电层会对整个沉积物体系电阻率造成影响；同时黏土颗粒也具有导电特性，孔隙水单相导电的电阻率模型已经难以准确描述体系的导电规律。Waxman 和 Thomas（1972）假定体系的导电性由黏土颗粒与孔隙水两个导体共同实现，并且两者之间为并联关系，提出了适用于非饱和含黏土沉积物的电阻率模型，如式（5.21）所示：

$$\rho=\frac{a\rho_w\phi^{-m}S_w^{1-n}}{S_w+\rho_w BQ} \tag{5.21}$$

式中：ρ 为沉积物电阻率，Ω·m；B 为双电层中与黏土颗粒表面电性相反电荷的电导率；Q 为单位沉积物孔隙中阳离子交换容量，则 BQ 为黏土颗粒表面双电层的电导率，S/m。在黏土层与孔隙水导电模型基础上，考虑地层中两相物质的空间分布，根据两者串并联导电的关系特征，查甫生等（2007）提出了沉积物体系的电阻率模型，其表达式如下：

$$\rho=\left\{\frac{\phi S_w-F'\left(\frac{\theta'}{1+\theta'}\right)}{\theta}BQ+\frac{\left[\phi S_w-F'\left(\frac{\theta'}{1+\theta'}\right)\right]F'(1+\theta')BQ}{1+BQ\rho_w\theta'}\right\}^{-1} \tag{5.22}$$

式中：θ' 为黏土和孔隙水串联部分与黏土的体积比；θ 为黏土和孔隙水并联部分与黏土的体积比；F' 为导电体系结构参数。基于并联导电理论和对称导电理论（Bruggeman，1935），Bruggeman 提出了用于描述包含黏土颗粒、砂岩骨架颗粒和孔隙水三种组分的电阻率模型，如式（5.23）所示：

$$\begin{cases}\dfrac{1}{\rho}=\dfrac{V_c}{\rho_c}+\dfrac{V_s}{\rho_s}+\dfrac{\phi}{\rho_w}\\ V_c+V_s+\phi=1\end{cases} \tag{5.23}$$

式中：V_c 为黏土颗粒体积分数；V_s 为砂岩骨架颗粒体积分数；ρ_c 为黏土颗粒电阻率，$\Omega\cdot m$；ρ_s为沉积物骨架颗粒电阻率，$\Omega\cdot m$。在黏土含量较高的沉积物体系中，针对黏土层对阳离子的强吸附作用，朱广祥等（2019）基于三种组分导电原理，通过 H-B（Hanai-Bruggeman）导电方程（Hanai，1960）将沉积物电阻率模型表示为

$$\frac{\phi}{1-V_s}=\left(\frac{\rho_w}{\rho}\right)^{\frac{1}{m}}\left(\frac{1-\frac{\rho}{\rho_c}}{1-\frac{\rho_w}{\rho_c}}\right) \tag{5.24}$$

在本节所研究的饱和水含黏土沉积物体系中，骨架颗粒为天然海砂，孔隙中含有甲烷水合物、孔隙水和黏土三个部分，由于天然海砂和甲烷水合物电阻率远大于孔隙水和黏土颗粒，故该沉积物属于孔隙水和黏土颗粒两相导电体系，因此选择使用 Waxman 的电阻率模型。结合式（5.19）和式（5.20），建立含黏土沉积物体系下天然气水合物饱和度与体系电阻率的关系模型，如式（5.25）所示：

$$\rho=\frac{a\rho_w\phi_0^{-m}\ (1-S_h)^{n-m}S_w^{1-n}}{S_w+\rho_w BQ(1-S_h)} \tag{5.25}$$

二、不同含水量条件下天然气水合物饱和度与岩心电阻率关系模型的优化

通过测得不同温度下饱和水天然海砂 ρ_0 与孔隙水 ρ_w 的电阻率，对式（5.16）中孔隙度 ϕ 取极限为 1，则 $a=1$，可求出沉积物的地层因子，见表 5.6，取 F 的中值 3.88 为沉积物的地层因子，计算出胶结指数 $m=1.48$。

表 5.6　天然海砂地层因子的测量结果

温度/℃	$\rho_0/(\Omega\cdot cm)$	$\rho_w/(\Omega\cdot cm)$	F
5.3	116.9	30.5	3.83
7.3	110.1	28.4	3.88
8.6	104.5	27.1	3.86
10.6	99.3	25.4	3.91
11.8	94.6	24.5	3.86
14.8	87.3	22.4	3.90
18	79.9	20.6	3.88
21.5	73.9	18.9	3.91

对式（5.17）中的含水饱和度取极限 $S_w=1$，$b=1$，式（5.18）可简化为

$$S_h=1-\left(\frac{\rho_0}{\rho_t}\right)^{\frac{1}{n}} \tag{5.26}$$

由式（5.26）可知，通过饱和水沉积物ρ_0和天然气水合物生成后的电阻率ρ_t可以对饱和度指数n进行优化，建立饱和度指数n与天然气水合物饱和度的定量关系。通常条件下，式（5.18）和式（5.26）只适用于沉积物不含游离气的情况（刘相滨等，2006），即孔隙中只有天然气水合物和孔隙水。一般情况下，若孔隙中含有游离气，沉积物中天然气水合物饱和度S_h、孔隙水饱和度S_w和游离气饱和度S_g满足如下关系：

$$S_h+S_g=1-S_w \tag{5.27}$$

由于游离气的电阻率远大于孔隙水的电阻率，游离气分布状态会对孔隙水的连通性造成阻塞，进而影响沉积物电阻率的变化特性，所以孔隙水的阻塞作用可以看作游离气和天然气水合物的叠加效应，则 Archie 公式的表达式可表示为

$$S_h+S_g=1-\left(\frac{ab\rho_w}{\phi^m\rho_t}\right)^{\frac{1}{n}} \tag{5.28}$$

选取上层和中层样品的测试数据，对不同含水量条件下的饱和度指数进行优化。定义上层和中层样品饱和度指数分别为n_1与n_2，通过式（5.27）和式（5.28）得出不同含水量条件下两个层位饱和度指数与$1-S_w$的关系，如图5.47和图5.48所示。

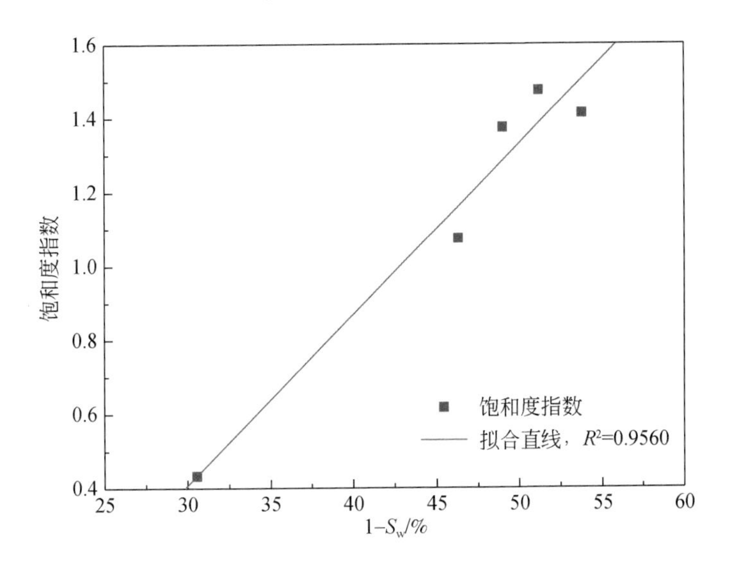

图5.47 上层样品饱和度指数的变化

由图5.47和图5.48可知，上层和中层样品饱和度指数与$1-S_w$有明显的函数关系，饱和度指数n随着$1-S_w$的增加呈上升趋势。各层位饱和度指数与$1-S_w$的拟合结果如式（5.29）和式（5.30）所示，饱和度指数与$1-S_w$呈明显的线性关系。

$$n_1=0.0461(1-S_w)-0.9760 \tag{5.29}$$

$$n_2=0.0694(1-S_w)+0.4149 \tag{5.30}$$

式中：n_1和n_2分别为上层和中层样品的饱和度指数。

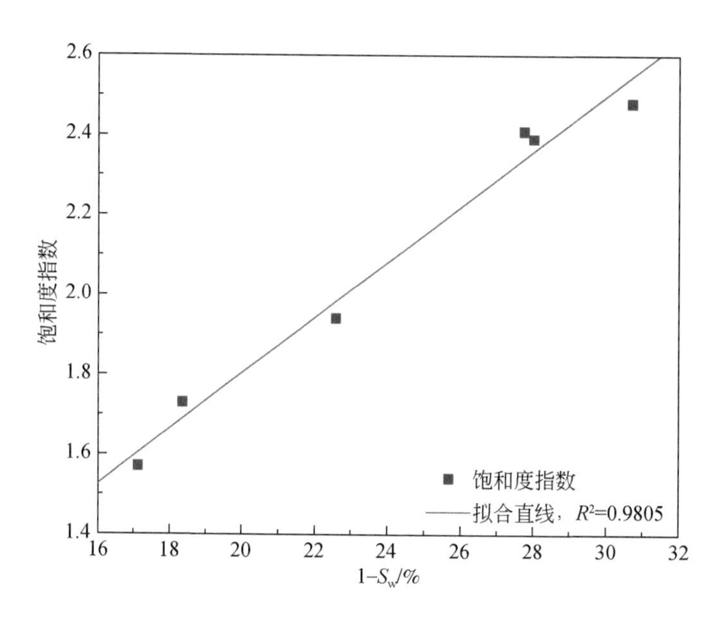

图 5.48 中层样品饱和度指数的变化

三、不同黏土含量条件下天然气水合物饱和度与岩心电阻率关系模型的优化

通过测得不同温度下饱和水含黏土天然海砂的电阻率ρ_0与孔隙水的电阻率ρ_w，可求出沉积物的地层因子，如表5.7 所示，取 F 的中值6.71 为沉积物的地层因子，计算出胶结指数 m=1.16。

表 5.7 含黏土天然海砂地层因子的测量结果

温度/℃	ρ_0/(Ω · cm)	ρ_w/(Ω · cm)	F
15	144.2	21.1	6.83
19.2	134.5	19.9	6.76
19.5	132.5	19.5	6.79
21.7	128.8	18.7	6.89
21.9	121.9	18.3	6.66
22.1	119.1	17.9	6.65
22.3	114.6	17.4	6.59
22.5	112.6	17.4	6.47

不含黏土的天然海砂胶结指数 m=1.48，含黏土的天然海砂胶结指数 m=1.16，可见

在不含天然气水合物情况下，含黏土沉积物体系比无黏土沉积物体系的胶结指数 m 偏低。在沉积物中饱和水情况下，无黏土层样品饱和度指数 n_0 和含黏土层样品饱和度指数 n_c 与天然气水合物饱和度的关系如图 5.49 和图 5.50 所示。

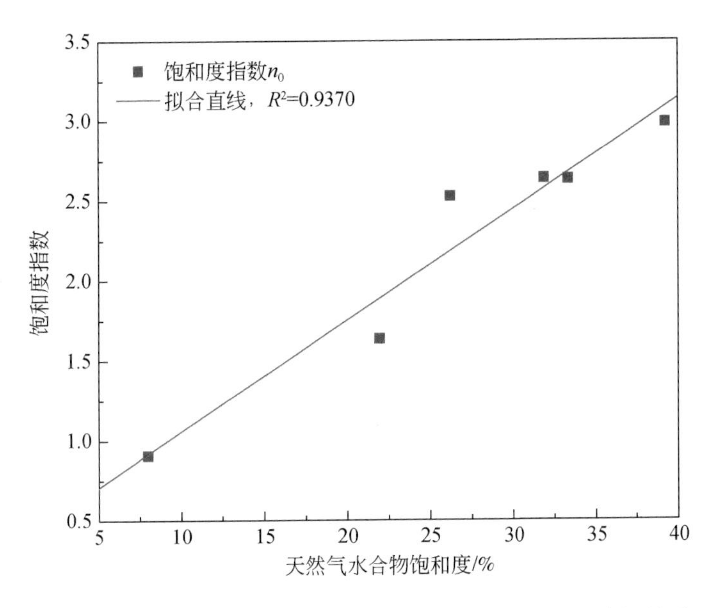

图 5.49　无黏土层样品饱和度指数与天然气水合物饱和度的关系

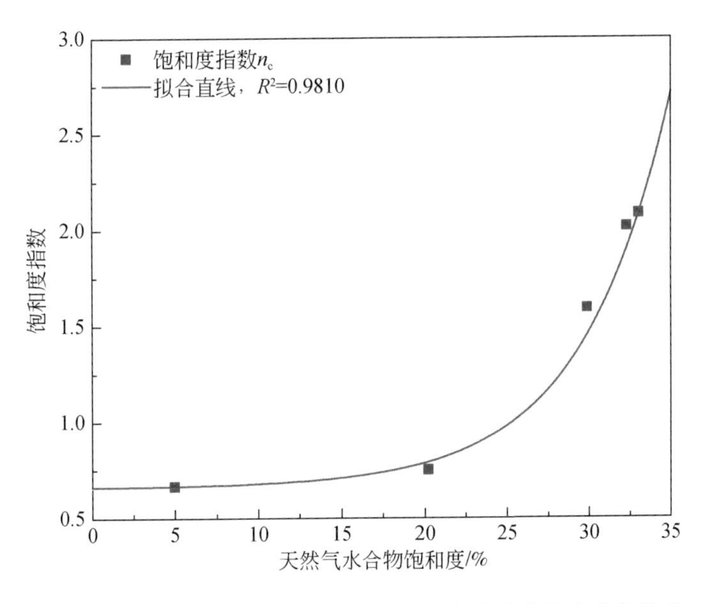

图 5.50　含黏土层样品饱和度指数与天然气水合物饱和度的关系

无黏土层样品饱和度指数 n_0 和含黏土层样品饱和度指数 n_c 与天然气水合物饱和度 S_h 的拟合结果如式（5.31）和式（5.32）所示，无黏土层样品饱和度指数 n_0 与不同含水量体系下上层和中层样品相似，随着天然气水合物饱和度的增加呈线性规律上升，而含黏土

层样品饱和度指数 n_c 的变化趋势与其他层位有显著差异，随着天然气水合物饱和度的增加呈指数规律上升。

$$n_0 = 0.0695S_h + 0.3571 \tag{5.31}$$

$$n_c = 0.0030e^{S_h/5.3619} + 0.6560 \tag{5.32}$$

由图5.50可知，含黏土沉积物体系条件下饱和度指数先缓慢上升后迅速升高，结合图5.46进行分析可知，饱和度指数与天然气水合物微观分布模式有明显的对应关系，当天然气水合物以接触模式分布为主时，饱和度指数上升缓慢，当天然气水合物饱和度以悬浮模式为主时，饱和度指数上升迅速。

当把天然气水合物看作是沉积物骨架的一部分，天然气水合物生成必然会影响孔隙结构，由于胶结指数受孔隙结构的影响（陈强等，2016），而水合物不同的微观分布模式对孔隙结构的影响不同，因此需要研究天然气水合物填充过程中胶结指数的变化规律。在孔隙水饱和状态下，饱和水电阻率 ρ_0 和沉积物实测电阻率 ρ_t 相同，结合式（5.19），则式（5.16）可以表示为

$$[\phi_0(1-S_h)]^{-m} = \frac{\rho_t}{\rho_w} \tag{5.33}$$

由式（5.33）计算天然气水合物生成过程中胶结指数的值，胶结指数 m 与天然气水合物饱和度 S_h 的对应关系如图5.51所示，其拟合结果如式（5.34）所示，胶结指数随天然气水合物饱和度的升高呈先下降后升高趋势，结合图5.46进行分析，当天然气水合物微观分布以接触分布模式为主时，胶结指数随天然气水合物饱和度升高而降低，当天然气水合物微观分布以悬浮分布模式为主时，胶结指数随天然气水合物饱和度升高而升高。

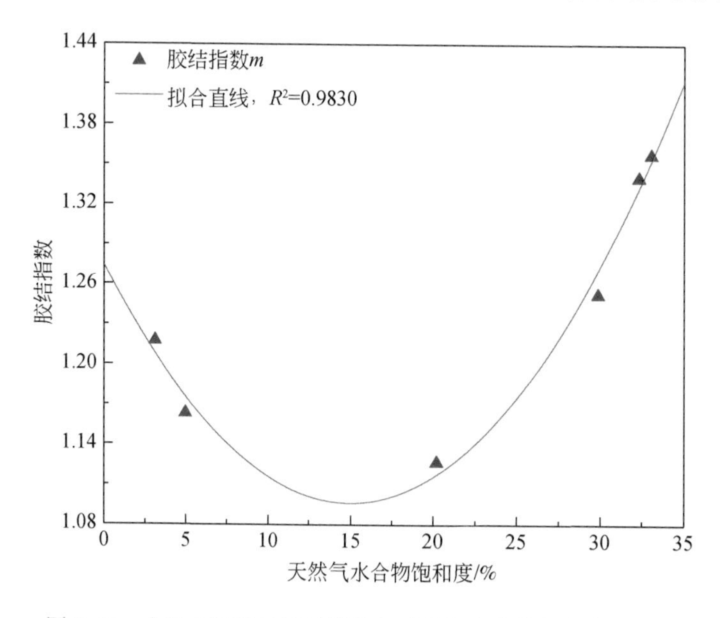

图5.51 含黏土层样品胶结指数与天然气水合物饱和度的关系

$$m = 0.0008S_h^2 - 0.0238S_h + 1.2744 \tag{5.34}$$

由图5.49和图5.50可知，天然气水合物微观分布模式对饱和度指数 n 和胶结指数 m

均产生显著的影响。因此，在优化天然气水合物饱和度与电阻率关系模型时，需要考虑到天然气水合物微观分布模式这一因素。定义天然气水合物饱和度中接触分布模式天然气水合物体积占比为 w_1，其对应饱和度为 S_h，记作 S_1，悬浮分布模式天然气水合物体积占比为 $w_2(w_1+w_2=1)$，其对应饱和度为 S_h，记作 S_2。建立胶结指数 m 和饱和度指数 n 与不同微观分布模式对应天然气水合物饱和度的函数关系，如式（5.35）和式（5.36）所示：

$$n=f(S_1,S_2) \tag{5.35}$$

$$m=\psi(S_1,S_2) \tag{5.36}$$

则式（5.25）可表示为

$$\rho=\frac{a\rho_w\phi_0^{-\psi(S_1,S_2)}\ (1-S_h)^{f(S_1,S_2)-\psi(S_1,S_2)}S_w^{1-f(S_1,S_2)}}{S_w+\rho_w BQ(1-S_h)} \tag{5.37}$$

天然气水合物的微观分布模式由孔隙中水合物与沉积物颗粒表面的接触关系决定，反映到 CT 图像中，即代表天然气水合物的像素与沉积物像素的连通性问题。为了准确统计接触分布模式天然气水合物和悬浮分布模式天然气水合物的各自体积占比，采用八连通像素搜索的方法，寻找天然气水合物与沉积物的边界以及天然气水合物与孔隙水的边界，实现对两种微观分布模式天然气水合物体积占比统计。图 5.52 为在不同天然气水合物饱和度下含黏土层样品接触分布模式与悬浮分布模式天然气水合物的占比，在天然气水合物饱和度较低时，接触分布模式的天然气水合物占比较高，在天然气水合物饱和度较高时，悬浮分布模式的天然气水合物占比较高。

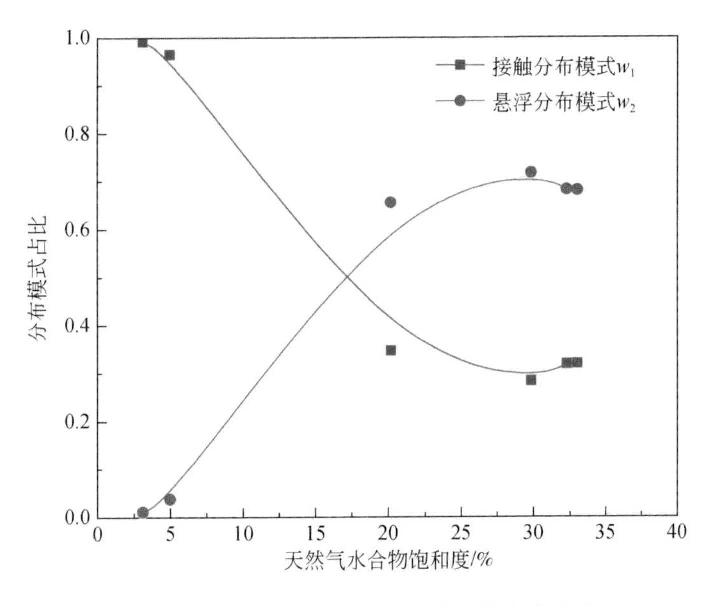

图 5.52　天然气水合物不同微观分布模式统计结果

通过统计不同饱和度下接触分布模式和悬浮分布模式天然气水合物的占比以及该天然气水合物饱和度下对应的胶结指数 m 和饱和度指数 n 的大小，通过式（5.35）和式（5.36）分别对 m、n 进行关于 S_1 和 S_2 的二元函数拟合，建立胶结指数和饱和度指数与接触分布模式天然气水合物饱和度和悬浮分布模式天然气水合物饱和度的函数关系，拟合结果如式（5.38）和式（5.39）所示：

$$m=0.0042S_1^2-0.0613S_1+0.0009S_2^2-0.0126S_2+1.3596,\ R^2=0.99 \tag{5.38}$$

$$n=-0.0650S_1^2+1.4261S_1+0.0062S_2^2-0.1865S_2-4.6550,\ R^2=0.99 \tag{5.39}$$

在天然气水合物生成之前，沉积物孔隙度为 19.50%，含水饱和度 S_w 为 1，胶结指数 m 为 1.16，则式（5.21）可表示为

$$\rho_t=\frac{6.6613\rho_w}{1+\rho_w BQ} \tag{5.40}$$

通过代入初始时刻沉积物实测电阻率 ρ_t 和孔隙水电阻率 ρ_w 计算，BQ 取值为 0.0329S/m。

在沉积物饱和水体系下，孔隙含水饱和度与天然气水合物饱和度满足如下关系：

$$S_w+S_h=1 \tag{5.41}$$

把式（5.38）、式（5.39）和式（5.41）代入式（5.37），可得不同微观分布模式下水合物饱和度与电阻率关系模型，如式（5.42）所示：

$$\rho=0.3754\ [0.1950(1-S_1-S_2)]^{0.0042S_1^2-0.0613S_1+0.0009S_2^2-0.0126S_2+1.3596} \tag{5.42}$$

把含黏土体系下不同轮次实验中获得的接触分布模式与悬浮分布模式天然气水合物饱和度实验数据代入式（5.42）计算出对应的电阻率，结果如图 5.53 所示。

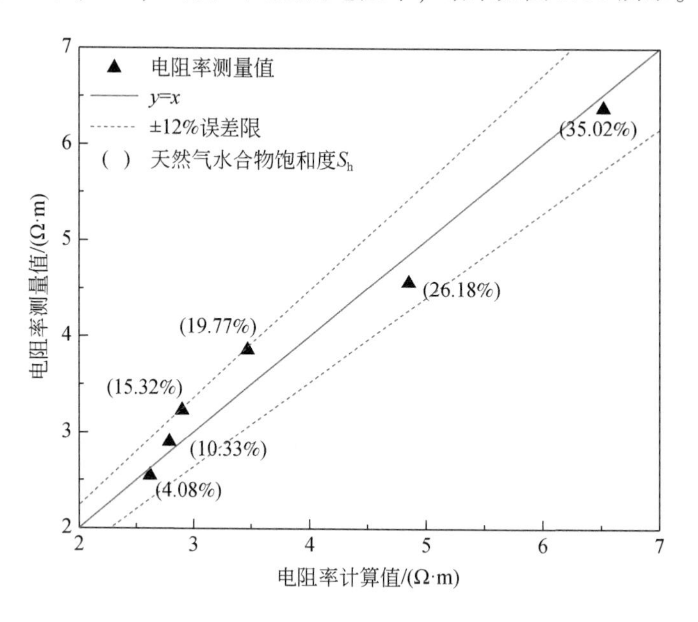

图 5.53　模型计算电阻率与实测值对比

通过上述电阻率模型计算值与实测值对比可知，在天然气水合物饱和度 4.08% ~ 35.02% 范围内，电阻率相对误差均小于 12%，该模型适用于定量描述含黏土体系下天然气水合物不同微观分布模式与电阻率之间的关系。

参 考 文 献

陈强，刘昌岭，邢兰昌，等. 2016. 孔隙水垂向不均匀分布体系中水合物生成过程的电阻率变化. 石油

学报，37（2）：222-229.
陈玉凤，李栋梁，梁德青，等．2013. 含天然气水合物的海底沉积物的电学特性实验．地球物理学进展，28（2）：1041-1047.
陈玉凤，周雪冰，梁德青，等．2018. 沉积物中天然气水合物生成与分解过程的电阻率变化．天然气地球科学，29（11）：1672-1678.
郭桂柱．2012. 常用电法勘探的原理及优点分析．科技与企业，(21)：274.
胡高伟，李承峰，业渝光，等．2014. 沉积物孔隙空间天然气水合物微观分布观测．地球物理学报，57（5）：1675-1682.
李承峰，胡高伟，业渝光，等．2013. X 射线计算机断层扫描测定沉积物中水合物微观分布．光电子·激光，24（3）：551-557.
李承峰，胡高伟，张巍，等．2016. 有孔虫对南海神狐海域细粒沉积层中天然气水合物形成及赋存特征的影响．中国科学：地球科学，(9)：1223-1230.
李栋梁，卢静生，梁德青．2016. 祁连山冻土区天然气水合物形成对岩芯电阻率及介电常数的影响．新能源进展，4（3）：179-183.
李淑霞，夏唏冉，郝永卯，等．2010. 电阻率测试技术在沉积物-盐水-甲烷水合物体系中的应用．实验力学，(1)：95-99.
李淑霞，张孟琴，李杰．2012. 不同水合物饱和度下注热水开采实验研究．实验力学，27（4）：448-453.
李小森，冯景春，李刚，等．2013. 电阻率在天然气水合物三维生成及开采过程中的变化特性模拟实验．天然气工业，33（7）：18-23.
李彦龙，孙海亮，孟庆国，等．2019. 沉积物中天然气水合物生成过程的二维电阻层析成像观测．天然气工业，39（10）：132-138.
梁金强，张光学，陆敬安，等．2016. 南海东北部陆坡天然气水合物富集特征及成因模式．新能源，36（10）：157-162.
刘相滨，邹北骥，孙家广．2006. 基于边界跟踪的快速欧氏距离变换算法．计算机学报，29（2）：317-323.
缪永伟，陈程，孙瑜亮，等．2018. 基于最大内切球拟合的网格模型骨架提取．计算机辅助设计与图形学学报，30（10）：1801-1809.
宁伏龙，蒋国盛，张凌，等．2008. 天然气水合物实验装置及其发展趋势．海洋石油，28（2）：68-72.
蒲毅彬，邢莉莉，吴青柏，等．2005. 天然气水合物 CT 实验方法初步研究．CT 理论与应用研究，14（2）：54-62.
沈平平，王家禄，田玉玲，等．2004. 三维油藏物理模拟的饱和度测量技术研究．石油勘探与开发，31（7）：71-76.
粟科华，孙长宇，李楠，等．2015. 天然气水合物人工矿体高温分解模拟实验．天然气工业，35（01）：137-143.
唐叶叶．2018. 祁连山冻土区孔隙型水合物储层岩石电性实验研究．北京：中国地质大学（北京）.
王秀娟，吴时国，刘学伟，等．2010a. 基于电阻率测井的天然气水合物饱和度估算及估算精度分析．现代地质，24（5）：993-999.
王秀娟，吴时国，刘学伟，等．2010b. 基于测井和地震资料的神狐海域天然气水合物资源量估算．地球物理学进展，25（4）：1288-1297.
王英梅，吴青柏，蒲毅彬，等．2012. 温度梯度对粗砂中甲烷水合物形成和分解过程的影响及电阻率响应．天然气地球科学，23（1）：19-25.
业渝光，刘昌岭．2011. 天然气水合物实验技术及应用．北京：地质出版社.

查甫生，刘松玉，杜延军，等. 2007. 非饱和黏性土的电阻率特性及其试验研究. 岩土力学，28 (8)：1671-1676.

赵仕俊，白云风，张娟. 2009. 基于电阻率测量一维天然气水合物模拟试验装置. 石油机械，37 (3)：16-19.

周锡堂，樊栓狮，梁德青，等. 2007. 石英砂中甲烷水合物注热水分解实验. 天然气工业，27 (9)：11-14.

朱广祥，郭秀军，余乐，等. 2019. 高黏粒含量海洋土电阻率特征分析及模型构建. 吉林大学学报(地球科学版)，49 (5)：1457-1465.

Archie G E. 1942. The electrical resistivity log as an aid in determining some reservoir characteristics. Transactions of the AIME，146 (1)：54-62.

Birkedal K A，Ersland G，Hauge L P Ø，et al. 2011. Electrical resistivity measurements of CH_4 hydrate-bearing sandstone during formation//The 7th International Conference on Gas Hydrates. Edinburgh，Scotland，United Kingdom.

Bruggeman von D A G. 1935. Berechnung verschiedener physikalischer Konstanten von heterogenen Substanzen. I. Dielektrizitätskonstanten und Leitfähigkeiten der Mischkörper aus isotropen Substanzen. Annalen Der Physik，416 (7)：636-664.

Chen L T，Li N，Sun C Y，et al. 2017. Hydrate formation in sediments from free gas using a one-dimensional visual simulator. Fuel，197：298-309.

Chen X，Espinoza D N. 2018. Ostwald ripening changes the pore habit and spatial variability of clathrate hydrate. Fuel，214：614-622.

Dvorkin J，Prasad M，Sakai A，et al. 1999. Elasticity of marine sediments：rock physics modeling. Geophysical Research Letters，26 (12)：1781-1784.

Freedman R，Vogiatzis J P. 1979. Theory of microwave dielectric constant logging using the electromagnetic wave propagation method. Geophysics，44 (5)：969-986.

Fujii T，Saeki T，Kobayashi T，et al. 2008. Resource assessment of methane hydrate in the eastern Nankai Trough，Japan//Offshore Technology Conference. Houston，Texas，5-8May.

Gao J，Marsh K N. 2003. Calorimetric determination of enthalpy of formation of natural gas hydrates. Chinese J Chem Eng，11 (3)：276-279.

Haber A，Akhfash M，Loh C K，et al. 2015. Hydrate shell growth measured using NMR. Langmuir，31 (32)：8786-8794.

Hanai T. 1960. Theory of the dielectric dispersion due to the interfacial polarization and its application to emulsions. Kolloid-Zeitschrift，171 (1)：23-31.

He J，Li X，Chen Z，et al. 2020. Study on methane hydrate distributions in laboratory samples by electrical resistance characteristics during hydrate formation. Journal of Natural Gas Science and Engineering，80：103385.

Helgerud M B. 2001. Wave speeds in gas hydrate and sediments containing gas hydrate：a laboratory and modeling study. Palo Alto：Stanford University.

Hyndman R，Spence G. 1992. A seismic study of methane hydrate marine bottom simulating reflectors. Journal of Geophysical Research：Solid Earth，97 (B5)：6683-6698.

Jin Y，Li S，Yang D. 2020. Experimental and theoretical quantification of the relationship between electrical resistivity and hydrate saturation in porous media. Fuel，269：117378.

Jung J，Santamarina J C. 2010. CH_4-CO_2 replacement in hydrate-bearing sediments：a pore-scale study. Geochemistry, Geophysics, Geosystems, 11 (12): 2-8.

Jung J, Ryou J E, Al-Raoush R I, et al. 2020. Effects of CH_4-CO_2 replacement in hydrate-bearing sediments on S-wave velocity and electrical resistivity. Journal of Natural Gas Science and Engineering, 103506.

Lee M W, Collett T S. 2011. In-situ gas hydrate saturation estimated from various well logs at the Mount Elbert Gas Hydrate Stratigraphic Test Well, Alaska North Slope. Marine and Petroleum Geology, 28 (2): 439-449.

Li F G, Sun C Y, Li S L, et al. 2012. Experimental studies on the evolvement of electrical resistivity during methane hydrate formation in sediments. Energy & fuels, 26 (10): 6210-6217.

Li N, Sun Z F, Sun C Y, et al. 2018. Simulating natural hydrate formation and accumulation in sediments from dissolved methane using a large three-dimensional simulator. Fuel, 216: 612-620.

Li S X, Xia X R, Xuan J, et al. 2010. Resistivity in formation and decomposition of natural gas hydrate in porous medium. Chinese Journal of Chemical Engineering, 18 (1): 39-42.

Lim D, Ro H, Seo Y, et al. 2017. Electrical Resistivity Measurements of Methane Hydrate during N_2/CO_2 Gas Exchange. Energy & Fuels, 31 (1): 708-713.

Oshima M, Suzuki K, Yoneda J, et al. 2019. Lithological properties of natural gas hydrate-bearing sediments in pressure-cores recovered from the Krishna-Godavari Basin. Marine and Petroleum Geology, 108: 439-470.

Pearson C, Halleck P, Mcguire P, et al. 1983. Natural gas hydrate deposits: a review of in situ properties. The Journal of Physical Chemistry, 87 (21): 4180-4185.

Peng C, Zou C, Lu Z, et al. 2019. Evidence of Pore-and Fracture-Filling Gas Hydrates from Geophysical Logs in Consolidated Rocks of the Muli Area, Qinghai-Tibetan Plateau Permafrost, China. Journal of Geophysical Research: Solid Earth, 124 (7): 6297-6314.

Ren S R, Liu Y, Liu Y, et al. 2010. Acoustic velocity and electrical resistance of hydrate bearing sediments. Journal of petroleum science and engineering, 70 (1-2): 52-56.

Ryu B J, Collett T S, Riedel M, et al. 2013. Scientific results of the second gas hydrate drilling expedition in the Ulleung basin (UBGH2). Marine and Petroleum Geology, 47: 1-20.

Sahoo S K, Marín-Moreno H, North L J, et al. 2018. Presence and consequences of coexisting methane gas with hydrate under two phase water-hydrate stability conditions. Journal of Geophysical Research: Solid Earth, 123 (5): 3377-3390.

Saw V K, Ahmad I, Mandal A, et al. 2012. Methane hydrate formation and dissociation in synthetic seawater. Journal of Natural Gas Chemistry, 21 (6): 625-632.

Shankar U, Riedel M. 2011. Gas hydrate saturation in the Krishna-Godavari basin from P-wave velocity and electrical resistivity logs. Marine and Petroleum Geology, 28 (10): 1768-1778.

Shankar U, Riedel M. 2014. Assessment of gas hydrate saturation in marine sediments from resistivity and compressional-wave velocity log measurements in the Mahanadi Basin, India. Marine and Petroleum Geology, 58: 265-277.

Shuxia L, Xiran X, Jian X, et al. 2010. Resistivity in formation and decomposition of natural gas hydrate in porous medium. Chinese Journal of Chemical Engineering, 18 (1): 39-42.

Spangenberg E, Kulenkampff J. 2005. Physical properties of gas hydrate-bearing sediments//Fifth International Conference on Gas Hydrates. Trondheim, Norway, 12-16 Jun.

Spangenberg E, Priegnitz M, Heeschen K, et al. 2015. Are laboratory-formed hydrate-bearing systems analogous to those in nature? Journal of Chemical & Engineering Data, 60 (2): 258-268.

Stern L A, Kirby S H, Circone S, et al. 2004. Scanning electron microscopy investigations of laboratory-grown gas clathrate hydrates formed from melting ice, and comparison to natural hydrates. American Mineralogist, 89

(8-9): 1162-1175.

Sun Y F, Goldberg D. 2005. Dielectric method of high-resolution gas hydrate estimation. Geophysical Research Letters, 32 (4): 93-106.

Sung W, Kang H. 2003. Experimental investigation of production behaviors of methane hydrate saturated in porous rock. Energy Sources, 25 (8): 845-856.

Tohidi B, Anderson R, Clennell M B, et al. 2001. Visual observation of gas-hydrate formation and dissociation in synthetic porous media by means of glass micromodels. Geology, 29 (9): 867-870.

Wang Q, Han D, Wang Z, et al. 2019. Lattice Boltzmann modeling for hydrate formation in brine. Chemical Engineering Journal, 366: 133-140.

Waxman M H, Thomas E. 1972. Electrical conductivities in Shaly Sands—I. The relation between hydrocarbon saturation and resistivity index; Ⅱ. The temperature coefficient of electrical conductivity. Journal of Petroleum Technology, 26 (2): 213-255.

Winters W, Walker M, Hunter R, et al. 2011. Physical properties of sediment from the Mount Elbert gas hydrate stratigraphic test well, Alaska North Slope. Marine and Petroleum Geology, 28 (2): 361-380.

You K, Kneafsey T J, Flemings P B, et al. 2015. Salinity-buffered methane hydrate formation and dissociation in gas-rich systems. Journal of Geophysical Research: Solid Earth, 120 (2): 643-661.

Zhu Y, Zhang Y, Wen H, et al. 2010. Gas hydrates in the Qilian mountain permafrost, Qinghai, Northwest China. Acta Geologica Sinica-English Edition, 84 (1): 1-10.

第六章　含天然气水合物岩心电阻率成像技术与应用

第一节　含天然气水合物岩心井间电阻率成像实验

通过第五章的介绍可知，天然气水合物电学特性研究已有诸多进展。在室内开展天然气水合物模拟实验时，采用一维电学响应特征解释天然气水合物沉积体系的变化规律。然而，利用传统方法测量的电学特征结果仅仅反映测点周围的电学响应变化，并不能精确表征天然气水合物的分布情况。电阻率层析成像作为一种新兴的成像技术，打破了传统的单点测量，能够更好地反映天然气水合物在生成和分解过程中空间尺度变化，提供实时的天然气水合物分布信息。

电阻率成像技术最早由日本学者提出（Shima and Sakayama，1987），对电阻率层析成像方法的研究，Daily 和 Owen（1991）基于拉普拉斯方程进行了井间非线性反演成像研究；Shima（1992）基于有限单元法和 α 中心联合法进行了联合反演成像研究；而国内的研究开始于 20 世纪 90 年代，国内最初由白登海和于晟（1995）系统讨论了电阻率成像法的原理。经过二十多年的迅速发展，电阻率勘探从一维逐渐发展到如今的四维，从最初的地表布极逐渐发展到井下布极，组合方式也是变换多样，其应用范围也越广泛，从水文地质、工程勘察、环境监测到矿产与油气资源勘查等众多方面，取得了良好的效果，并创造了巨大的社会经济效益（董清华和严忠琼，1998；张辉和孙建国，2003）。

一、模拟实验装置

井间电阻率成像模拟实验装置按照所实现的功能可以分成两个模块：天然气水合物生成分解模块和天然气水合物井间电阻率层析成像模块（图 6.1）。

天然气水合物生成分解模块的主要功能是通过提供合适的温压条件，模拟天然气水合物在沉积物中的生成和分解过程。该模块由高压反应釜、容器内筒和恒温水浴槽组成。高压反应釜的内径为 300mm，高度为 300mm，最大工作压力为 20MPa，精度为±0.1%；工作温度范围为-5℃至室温，精度为±0.5%。反应釜内上下各装有 1 个温度传感器，用于监测实验过程中温度的变化。反应釜上方安装了压力传感器，量程为 25MPa，精度为±0.1%，用于观察天然气水合物生成和分解过程中压力的变化。容器内筒由绝缘材料聚四氟乙烯制成，绝缘度达 MΩ 级，其外径为 280mm，内径为 250mm，高度为 250mm，用于放置松散的沉积物样品。内筒四周和底部均有透气不透水通道，该通道是由小于 1mm 的孔和透气不透水膜组合而成，便于气体的扩散，从而有助于实现天然气水合物快速生成和均匀分布。恒温水浴槽控温范围为-20～90℃，循环流量 17L/min。

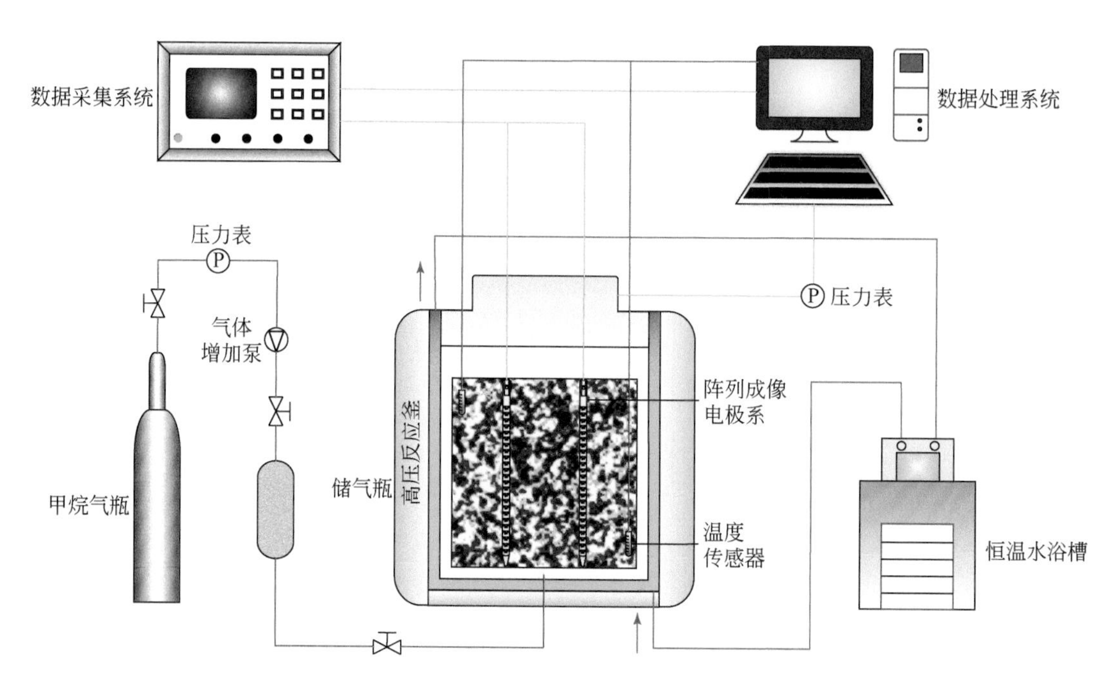

图 6.1　基于井间电阻率层析成像的天然气水合物监测模拟实验装置

天然气水合物井间电阻率层析成像模块的主要功能是在天然气水合物模拟实验中实时采集数据并建立反应体系的电阻率分布图像，将反应体系中天然气水合物的分布情况可视化。该模块由阵列成像电极系、数据采集系统和数据处理系统组成。阵列成像电极系为核心部分，由两串距离 100mm 的电极系组成，每串电极系由 24 个环状电极构成，电极之间的距离为 8mm。数据采集方式采用较为容易获取高质量测量数据的四极法，发射电极与接收电极左右交替并向下移动进行数据采集，获取 2160 个数据点（图 6.2）。

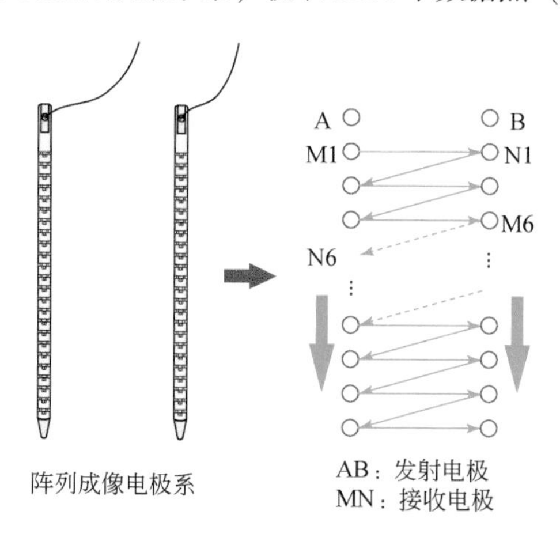

图 6.2　阵列成像电极系发射与接收示意图

二、2.5 维电阻率成像正演方法

结合井间电阻率成像模拟实验装置的模型参数，对反应釜内电阻率成像正演模拟的边值问题和有限元方程进行推导。有限元法求解稳定电流场问题时，首先利用变分原理把所要求解的边值问题转化为相应的变分问题，然后将研究区域剖分为相互连接的单元，进而在各个单元上对变分问题近似离散，最后形成有限元方程来求解研究区内各个节点的电位值。为了使模拟的电位分布结果更加接近地下真实的三维情况，同时又避免三维模拟中计算量大的问题，在进行正演模拟时通常会采用 2.5 维的方法，2.5 维的模拟条件下我们假设地下三维地质体的电阻率沿地质体走向无变化。

（一）2.5 维有限元方程

以垂直于地质体走向的方向为 x 轴，深度为 y 轴，地质体走向为 z 轴建立坐标系。设沿着 z 方向的电导率不变，即 $\sigma=(x,\ y)$。设研究区剖面为 Ω，$\partial\Omega=\partial\Omega_s\cup\partial\Omega_E$ 是 Ω 的边界，其中 $\partial\Omega_s$ 为研究区的地面边界，$\partial\Omega_E$ 为研究区的无穷远边界，$\overline{\Omega}=\Omega\cup\partial\Omega$（图 6.3）。

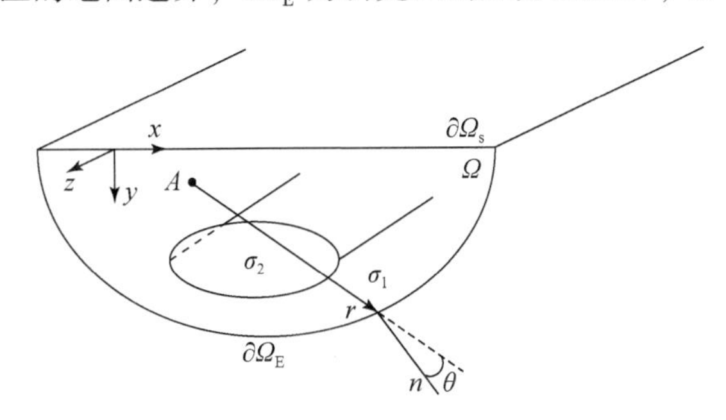

图 6.3　点源二维区域

2.5 维条件下稳定电流场的变分问题可以写为

$$\begin{cases}\dfrac{\partial}{\partial x}\left(\sigma\ \dfrac{\partial u}{\partial x}\right)+\dfrac{\partial}{\partial y}\left(\sigma\ \dfrac{\partial u}{\partial y}\right)+\sigma\ \dfrac{\partial^2 u}{\partial z^2}=-I\delta(r-r_A), & (x,y)\in\Omega\\ \sigma\left(\dfrac{\partial u}{\partial n}+\alpha u\right)=jn, & (x,y)\in\Omega\end{cases}\tag{6.1}$$

式中：u 为稳定场电位函数；I 为电流；δ 为狄拉克函数；σ 为电导率；为 r 电场半径；r_A 为 A 点处电场半径；n 为交界面的法线；α 为混合边界条件函数；j 为电流密度。

沿 z 方向对式（6.1）进行傅里叶变换：

$$U(x,y,k)=F(u)=\int_0^{\infty}u(x,y,z)\cos kz\mathrm{d}z\tag{6.2}$$

由式（6.2）就可以将三维电位函数 U（x，y，k）变换为二维电位函数 v（x，y，k），其中 k 表示空间波数。傅里叶变换之后的变分问题为

$$\begin{cases}\dfrac{\partial}{\partial x}\left(\sigma\dfrac{\partial U}{\partial x}\right)+\dfrac{\partial}{\partial y}\left(\sigma\dfrac{\partial U}{\partial y}\right)-k^2\sigma U=-\dfrac{1}{2}I\delta(r-r_A), & (x,y)\in\Omega\\ \sigma\left(\dfrac{\partial U}{\partial n}+\beta U\right)=jn, & (x,y)\in\Omega\end{cases}\tag{6.3}$$

在地面上，取边界函数$\beta=0$；在无穷远边界上，取

$$\beta=k\frac{K_1(k|r|)nr}{K_2(k|r|)r}\tag{6.4}$$

式中：K_1、K_2分别为第二类零阶和一阶贝塞尔修正函数。

将式（6.4）按照之前的方法推导所对应的变分问题为

$$\begin{cases}求\ u\in S_0^1,使得\\ D(U,v)-F(v)=0, \quad \forall v\in S_0^1\end{cases}\tag{6.5}$$

其中

$$D(U,v)=\iint_\Omega\sigma(\nabla U\cdot\nabla v)\mathrm{d}x\mathrm{d}y+\iint_\Omega k^2\sigma Uv\mathrm{d}x\mathrm{d}y+\oint_{\partial\Omega}\sigma\beta Uv\mathrm{d}s$$

$$F(v)=\iint_\Omega\frac{1}{2}I\delta(r-r_A)v\mathrm{d}x\mathrm{d}y+\oint_{\partial\Omega}\sigma jnv\mathrm{d}s$$

$$S_0^1=\left\{v\left|\iint_\Omega\left[v^2+\left(\frac{\partial v}{\partial x}\right)^2+\left(\frac{\partial v}{\partial y}\right)^2\right]\mathrm{d}x\mathrm{d}y\ 有意义\right.\right\}$$

同理可以将式（6.5）形成有限元方程：

$$KU=F\tag{6.6}$$

（二）傅里叶反变换

解线性方程组（6.6），可获得各个节点的傅氏电位U，U对应于特定的波数k。如果计算了对应于不同k的一组U，可以用傅里叶反变换计算三维空间的电位u。通常采用数值积分的方法进行傅里叶反变换。

计算主剖面上的电位时，令$z=0$，有

$$u(x,y,0)=\frac{2}{\pi}\int_0^\infty U(x,y,k)\mathrm{d}k\tag{6.7}$$

根据数值积分的方法，式（6.7）的积分可以写成

$$u(r,0)\approx\sum_{i=1}^{N_k}\omega_iU(r,k_i)\tag{6.8}$$

式中：$r=\sqrt{x^2+y^2}$；N_k为波数个数；ω_i为加权系数；k_i为离散的k值。选择适当的k_i和ω_i，使式（6.8）在r的一定范围内尽可能准确。

将均匀空间中的电位解析解代入式（6.2）中得

$$U(x,y,k)=\int_0^\infty\frac{I}{4\pi\sigma}\frac{\cos kz}{\sqrt{x^2+y^2+z^2}}\mathrm{d}z=\frac{I}{4\pi\sigma}K_0(kr)\tag{6.9}$$

将式（6.9）代入式（6.7）得

$$\frac{1}{r}=\frac{2}{\pi}\int_0^\infty K_0(kr)\mathrm{d}k\tag{6.10}$$

将式（6.8）写成数值积分的近似形式：

$$\frac{1}{r} \approx \sum_{j=1}^{N_k} \omega_i K_0(k_j r) \tag{6.11}$$

$$1 \approx \sum_{j=1}^{N_k} r\omega_i K_0(k_j r) = \boldsymbol{V} \tag{6.12}$$

选取一系列的 r_i（$i=1,2,3,\cdots,N_k$），将式（6.10）写为方程组形式：

$$\boldsymbol{A}\boldsymbol{\omega}=\boldsymbol{V} \tag{6.13}$$

其中：$\boldsymbol{A}$ 中元素 $a_{ij}=r_i K_0(k_j r_i)$；$\boldsymbol{V}=[v_1 v_2 v_3 \cdots v_m]^{\mathrm{T}}$。选取一组 k 和 ω 使目标函数：

$$\boldsymbol{\Phi}=\| \boldsymbol{I}-\boldsymbol{A}\boldsymbol{\omega} \|_2^2 \tag{6.14}$$

取极小值。其中 $\boldsymbol{I}$ 是单位列向量。

给定一组波数，将目标函数对 ω 求导并令其为零，得到：

$$\omega=(\boldsymbol{A}^{\mathrm{T}}\boldsymbol{A})^{-1}\boldsymbol{A}^{\mathrm{T}}\boldsymbol{I} \tag{6.15}$$

求出 ω 后根据式（6.11）可以得到一组 $\boldsymbol{V}$，将 $\boldsymbol{V}$ 在一组初始的波数 k^0 处进行 Taylor 展开并且取 δk 的一次项：

$$V=V_0+\frac{\partial V}{\partial k}\cdot \delta k \tag{6.16}$$

将代入目标函数中：

$$\boldsymbol{\Phi}=\left(I-V_0-\frac{\partial V}{\partial k}\cdot \delta k\right)^{\mathrm{T}}\left(I-V_0-\frac{\partial V}{\partial k}\cdot \delta k\right) \tag{6.17}$$

将目标函数 $\boldsymbol{\Phi}$ 对 δk 求偏导数，并令其为零，得到：

$$\delta k=\left[\left(\frac{\partial V}{\partial k}\right)^{\mathrm{T}}\left(\frac{\partial V}{\partial k}\right)\right]^{-1}\left(\frac{\partial V}{\partial k}\right)^{\mathrm{T}}(\boldsymbol{I}-V_0) \tag{6.18}$$

解出 δk，将其代入以下迭代公式：

$$k^{(1)}=k^{(0)}+\delta k \tag{6.19}$$

再以 $k^{(1)}$ 作为初始值，重复上述计算过程，直到满足精度要求，可将最后的波数序列作为最优化离散波数。

（三）井间电阻率成像有限元算法实现

运用上述有限元方法，基于 MATLAB 平台，实现了井间电阻率的正演模拟。正演算法流程主要分为三个主要步骤：首先计算刚度矩阵，然后计算场源向量，最后对有限元方程求解（图 6.4）。

刚度矩阵的计算需要的参数有网格节点坐标、研究区电性参数模型和研究区的边界条件。在算法中首先要对研究区域采用三角单元进行剖分，记录各个三角形单元的编号以及节点的坐标和编号，然后加载研究区电性参数，对每一个单元上的电阻率进行赋值。

对于边界上积分的计算，其中涉及第一类修正零阶、一阶贝塞尔函数的求解，本节直接调用了 MATLAB 的函数。需要注意的是刚度矩阵是一个大多数元素都为零的对称正定矩阵，在计算中通常采用稀疏矩阵的方法对其进行储存。场源向量的计算主要是根据场源位置和场源电流的大小。

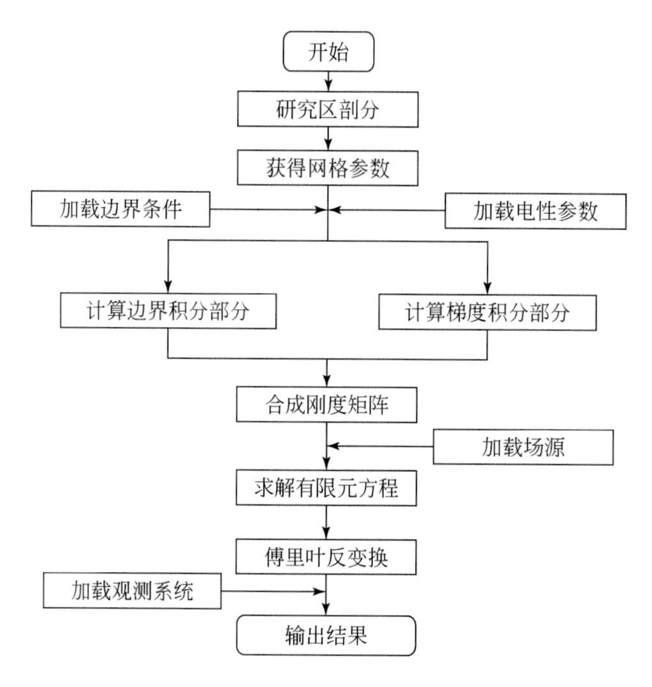

图 6.4　井间电阻率有限元法程序流程

三、含天然气水合物岩心井间电阻率成像正演模拟

（一）甲烷水合物储层电性特征

开展甲烷水合物监测实验的数值模拟研究，分析不同的甲烷水合物层在反应釜中的电阻率正演响应特征。首先根据甲烷水合物的物理性质和甲烷水合物储层的电性特征来确定正演模拟中需要的参数（表 6.1）。

表 6.1　甲烷水合物和冰的性质比较（肖立志，2013）

性质	冰	沉积物中的天然气水合物	甲烷水合物
电阻率/(kΩ · m)	500	100	5
热传导率/[W/(m · K)]	2.23	0.50	0.50
热容量/(kJ/cm^3)	2.30	≈2.00	0.30
声波速度/(m/s)	3500	3800	3300
密度/(g/m^3)	0.917	>1.00	0.910
剪切模量/GPa	3.90	—	2.4
剪切强度/GPa	7.00	12.20	—
硬度	4	7	2～4

通过对我国南海神狐海域天然气水合物测井资料的调研，天然气水合物储层和上下围岩相比会呈现出明显的高阻异常，收集并分析了南海神狐海域 ZK-1、SH2 等井的测井资料，天然气水合物储层的电阻率范围为 2～4Ω·m，上下围岩的电阻率范围为 1～2Ω·m。以此为基础建立天然气水合物储层模型的电阻率数值范围（图 6.5、图 6.6）。

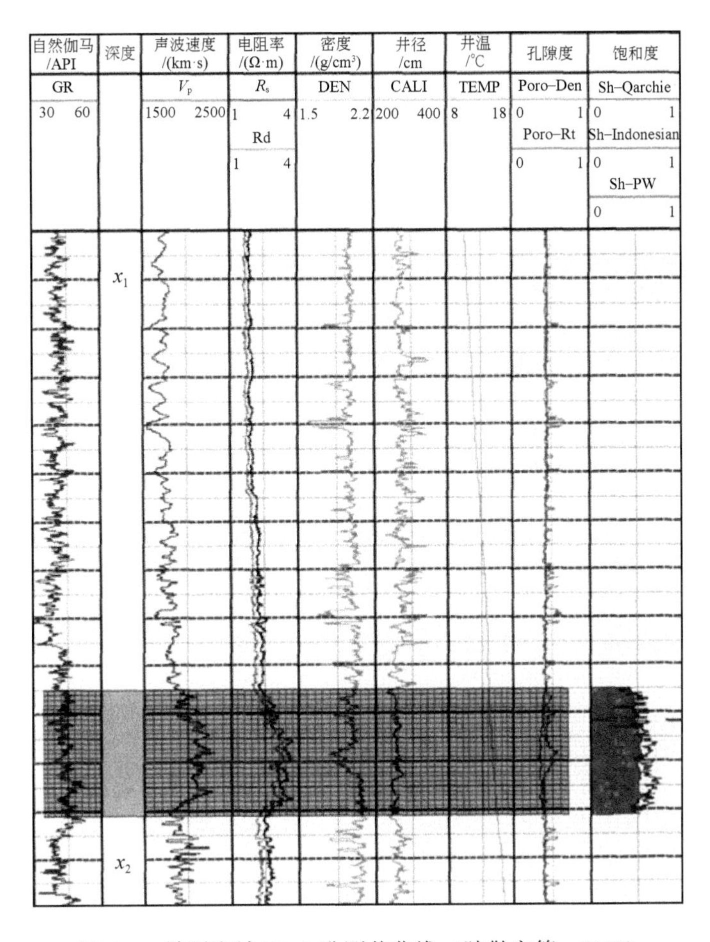

图 6.5　神狐海域 ZK-1 孔测井曲线（陆敬安等，2008）

（二）正演模拟结果及分析

结合天然气水合物井间电阻率成像模拟实验装置的实际情况开展数值模拟计算，首先建立物理实验装置的数学模型。根据内筒和电极系的尺寸，设置数值模拟研究区的大小为 250mm×250mm，中间设置两串阵列式测量电极系，两串电极系间距 100mm，每串电极系包含 24 个电极，电极之间的间隔为 8mm，共计 48 个电极（图 6.7）。设置两种不同甲烷水合物高阻层模型进行数值模拟。在设置模型时仅考虑井间范围内的异常体。数据采集方式和电极的编号与物理实验相同。

模型一为单层的甲烷水合物层状模型，设计了不同的层厚来对比正演模拟的响应特征。根据对天然气水合物储层电性特征的调研，在模拟中设置上下围岩的电阻率为

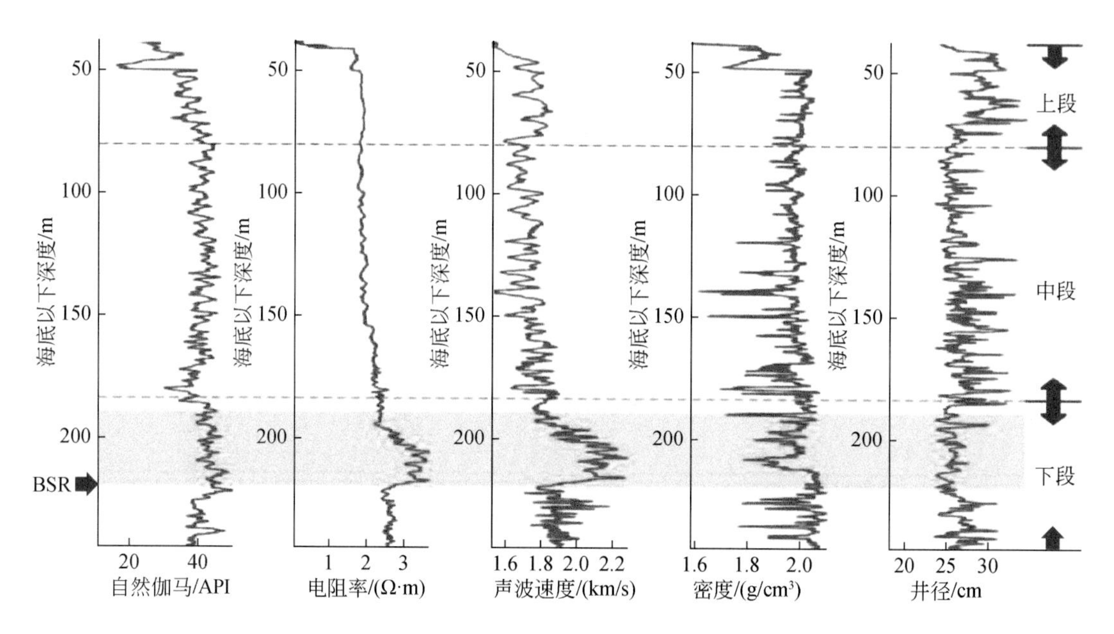

图 6.6　SH2 井的部分测井曲线（孙建孟等，2018）

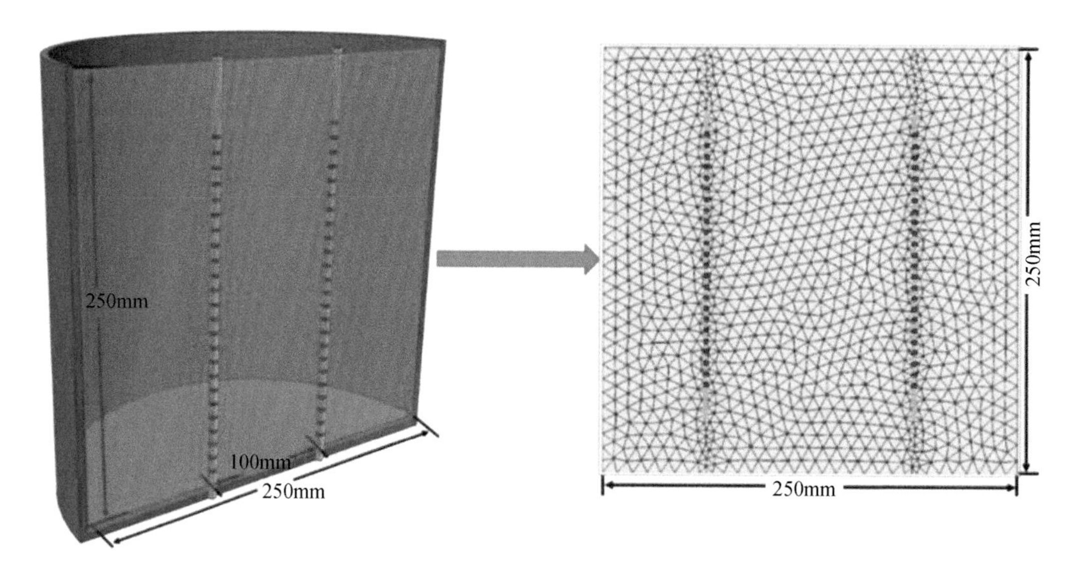

图 6.7　研究区有限元剖分

1Ω · m，甲烷水合物高阻层的电阻率为 3Ω · m。甲烷水合物高阻层位于模拟区域的中部，厚度 h 分别为 20mm、50mm、100mm，宽度都为 100mm（图 6.8）。

首先对单组采集数据进行分析。选取了 3 组不同激发电极的测量数据进行对比，选取的激发电极分别为位于顶部的 1 号和 2 号，位于中部的 23 号和 24 号，以及位于底部的 47 号和 48 号。

1 号、2 号电极激发时的测量数据在 3 个模型中的响应特征并不明显，在距离供电电

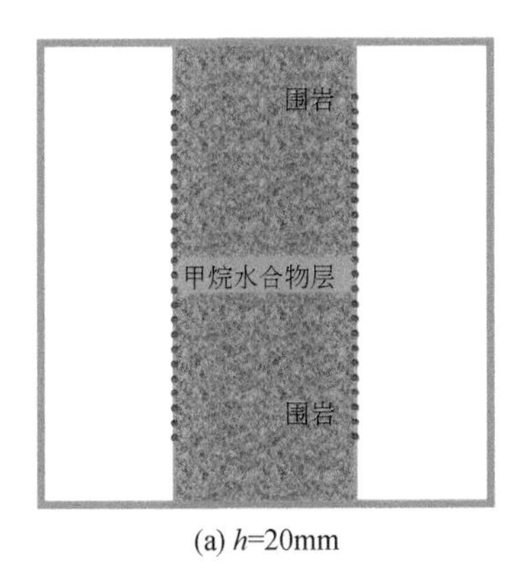

(a) h=20mm

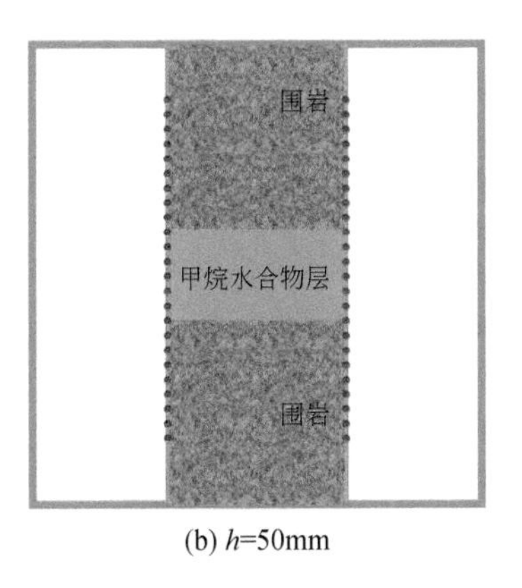

(b) h=50mm

(c) h=100mm

图 6.8 单层模型

极较近的前 5 个测量位置上，不同层厚的 3 个模型的测量值基本一致，与均匀介质的模拟结果相差无几（图 6.9）。1 号、2 号电极距离甲烷水合物高阻层较远，在距离供电电极较近的测量点上，对测量结果起主导作用的还是高阻层上部的围岩，因此这几个电极上的测量数据几乎相同。在比较靠近甲烷水合物高阻层的位置上，测量的电位差随着甲烷水合物高阻层厚度的增加而增加。在距离激发电极较远的位置，激发电极在这里产生的电流密度非常小，因此观测到的电位值也非常的小，难以看出甲烷水合物高阻层厚度对测量值的影响。由于甲烷水合物高阻层模型位于模拟区域的中部，使得模拟区域的电性结构上下对称，所以 47 号、48 号电极激发时的测量数据与 1 号、2 号电极激发时的测量数据也是相互对称的（图 6.11）。

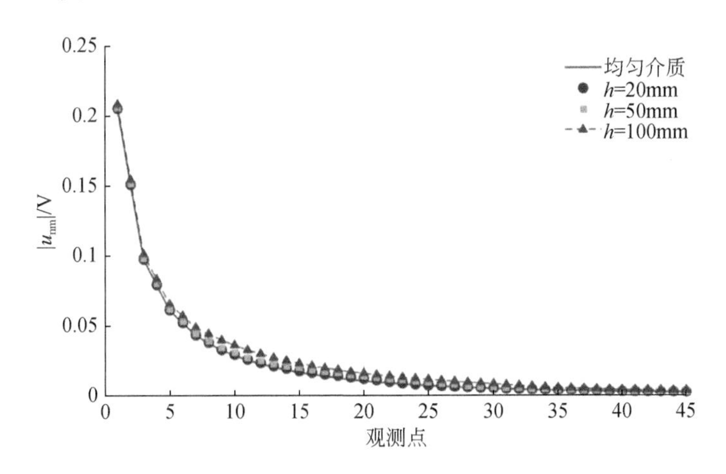

图 6.9 单层模型 1 号、2 号电极供电时的模拟测量数据

当激发电极为 23 号、24 号电极时，不同层厚之间出现的响应特征差异较为明显。23 号、24 号电极位于甲烷水合物高阻层上方，距离较近的测量电极会受到高阻层厚度的影响，甲烷水合物高阻层厚度 $h=100$mm 时电位差绝对值最大，$h=50$mm 次之，$h=20$mm 时的电位差绝对值最小。在远离激发电极的观测点上由于观测值都非常小，看不出不同厚度

的甲烷水合物高阻层之间的差别（图 6.10）。

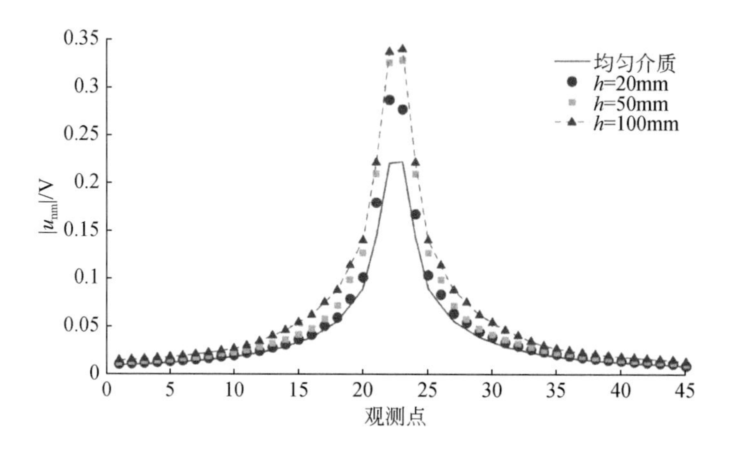

图 6.10　单层模型 23 号、24 号电极供电时的模拟测量数据

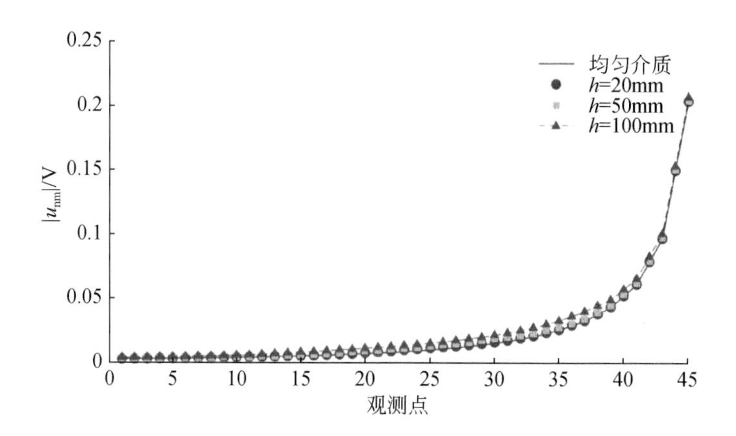

图 6.11　单层模型 47 号、48 号电极供电时的模拟测量数据

对比以上两组不同激发电极测量值可以发现，当激发电极位于甲烷水合物高阻层中或靠近甲烷水合物高阻层时，测量数据会有明显的响应；当激发电极远离甲烷水合物高阻层时，测量数据对甲烷水合物高阻层的厚度信息并不敏感。

现在对 3 个模型的模拟测量数据进行整体的对比和分析。将 48 次激发的测量数据绘制在同一坐标系中，对比各个激发电极的测量数据，研究不同层厚模型的响应特征。

在均匀介质的情况下，48 组测量数据规律一致，靠近激发电极的位置有着较大的电位差绝对值，随着距离的增加电位差绝对值持续衰减。每组测量数据数值大致相当，48 组数据绘制在同一坐标系下，图像中没有突变现象（图 6.12）。

在层厚 $h=50$mm 的模型中，对 48 组测量数据进行分析，在远离甲烷水合物高阻层的激发电极处有的测量值明显低于在甲烷水合物高阻层中的激发电极的测量值，48 组数据绘制在同一坐标系下可以发现，在观测点 15～33 的范围内，测量数据明显增大，这个区间刚好与甲烷水合物高阻层模型的位置相对（图 6.13）。

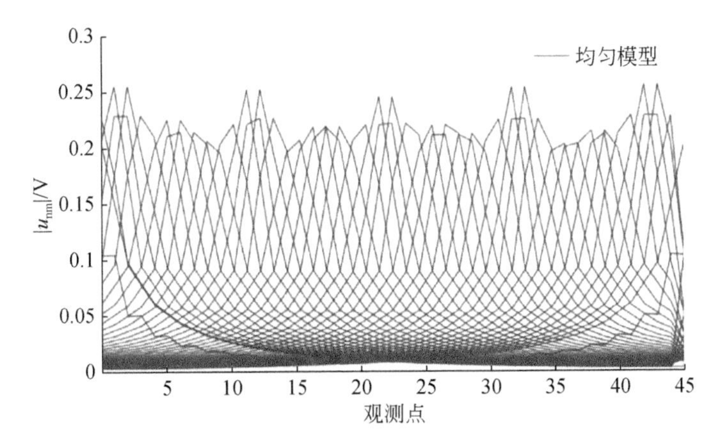

图 6.12　均匀介质的整体模拟测量数据

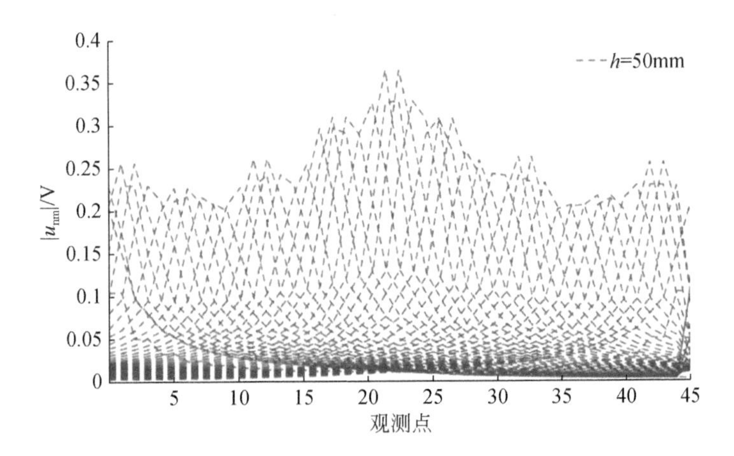

图 6.13　单层模型（$h=50$mm）的整体模拟测量数据

将 3 个单层模型与正演模拟结果进行对比，把观测电极对应到模型中的电极位置上，可以看到不同层厚的模型在正演模拟结果中均有一致的对应关系，可以认为井间电阻率的观测数据对甲烷水合物高阻层位置和厚度有准确的响应特征（图 6.14）

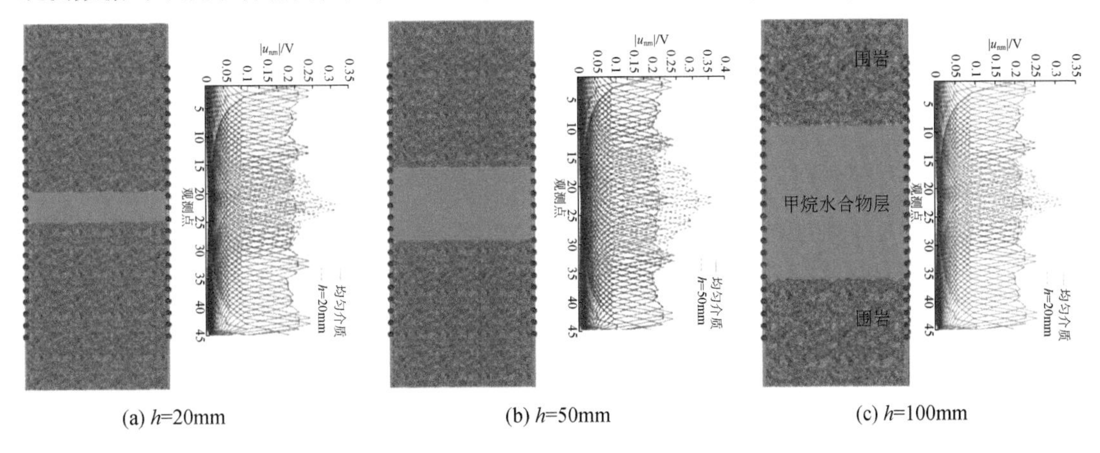

图 6.14　单层模型的整体模拟测量数据和模型对比

模型二为双层甲烷水合物高阻层模型。甲烷水合物高阻层厚度都为 30mm，层间间隔 50mm，甲烷水合物高阻层关于研究区上下对称。设置围岩的电阻率为 1Ω · m，甲烷水合物高阻层的电阻率为 3Ω · m（图 6.15）。

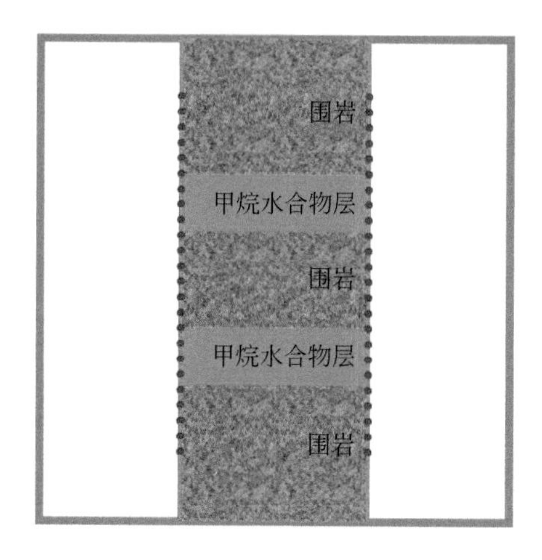

图 6.15　双层模型

对模型二的 48 组测量数据进行分析，将 48 组数据绘制在同一坐标系下可以发现，在观测点 10 ~ 15 和 30 ~ 35 的范围内，测量数据明显增大，两个区间正好反映了两层甲烷水合物高阻层异常的位置和厚度，井间电阻率测量对双层模型也有十分准确的响应（图 6.16、图 6.17）。

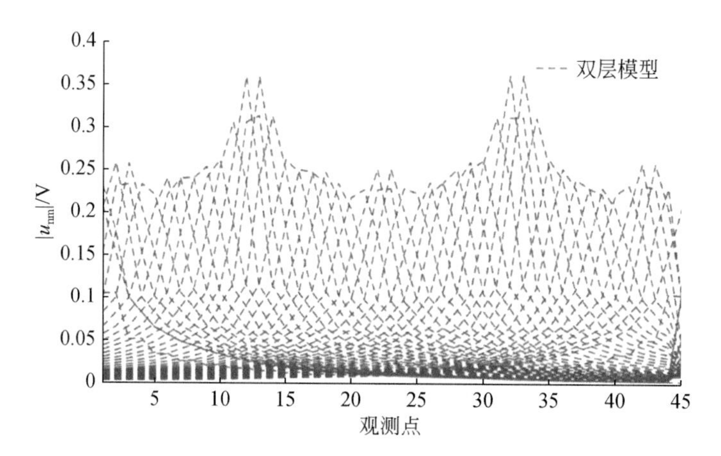

图 6.16　双层模型的整体模拟测量数据

对比以上不同模型的数值模拟结果可以发现，在甲烷水合物高阻层处观测的电位都会明显增大，随着甲烷水合物高阻层厚度的变化观测电位也会在跨度不同的电极上有明显的响应特征，井间电阻率法对甲烷水合物高阻层的纵向位置和厚度的响应特征与正演模型都有很好的对应关系。

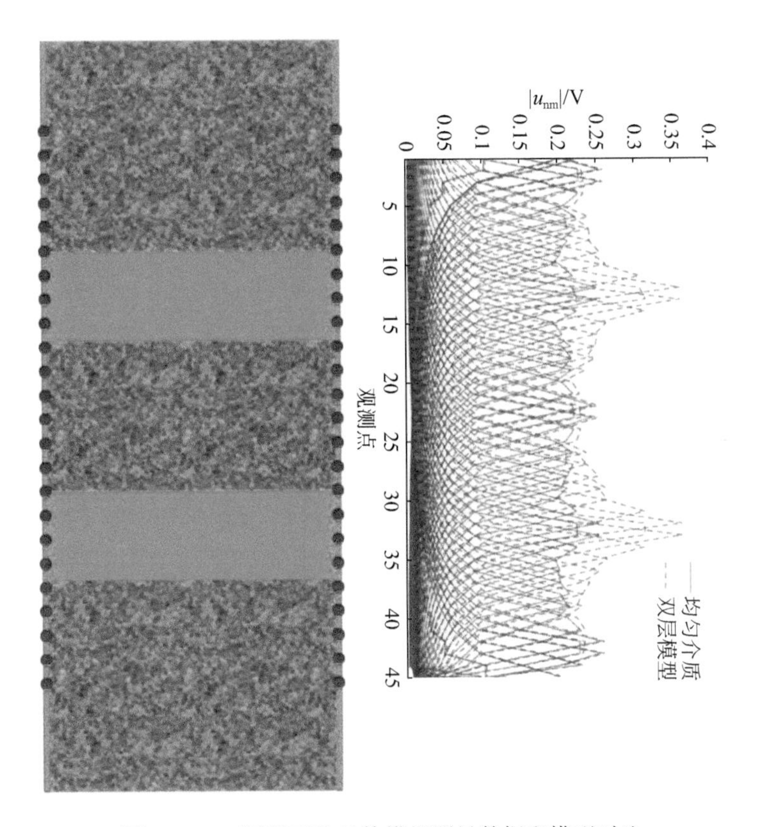

图 6.17　双层模型的整体模拟测量数据和模型对比

四、含天然气水合物岩心井间电阻率成像反演及实验

（一）井间电阻率成像反演算法

由于井间电阻率成像属于非线性的不适定问题，需要利用正则化技术来获得稳定解。井间电阻率成像问题可以用非线性最小二乘反问题的高斯牛顿迭代的泛函数表示：

$$\Phi(\rho)=\Phi_d(\rho)+\alpha\Phi_m(\rho) \tag{6.20}$$

$$\Phi_d(\rho)=\|d-f(\rho)\|_2^2 \tag{6.21}$$

$$\Phi_m(\rho)=\|\boldsymbol{L}(\rho-\rho^0)\|_2^2 \tag{6.22}$$

式中：d 为实际测量数据；$f(\rho)$ 为理论计算数据；$\boldsymbol{L}$ 为正则化矩阵（光滑矩阵）；α 为正则化参数。

因此，井间电阻率成像反演问题转化为取 Φ（ρ）函数最小的一个 ρ。

$$\Phi(\rho)=\Phi_d(\rho)+\lambda\Phi_\rho(\rho)\to\min \tag{6.23}$$

LU 分解法是目前求解线性方程组常用的方法之一。LU 分解法本质上是高斯消元法的一种表达形式。当系数矩阵 $\boldsymbol{K}$ 的各阶顺序主子式不为零时，系数矩阵 $\boldsymbol{K}$ 存在唯一的 LU 分解，将系数矩阵 $\boldsymbol{K}$ 通过初等行变换变成一个上三角矩阵，其变换矩阵就是一个单位下三角矩阵，记作：

$$K = LU = \begin{bmatrix} 1 & & & & \\ l_{21} & 1 & & & \\ l_{31} & l_{32} & 1 & & \\ \vdots & \vdots & \vdots & \ddots & \\ l_{Ne1} & l_{Ne2} & l_{Ne3} & \cdots & 1 \end{bmatrix} \begin{bmatrix} u_{11} & u_{12} & u_{13} & \cdots & u_{1Ne} \\ & u_{22} & u_{23} & \cdots & u_{2Ne} \\ & & u_{33} & \cdots & u_{3Ne} \\ & & & \ddots & \vdots \\ & & & & u_{NeNe} \end{bmatrix} \tag{6.24}$$

式中元素可以按公式和顺序计算：

$$u_{pj} = k_{pj} - \sum_{s=1}^{p-1} l_{ps} u_{sj} \tag{6.25}$$

取式（6.25）中的 $j=p$，$p+1$，⋯，Ne。

$$l_{ip} = \left(k_{ip} - \sum_{s=1}^{p-1} l_{ip} u_{sp}\right) / u_{pp} \tag{6.26}$$

取式中的 $i=p+1$，$p+2$，⋯，Ne。

对于式（6.25）中的解，可以使用牛顿型方法表示递归：

$$\boldsymbol{\rho}_{i+1} = \boldsymbol{\rho}_i + \Delta\boldsymbol{\rho}_i \tag{6.27}$$

其中：

$$\Delta\boldsymbol{\rho}_i = (\boldsymbol{J}^{\mathrm{T}}\boldsymbol{J} + \alpha\boldsymbol{L}^{\mathrm{T}}\boldsymbol{L})^{-1} \cdot \{\boldsymbol{J}^{\mathrm{T}}[d - f(\boldsymbol{\rho}_i)] - \alpha\boldsymbol{L}^{\mathrm{T}}\boldsymbol{L}\boldsymbol{\rho}_i\} \tag{6.28}$$

式中：$\boldsymbol{J}$ 为雅可比矩阵，计算量最大的部分。

为获得更加稳定的、有意义的结果，通常做法是在反问题的目标函数中加入正则化约束项。对于正则化约束下的地球物理反问题，其反演的稳定程度和精确程度在很大程度上取决于合理的正则化参数。因此，在反演过程中加入了自适应正则化参数选取方法，提高了反演的精度和速度。

（二）模型计算与分析

天然气水合物在地层中的赋存方式存在多样性，如层状、轴状和分散状等。本节建立单层层状天然气水合物模型（图 6.18）用于判断阵列成像电极系的成像分辨率及成像效果。海底含天然气水合物的地层电阻率范围为 0.7 ~6Ω · m（陈玉凤等，2013）。假设天然气水合物层电阻率为 5Ω · m，沉积物电阻率为 1Ω · m，设置不同的天然气水合物层层厚 H 以及不同水合物层位置 l。

1. 天然气水合物层厚度

为了分析天然气水合物层厚对成像结果的影响，依次设置天然气水合物层厚度为 1cm、3cm、5cm、7cm、9cm 进行数值模拟。为了更好地模拟实际测量数据，将 3% 的高斯白噪声加入正演模拟的数据中进行反演。

图 6.19 展示了不同天然气水合物层厚度的成像结果，其中黑色方框表示天然气水合物层的位置和大小。表 6.2 为天然气不同水合物层厚度的相关系数。随着层厚从 1cm 增加到 9cm，成像结果与原模型中的水合物层在位置、规模、形态等方面逐渐吻合。当天然气水合物层厚度为 1cm、3cm 时，相关系数小于 90%，电极系内部区域存在中断现象，无法识别；电极系外部区域的成像结果与原模型存在较大差异。当天然气水合物层厚度为

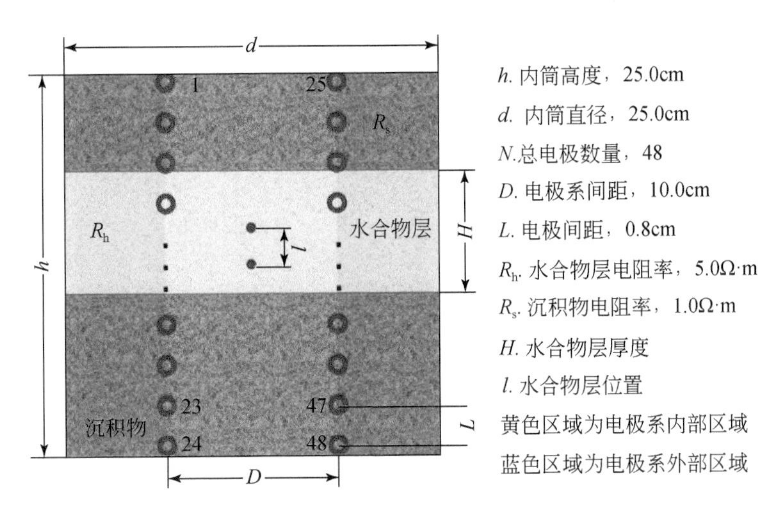

图 6.18　基于井间电阻率层析成像的层状天然气水合物模型

5cm、7cm、9cm 时，相关系数大于 90%，电极系内外区域均有较好的成像结果，与原模型的位置、规模、形态吻合。通过上述分析可知，该电极系对薄层具有较差的识别和分辨效果，对厚层具有较好的识别和分辨能力。在满足分辨能力条件下可为地质解释做出正确判断提供可靠的信息。

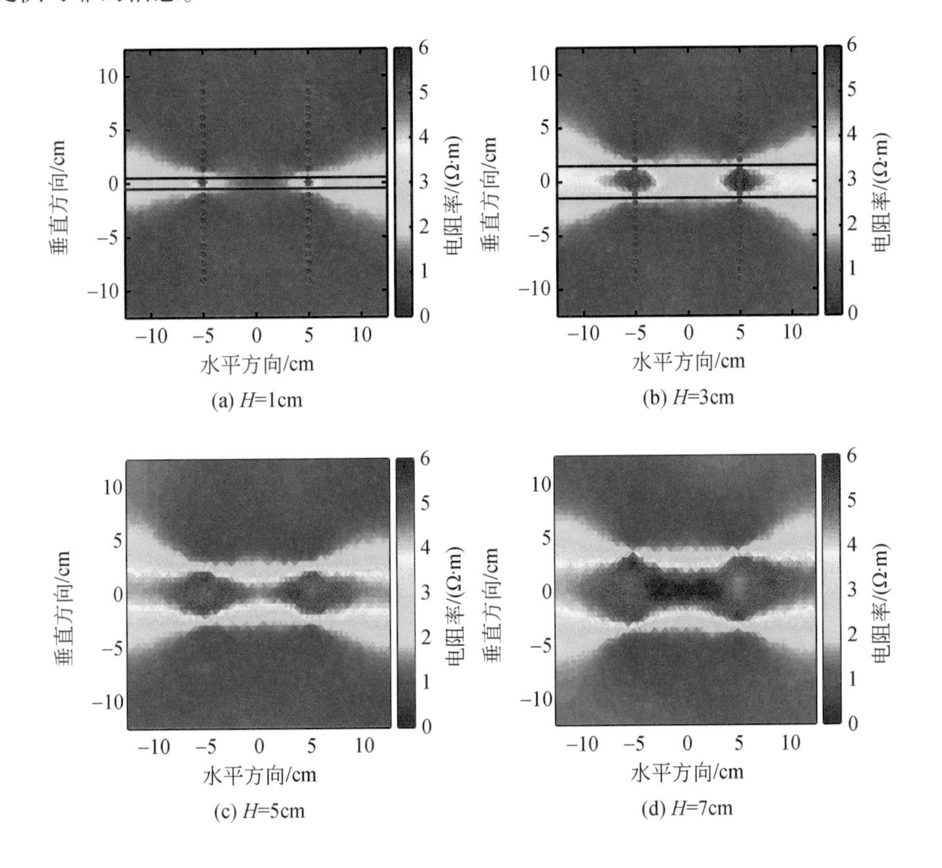

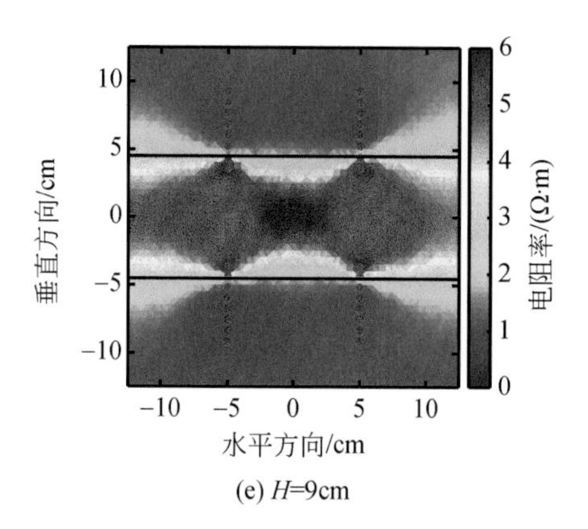

(e) H=9cm

图 6.19　不同天然气水合物层厚度的反演结果

表 6.2　不同天然气水合物层厚度的相关系数

H/cm	1	3	5	7	9
CC/%	59.12	83.34	90.97	91.54	92.31

CC 为相关系数：

$$CC=\sum_{i=1}^{n}(\rho_i-\bar{\rho})(\rho_i^{\text{true}}-\overline{\rho^{\text{true}}})\Big/\sqrt{\sum_{i=1}^{n}(\rho_i-\bar{\rho})^2\sum_{i=1}^{n}(\rho_i^{\text{true}}-\overline{\rho^{\text{true}}})^2}\tag{6.29}$$

式中：ρ 为视电阻率；$\bar{\rho}$ 为平均视电阻率；ρ^{true}为真实电阻率；$\overline{\rho^{\text{true}}}$为平均真实电阻率。

2. 天然气水合物层位置

为了分析天然气水合物层位置对成像结果的影响，依次设置天然气水合物层底界距离电极系中心为 1cm、3cm、5cm、7cm、9cm。根据天然气水合物层厚度对成像结果的影响结果，选取天然气水合物层厚度为 5cm，其他反演参数设置同上。

图 6.20 展示了不同天然气水合物层位置的成像结果。表 6.3 为不同天然气水合物层位置的相关系数。随着位置距离的减小，成像结果与原模型中的天然气水合物层在位置、规模、形态等方面逐渐变好。当距离为 1cm、3cm、5cm 时，相关系数大于 90%，成像结果受位置的影响较小，电极系内外区域均有较好的成像结果，与原模型吻合较好。当距离为 7cm、9cm 时，相关系数小于 80%，成像结果显示水合物层的形态、规模、位置等方面与原模型存在差异，尤其电极系外部区域没有得到较好的约束，无层状形态。通过上述分析可得，天然气水合物层位置越接近阵列成像电极系，成像效果越好；天然气水合物层位置越远离阵列成像电极系，成像效果越差。

表 6.3　不同天然气水合物层位置的相关系数

l/cm	1	3	5	7	9
CC/%	90.83	91.38	92.01	78.23	64.13

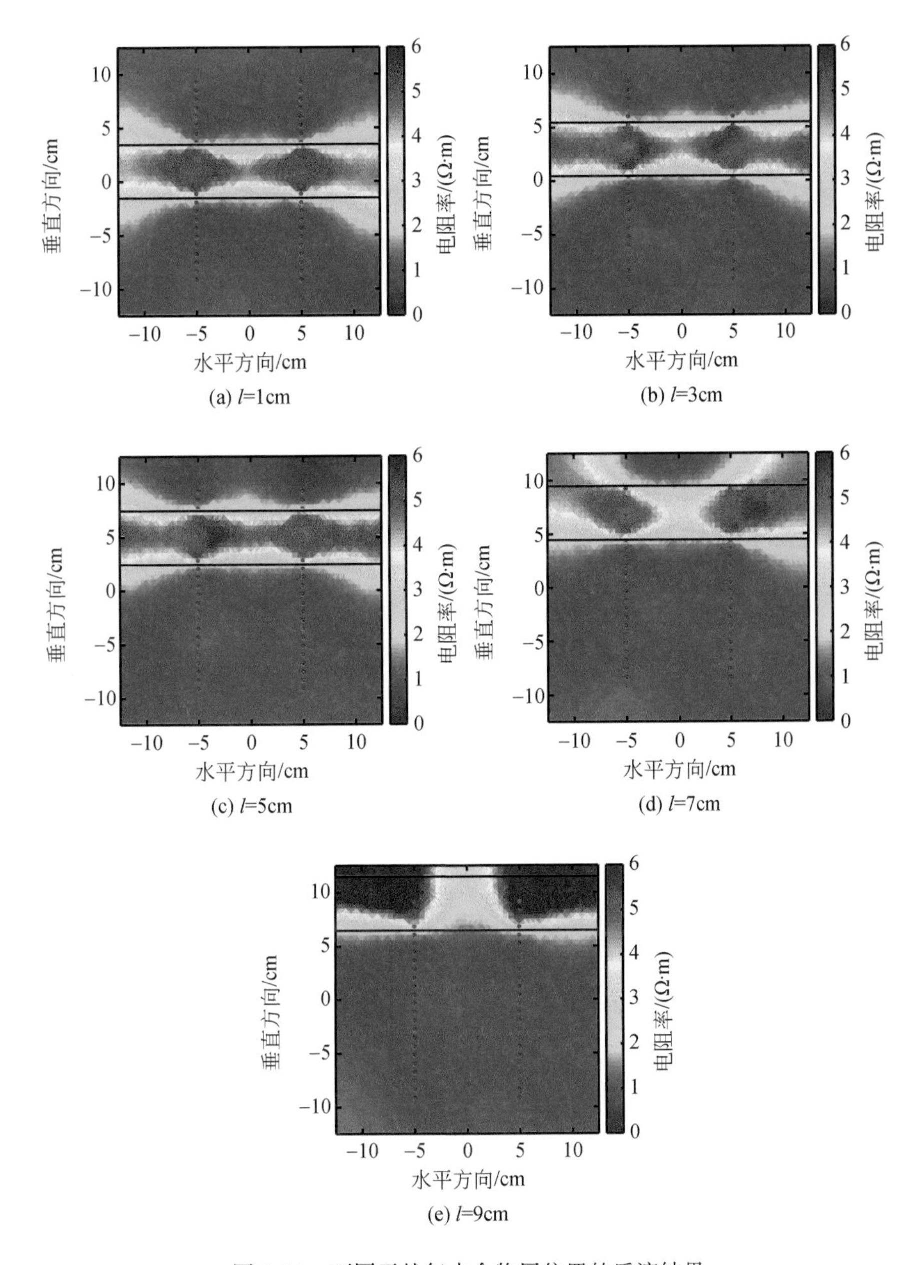

图6.20　不同天然气水合物层位置的反演结果

（三）高阻介质模型研制

为了验证数据处理方法的准确性和适用性，需要开展不同温度和压力环境下的实验，对比分析成像结果。在实际地层中，天然气水合物存在于低温高压环境，呈现高阻特征。相应地，在实验室内研究天然气水合物生成和分解过程也需要模拟低温高压环境，但低温高压环境导致该过程无法用肉眼进行天然气水合物分布的直接观察，故利用圆柱状高阻介质代替水合物进行实验。在实验中，使用高纯度的甲烷，质量浓度为3.5%的NaCl溶液，粒径为 500 ~ 1000μm 的天然海砂，1 个高阻圆柱体（直径 50mm，高度 155mm）等材料，利用井间电阻率成像阵列进行数据采集，其过程中压力可变范围为 0.1 ~ 8.0MPa，温度可变范围为0 ~ 23℃。具体的实验采用了 3 种环境（表 6.4）对监测方法进行准确性和适用性验证。

表 6.4　物理实验模拟参数

实验编号	介质	环境	
		温度/℃	压力/MPa
1	3.5% NaCl 溶液、沉积物、1 个高阻介质	23	0.1
2	3.5% NaCl 溶液、沉积物、1 个高阻介质	23	8.0
3	3.5% NaCl 溶液、沉积物、1 个高阻介质	0	8.0

3 种环境的高阻介质模拟实验步骤如下。

（1）将 12.27L 经过洗涤、烘干处理的海砂填入容器内筒中作为沉积物；加入大约 5L 质量浓度为 3.5% 的 NaCl 溶液使沉积物处于过饱和；其间，将 1 个高阻圆柱体水平放置在左侧 1 ~ 7 号电极附近。

（2）适当压实并静置 24h，用针筒吸取上方多余的 NaCl 溶液；同时开启数据采集与处理系统，采集和处理电阻率信息并通过计算机显示和保存。

（3）密封反应釜并关闭排气通道，从注气通道向反应釜持续注入甲烷，使反应釜内的压力从标准大气压（0.1MPa）逐渐增至 8MPa。

（4）静置 6h 后，开启数据采集与处理系统，采集和处理电阻率信息并通过计算机显示和保存。

（5）调节恒温水浴槽温度至 0℃，静置 6h 后，开启数据采集与处理系统，采集和处理电阻率信息并通过计算机显示和保存。

在 3 种环境下，井间电阻率成像监测方法对高阻介质具有良好的反应，其位置、形态和大小等方面与实际物理模型相符合。在实验过程中，压力的变化对电阻率的影响较小，可忽略不计；而温度的变化对电阻率的影响较大，需以常温为参考值对测量数据进行温度校正。无论是常温常压、常温高压、低温高压情况，均能从图 6.21 中较为容易地分辨出圆柱状的高阻介质。随着反应釜内环境的改变，反演计算的高阻介质视电阻率略有增大，形态上存在微小的变形。通过 Archie 公式计算出常温下饱和水的沉积物电阻率大约为 1.13Ω · m，其中水为 3.5% NaCl 溶液，电阻率为 0.18Ω · m，松散沉积物孔隙度大约为 40%，经验参数 a、m 分别取 1 和 2。除了高阻介质以外部分，沉积物的视电阻率均在 1Ω · m左右与 Archie 公式计算得到的沉积物电阻率基本相等。但局部可能由于气体流动或温度变化等干扰影响导致假异常出现。这些假异常对解释没有造成太大的影响，表明井间电阻率成像方法的正确性。通过对不同环境的物理模型下的实测数据进行成像处理，证明了数据处理方法具有较好的适用性和正确性，为进一步开展天然气水合物生成与分解监测实验提供了技术保障。

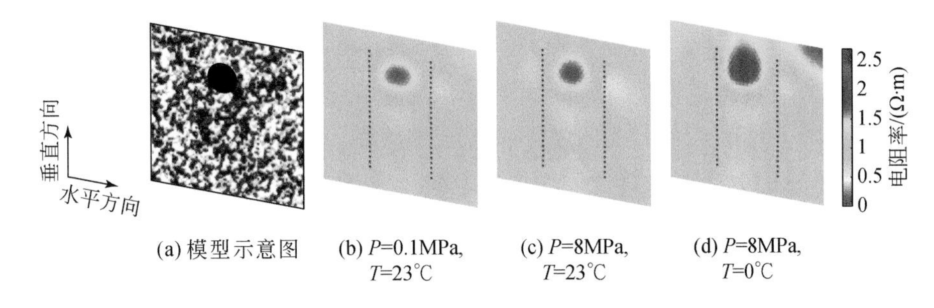

图 6.21　不同环境下高阻体模拟实验的成像结果

(四) 沉积物中天然气水合物生成过程的电阻率成像特征

在上述高阻介质实验验证之后，我们开展了多次甲烷水合物生成模拟实验，实时采集了温度、压力、电阻率数据。由于甲烷水合物电阻率和饱和度具有一定的正相关关系，可通过分析甲烷水合物电阻率分布间接反映饱和度分布。在实验中，使用纯度为 99.99% 的甲烷气体生成甲烷水合物，质量浓度为 3.5% 的 NaCl 溶液模拟孔隙水，粒径为 500 ~ 1000μm 的天然海砂模拟多孔介质，其间压力变化范围为 0.1 ~ 8.0MPa，温度变化范围为 0 ~ 20℃。图 6.22 为打开反应釜后实际甲烷水合物生成实物图。

图 6.22　实际甲烷水合物生成实物图

实验进行的具体步骤如下。

（1）量取 12.27L 经过洗涤、烘干处理的天然海砂作为沉积物；加入大约 5L 质量浓度为 3.5% 的 NaCl 溶液（不添加任何水合物生成促进剂）使沉积物处于过饱和。将沉积物与 NaCl 溶液充分混合搅拌，在此状态下装入容器内筒中并适当压实。静置 24h，用针筒吸取上方析出的多余 NaCl 溶液。

（2）密封反应釜并开启注气通道，从注气通道向反应釜内缓慢注入甲烷气体，使反应釜内压力逐渐从标准大气压增加至 8MPa，断开注气通道，静置约 2h，使沉积物内部压力尽可能处于平衡状态。同时记录温度、压力随时间的变化。

(3) 开启恒温水浴槽，设置循环温度为4℃，在静置状态下观察甲烷水合物的生成过程。同时，开启数据采集与处理系统，采用井间电阻率成像阵列进行数据采集，每隔2～3h采集和处理电阻率信息并实时通过计算机显示和保存。

在甲烷水合物生成过程中，反应釜内的温度、压力随时间的变化规律如图6.23所示。整个过程花费约15h，反应釜内的压力由初始压力8.00MPa下降至6.83MPa，温度无明显的变化。随着时间的推移，压力曲线呈现先快速下降后平缓下降的变化趋势。压力的快速下降可能是由温度降低和甲烷水合物的缓慢生成两方面因素导致。当温度降至并保持约4℃时，压力开始逐渐缓慢下降，随后压力下降速度有明显的增大，说明经过短暂诱导期后沉积物内部逐渐并持续有甲烷水合物生成，其生成速率也表现出先慢后快的现象。

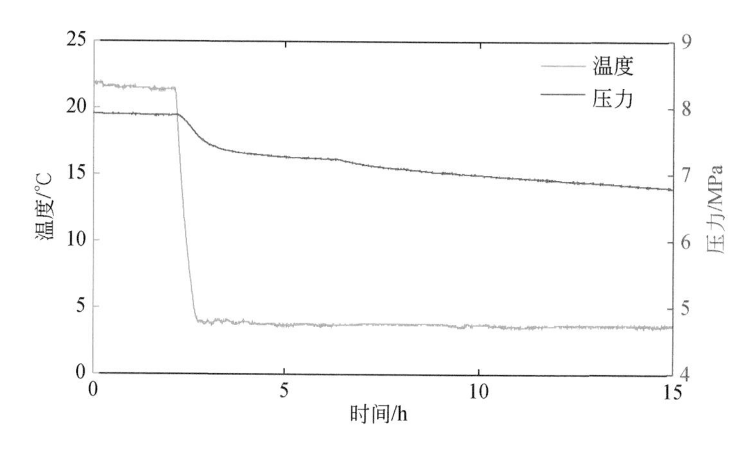

图6.23　甲烷水合物生成过程中温度和压力变化曲线图

随着甲烷气体的注入，饱和水的沉积物电阻率受气体流动的影响产生一定波动。注气前后电阻率分布发生较明显的改变，如图6.24所示。注入甲烷气体前（$t=0$h）电阻率均匀分布，大约为1Ω·m，与Archie公式计算得到的饱和水的沉积物电阻率基本吻合，此结果再次证明了成像结果的正确性。注入甲烷气体后（$t=2$h）电阻率出现不均匀分布，中心上方电阻率略有增大，增长幅度约为0.5Ω·m，这是因为上方未封闭且与气体接触充分；反应釜内的气体主要沿着垂直方向向下扩散，推动沉积物孔隙中的盐水溶液向下渗流，导致整个沉积体系的平均电阻率减小。前人研究中出现过此现象（李彦龙等，2019），说明该动态监测方法对甲烷水合物监测具有良好的效果。

随着温度的降低，甲烷水合物逐渐生成，其生成量逐渐增加，平均电阻率也呈现增大的趋势。甲烷水合物的不断生成导致沉积体系的电阻率增大，但是不同区域的电阻率增大幅度不同，表现出甲烷水合物分布具有明显的不均匀性，可见图6.24。在边界区域（内筒壁附近及上方），电阻率增大幅度明显大于其他区域，表明甲烷水合物生成量较多。这是由于边界区域的导热速率较快且气源供应较为充足导致甲烷水合物生成较快，在其他相关实验中也出现过同样的现象，此现象称为“爬壁效应”（Yang et al.，2012）。甲烷水合物最先在内筒上方的沉积物中生成，因为内筒上方的沉积物直接与气体接触，接触面积较大，传热速率也比内筒壁快。随后，内筒壁温度逐渐下降，其附近开始逐渐生成甲烷水合

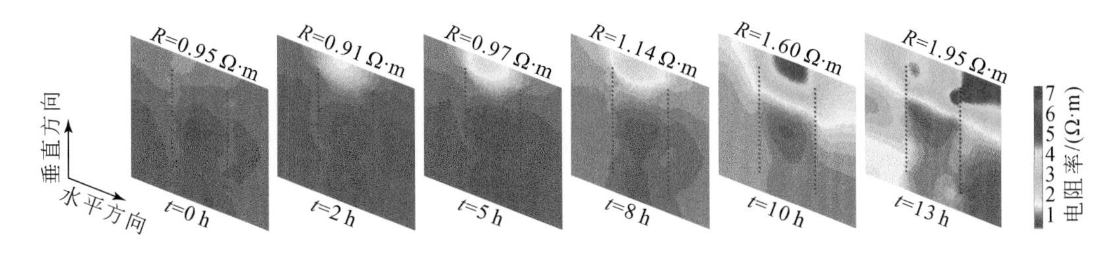

图 6.24　甲烷水合物生成过程中电阻率分布图

R 为平均电阻率；*t* 为时间

物，这表明甲烷水合物纵向生长速率大于横向。中心区域电阻率几乎无明显变化，基本无甲烷水合物生成，这可能是由于内筒上方甲烷水合物导致沉积物中的通道堵塞和内筒壁气体供给通道太小。由于排盐效应的影响，甲烷水合物生长位置发生改变，在 $t=10$h 和 $t=13$h 时有所体现。上述这些现象在其他相关天然气水合物实验中也出现过（李小森等，2013），再次证明了井间电阻率成像方法在天然气水合物动态监测中具有良好的效果。

第二节　含天然气水合物岩心二维电阻层析成像实验

一、实验装置与方法

（一）天然气水合物二维电阻层析成像（ERT）实验装置

天然气水合物二维电阻层析成像实验装置的基本流程如图 6.25 所示。在引进的 ITS 层析成像测试仪基础上，通过自主研发配备了天然气水合物模拟实验专用高压反应釜、气体供给系统、温控系统及测量系统，气体供给系统主要由高压甲烷气瓶、增压泵、质量流量控制器等组成，用于向高压反应釜中注入生成天然气水合物所需的甲烷气体；高压反应釜本体由耐压尼龙制成，耐压尼龙反应釜釜壁内部同一高度安装 16 个金属测量电极，测量电极均匀分布构成电阻层析成像测量电极组件。反应釜外围包裹真空保温层并封装测量系统所需的 ITS 测量电极，反应釜内部规格为 Φ50mm×360mm，耐压 15MPa。

本装置中 ITS 测量电极组安装在反应釜内壁高程 2/3 的位置，是主要的测量单元，测量系统通过 16 芯高压低温电缆与 ITS 层析成像采集仪及相应的数据处理单元连接。实际测量过程中，利用相邻两个电极注入电流，然后测量其他 14 个电极每相邻两个电极之间的感应电压值。因此一次激励能够获得电极所在平面不同位置处的 104 个电压值。利用不同位置处的电压换算得到不同位置的电导率分布值，然后利用线性反投影算法（Wu et al.，2005；Suryanto et al.，2017）就可以获得电阻层析成像测量电极所在的截面的二维电导率分布图像，进而通过相关的地球物理模型推断天然气水合物在沉积物截面上的生长和分布规律。

本实验采用纯度为 99.99% 的甲烷气体合成甲烷水合物，采用天然海砂模拟甲烷水合

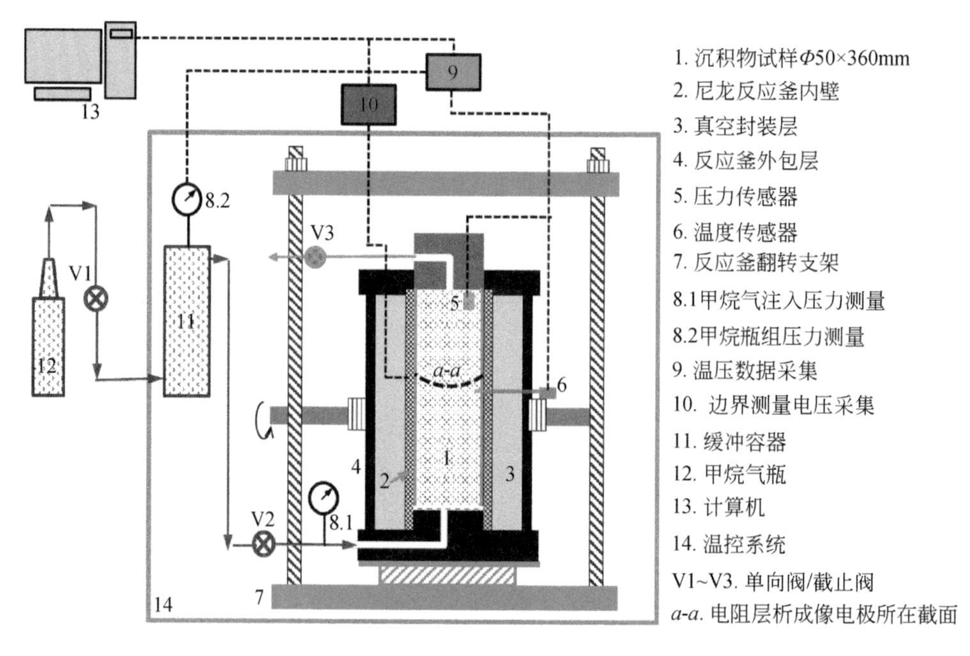

图 6.25　天然气水合物电阻层析成像模拟装置流程图

物赋存介质，沉积物粒径范围为 0.05 ~ 0.85mm，其中以中细砂（0.1 ~ 0.5mm）为主（>93%），粒度中值 D_{50}=0.31mm。手动压实条件下测算松散沉积物孔隙度为 41%，采用质量浓度为 2.5% 的 NaCl 溶液模拟孔隙水。

（二）实验步骤

（1）试漏、安装仪器，然后称量 900g 经过洗净、烘干处理的沉积物样品；然后加入质量浓度为 2.5% 的 NaCl 溶液饱和，溶液中不添加任何甲烷水合物生成促进剂/抑制剂。将沉积物与盐水溶液充分混合搅拌后，在过饱和状态下装入反应釜内部并适当压实，密闭静置 24h，用针管抽取沉积物上部析出的盐水溶液，使起始条件下沉积物含水饱和度为 100%；确保沉积物上端面距反应釜上端盖内壁面保留 4cm 的气相空间。

（2）开启温控系统，设置系统温度为 1℃ 给沉积物系统降温，同时记录饱和盐水沉积物平均电阻率（电阻层析成像电极测量结果的平均值）随温度的变化规律，待沉积物内部温度降低至 1℃ 时，持续控温稳定 6h，使沉积物内部温度尽可能均匀分布。

（3）开启反应釜下部注气口，从反应釜下端缓慢注气，使沉积物内部形成由下向上的气体渗流通路并排出气相空间的残留空气，缓慢向反应釜增压至 8MPa；关断供气管路，在静置状态下观察甲烷水合物的生成过程。

（4）与步骤（3）同步调整 ITS 测量系统层析成像参数（在本节所述实验中，根据调试结果设置层析成像系统注入电流为 15.08mA），采集系统温度、压力、电导率参数并通过计算机实时再现。

（5）当压力降低到某一恒定值并维持恒定时，表明该温度、压力、盐度条件已不足以进一步生成甲烷水合物，再次向反应釜中注入甲烷气体至 8MPa；当反应釜内部压力远高于甲烷水合物相平衡压力且维持长期（10h）不变时，认为甲烷水合物生成完毕，结束实验。

二、沉积物中冰结晶融解过程的 ERT 图像变化特征

（一）冰的结晶过程

图 6.26 为持续降温结冰过程典型时刻的电导率图像。可以看出降温结冰过程，其电导率整体呈减小趋势，阶段电导率表现出不同的分布特点。可以大致将结冰过程分为以下几个阶段：图像不同区域的电导率一致减小，呈均匀分布，推测该阶段为降温阶段，并且温度分布较均匀；外围电导率快速减小，中心区域电导率先增大后减小，该阶段为结冰阶段，电导率图像受温度、结冰量、孔隙水盐度影响呈不均匀分布特点；电导率减小逐渐放缓，电导率分布逐渐趋于均匀，该阶段结冰进入收尾阶段。

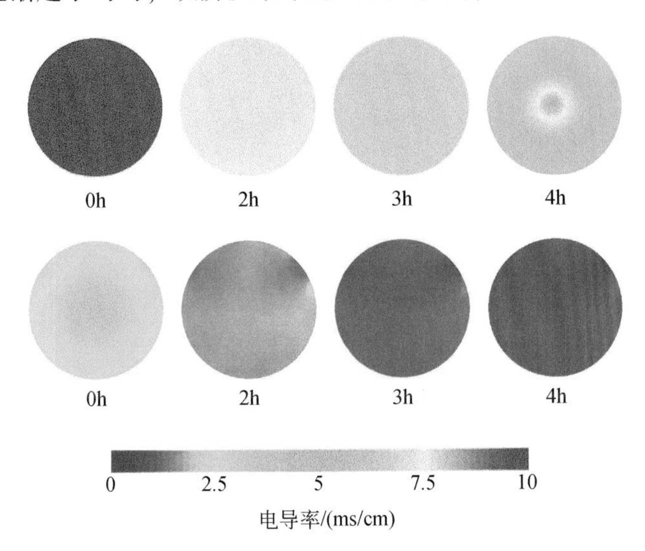

图 6.26　冰生成过程各时刻电导率图像

为了进一步分析降温过程中冰在沉积物中的分布规律，根据电导率的差异将图 6.26 所示的测试截面划分为 6 个区域，如图 6.27 所示。将各个区域的像素值取平均值（区域体电导率）作图，可以得到不同局部区域体电导率随时间的变化规律（图 6.28）。

从图 6.28 可以看出，温度在降至冰点之前（0 ~ 2.5h）电导率受温度影响不断下降，且不同区域的电导率基本维持一致，说明沉积物体系内温度差异不大。实验进行至 2.5h，温度降至−2℃左右，此时温度曲线进入一段平缓期，电导率下降趋势同时放缓，主要是该阶段冰晶在沉积物内部开始生成，同时可以初步判断当温度达到冰点后，沉积物截面同时进入冰晶成核阶段。这与甲烷水合物成核阶段沉积物体系的温度与电导率变化规律表现出了相似性（陈强等，2008）。

随后，沉积物截面边缘区域的电导率开始快速下降，而中心区域的电导率出现上升，

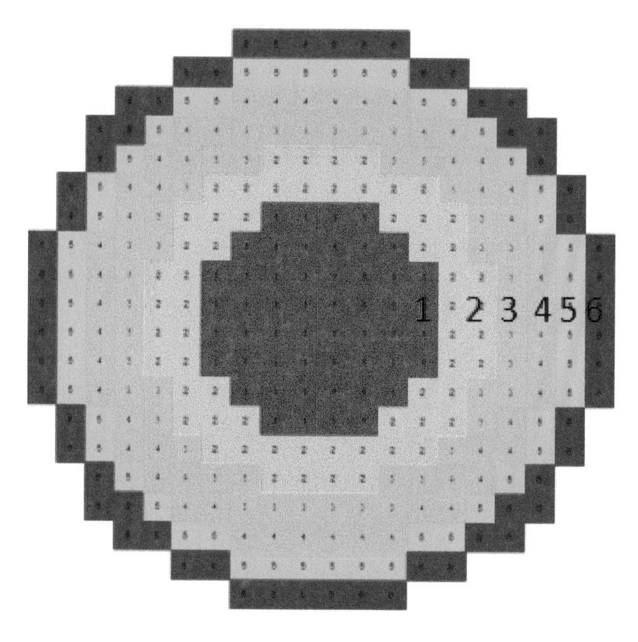

图 6.27　区域划分图

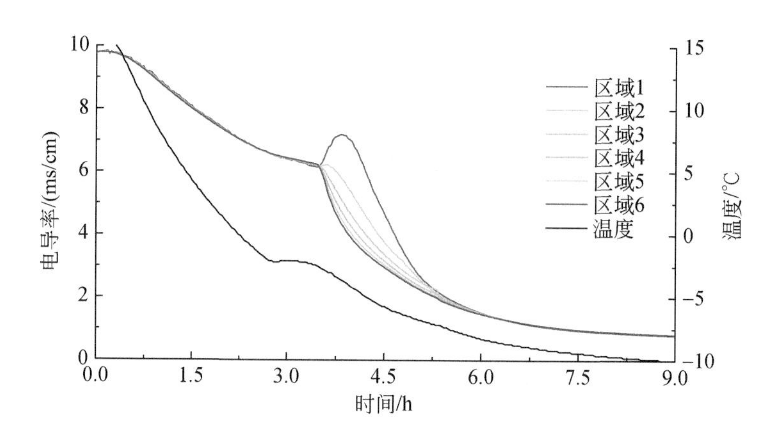

图 6.28　不同区域电导率与温度随时间的变化曲线

即不同区域的体电导率变化出现分异。其主要原因是沉积物中的电导率取决于冰生成和排盐效应两方面，结冰过程本身导致电导率降低，而排盐效应导致电导率升高，因此从图 6.28 中可以看出，在冰大量生成阶段，不同区域的冰生长速率不同。究其原因，是因为实验过程中沉积物外部强制控温，因此在冰晶成核后，实际上在外部恒温箱强制控温作用下，截面中外围区域（区域 3～区域 6）的过冷温度大于中心区域，因此外围区域优先大量结冰，排出的盐离子向中心区域（区域 1、区域 2）运动，导致该区域体电导率局部升高。但随着时间的推进，温度的持续降低，中心区域也开始大量结冰，进而引起电导率的降低。随着冰不断生成，电导率开始快速下降，反应至 6h 时，电导率下降趋势逐渐放缓，并且不同区域的体电导率值趋于一致，可以初步判断 6h 时沉积物内部大量结冰过程结束。

6～8h区间为结冰的收尾阶段，电导率的下降主要是温度的响应。中心区域（特别是区域1）的体电导率一旦开始降低，其降低速率远大于外围区域，进一步说明在该区域大量结冰过程中盐离子被迫向外围迁移，结冰过程和盐离子外迁共同导致该区域的电导率迅速降低。

因此，综合以上实验结果可以初步判断，电阻层析成像技术不仅可以指示沉积物体系结冰过程（开始结晶、大量生成、生成结束），而且能够定性识别冰在沉积物内部的生成位置。由于结冰过程与甲烷水合物合成过程有一定的相似性，因此电阻层析成像技术可以在岩心尺度或中试尺度用来识别天然气水合物在沉积物中的生成阶段、生成位置、饱和度等信息，从而为天然气水合物成藏过程模拟提供一定的数据支撑。

（二）冰的融解过程

沉积物内部完全结冰后，关闭恒温箱观测冰的升温融解过程，图 6. 29 和图 6. 30 分别为自然升温过程的典型时刻的电导率分布图像与图像各区域的体电导率曲线。从图 6. 29 可以看出，在冰点以下自然升温过程中（0～1h），截面电导率受温度影响不断升高，且不同区域的体电导率基本维持一致。温度升高至冰点附近时发生明显的波动，主要原因是冰点附近发生冰晶融解吸热。此后，不同区域的电导率上升趋势发生分异，且这种分异现象一直持续到冰完全融解，且在其后很长一段时间内依然存在，并逐渐减小。

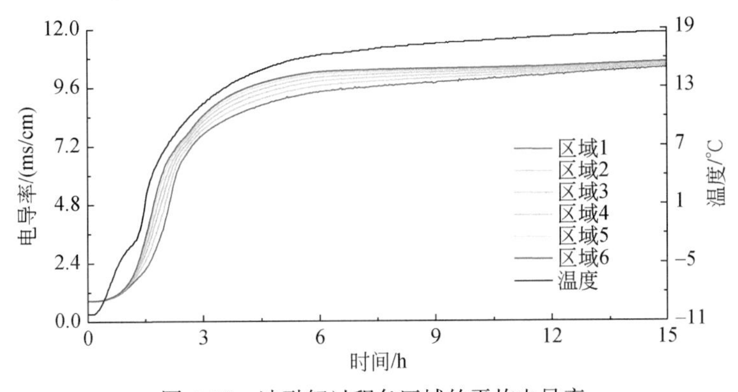

图 6. 29 冰融解过程各区域的平均电导率

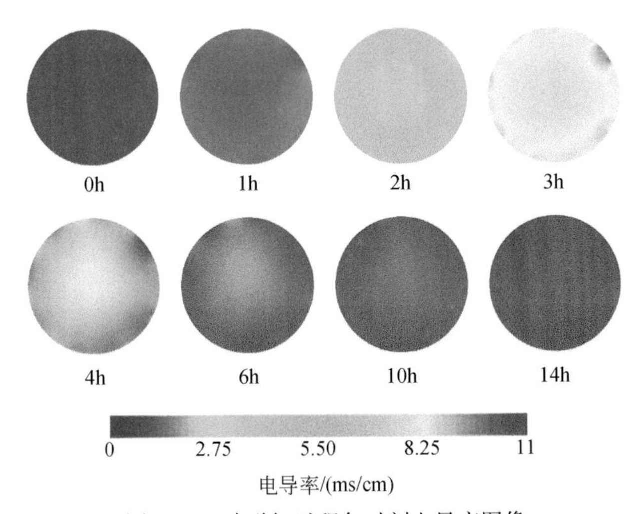

图 6. 30 冰融解过程各时刻电导率图像

在融冰阶段，相同时刻区域1～区域6的局部体电导率依次增大，这说明在自然升温过程中沉积物外围优先受热导致该区域优先融解，电导率快速上升，沉积物中心区域的冰融解过程略显滞后。升温过程持续到3.5h左右时，电导率变化出现明显的拐点，标志着冰融解过程进入收尾阶段，之后电导率增加主要受温度影响，电导率分布逐渐趋于均匀。

结合图6.30分析可知，受加热方式影响，沉积物中的冰融解过程由沉积物外围向中心区域逐渐扩展，整个过程中中心电导率始终小于外围区域的电导率，反映出外围区域冰融解过程中对盐离子的吸收过程。特别地，与结冰过程完全不同，融冰过程及溶解后很长一段时间内沉积物截面电导率存在分异，这说明冰生成和融解过程中导致截面盐离子重新分布，沉积物外围盐离子浓度显著高于中心区域，这种盐离子浓度差只有在长时间的浓度差作用下，逐渐扩散才能消除。

三、沉积物中天然气水合物生成过程的ERT图像变化特征

（一）初始实验条件

甲烷水合物生成过程中设置温控系统的温度为1℃，向反应釜加压至8MPa。为了验证试验结果的可靠性，开展多组重复实验，取其中一组进行分析。在降温阶段，实验观察到*a*-*a*截面的电导率分布规律始终一致且不断降低（电阻率降低）。降低至设定温度值（1℃）稳定6h（常压），然后按实验步骤（3）注气至8MPa。注气前后*a*-*a*截面的电导率分布规律如图6.31所示。由图6.31可知，在注气之前沉积物内部电导率均匀分布，再次证明ITS系统测量参数的可靠性。注气结束后，*a*-*a*截面电导率分布图像出现明显的不均匀分布。这是因为气体从反应釜下端盖中央的注气口注入沉积物的过程中，釜内气体沿沉积物中央气体通道在向上渗漏，并逐步发生径向扩散，推动沉积物孔隙中的盐水向上排出至沉积物上部气相空间，导致沉积物电导率整体降低。注气结束后气-水不均匀分布导致沉积物内部电导率场的非均质性，气体主要分布在中央气体渗流通道。图6.31（b）中注气结束时刻沉积物内部的气-水分布规律即整个实验的起始条件，是识别后期实验过程中甲烷水合物生长规律的基础。

（二）沉积物平均电阻率响应规律

甲烷水合物生成过程中反应釜内部平均温度、平均压力、*a*-*a*截面平均电阻率及2.5%盐水条件下甲烷水合物的相平衡压力曲线如图6.32所示。根据实验过程中压力变化趋势，可将整个实验过程划分为A～H八个时间子区间。在第一注气阶段（A～D）：经过短暂诱导期（子区间A，0～4h）后沉积物内部气压开始平缓下降（子区间B，3～147h），沉积物内部逐步有甲烷水合物生成，甲烷水合物生成速率较慢；进入子区间C（147～165h）后压力下降速率明显增大，最后当釜内压力逼近甲烷水合物生成的相平衡压力条件时趋于稳定（子区间D，165～175h）。在第二注气阶段，压力变化规律呈现出明显的“快速下降—缓慢下降—快速下降—稳定”的双台肩式下降趋势。

由图6.32可知，随着甲烷水合物的生成，沉积物体系整体电阻率呈上升趋势，但不

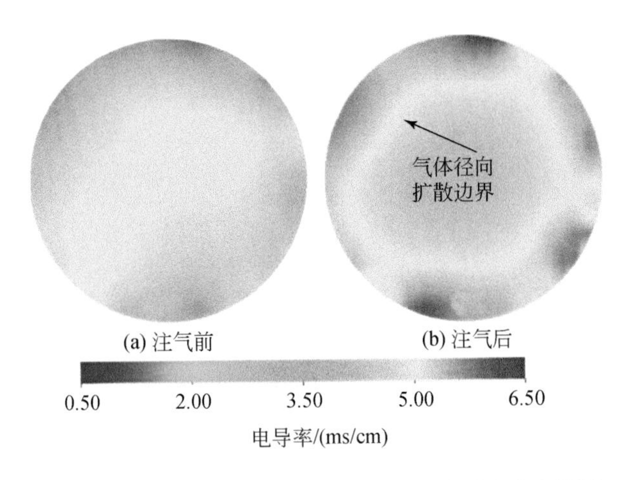

图 6.31　注气前后沉积物 a-a 截面上的电导率分布图像

同时刻的上升幅度差异巨大。尤其是在子区间 C 后期开始电阻率均值快速振荡抬升。这说明含甲烷水合物沉积物平均电阻率变化取决于甲烷水合物生成的排盐效应和甲烷水合物生成两方面。排盐效应导致沉积物电阻率降低，而甲烷水合物生成本身则导致沉积物电阻率升高。因此在甲烷水合物生成前期平均电导率波动较小可能受甲烷水合物生成速率的影响：假设平均电阻率的变化量是单位时间内甲烷水合物生成导致的电阻率升高值（$d\rho_h$）和由于排盐效应导致的电阻率降低值（$d\rho_s$）共同作用的结果。那么在甲烷水合物生成速率较低条件下，$d\rho_h \approx d\rho_s$，因此沉积物平均电阻率波动幅度不大，这与李小森等（2013）基于去离子水观察到的实验结果不同，却正好验证了甲烷水合物生成及其排盐效应对沉积物电学参数的双重控制作用，甲烷水合物生成速率对平均电阻率的影响可以从第二注气阶段（E～H）得到验证。

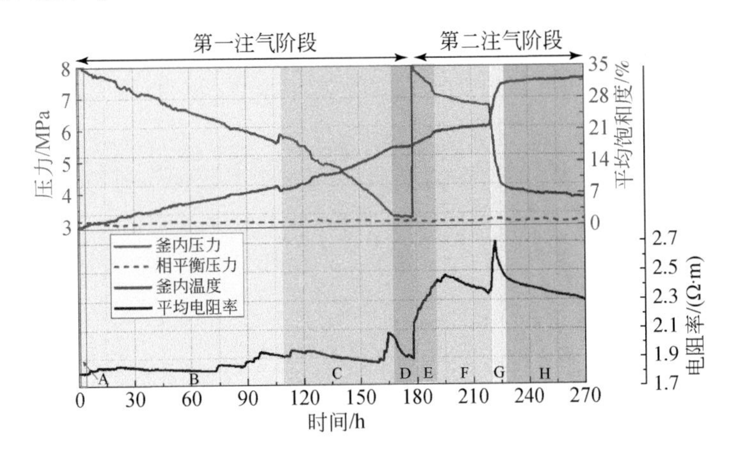

图 6.32　甲烷水合物生成过程中反应釜内控制温压值及界面平均电阻率变化曲线

在第二注气阶段（E～H），反应釜内部压力出现双台肩下降模式（多次实验均观察到类似现象），即在 E（175～192h）、G（219～228h）子区间釜内压力出现了两次大幅下降，伴随着沉积物平均电阻率快速升高，而在压力快速下降（子区间 E）末期或压力平稳阶段（子区间 F，192 ~ 219h）初期，平均电阻率则表现出一定量的回落趋势，然后维持稳定。这说明甲烷水合物快速生成阶段沉积物平均电阻率受甲烷水合物生成速率的绝对控制，而甲烷水合物快速生成末期平均电阻率则受沉积物内部孔隙水排盐效应的影响较大。造成上述现象的原因可能是：甲烷水合物在沉积物中非均匀生成，在快速生成阶段消耗了局部孔隙水，局部孔隙水盐度迅速升高，导致局部相平衡压力上升，因此无法继续快速生成甲烷水合物，从而使沉积物内部压力降低速率减缓（如子区间 F）；在沉积物内部盐度差、水饱和度差异作用下孔隙水重新分布，造成沉积物内部孔隙水盐度重新分布，达到相平衡条件后，再次进入快速生成阶段（子区间 G），最后当孔隙水消耗量增大到不足以稀释局部孔隙水时，无法继续生成甲烷水合物，反应釜内部压力维持长期恒定（H 阶段，228 ~ 270h）。盐度水相平衡压力的响应也可以通过第二注气阶段的最终平衡压力（H 区间）高于第一注气阶段的最终平衡压力（D 区间）得到验证。

特别地，在如图 6.32 所示的 D、F、H 区间初期，虽然反应釜内压力没有明显变化（即此阶段无甲烷水合物生成），但是 a-a 截面的平均电阻率却在发生实时变化。这说明与甲烷水合物生成过程相比，沉积物内部的排盐效应表现在电阻率变化上有一定的滞后性。在甲烷水合物快速生成阶段，沉积物局部孔隙中的气-水结合生成甲烷水合物，盐离子析出，但析出的盐离子只有在沉积物内部孔隙水重新分布后才会对沉积物整体电导率产生影响：甲烷水合物快速生成消耗了 a-a 截面的孔隙水，电导率增大。盐离子结晶析出并留在原位，随着时间的推移，上部孔隙水在重力作用下向下渗透，溶解 a-a 截面的盐离子，导致 a-a 截面的电导率下降。因此，这种表面上的“滞后效应”是沉积物内部盐离子、孔隙水传质过程的滞后引起的。以下将通过甲烷水合物生成过程中沉积物体系截面电导率层析成像规律进一步验证上述结论。

（三）沉积物内部甲烷水合物非均质分布规律

由上述可知，尽管受排盐效应的影响，沉积物平均电阻率在甲烷水合物生成过程中会有一定的波动，但总体上呈上升趋势，即当前盐度条件下沉积物体系的总体电导率受甲烷水合物生成本身的绝对控制，电阻率与甲烷水合物饱和度呈不严格正相关关系。因此，典型时刻的电导率层析成像结果相对于初始条件下沉积物体系电导率成像结果的偏差，一方面可以用于指示甲烷水合物生成位置，另一方面可用于识别压力稳定阶段沉积物内部传质过程对整体电导率的影响规律。为此，分别截取 A ~ H 八个时间区间典型时刻 a-a 截面的电导率层析成像分布结果，计算该时刻电导率图像相对于图 6.31（b）所示的初始条件的偏离程度，分布规律如图 6.33 所示。正偏移量越大，指示局部甲烷水合物生成量越多。

整体而言，随着甲烷水合物生成量的增大（时间的延长），a-a 截面的电导率趋于降低。但不同区域的电导率变化幅度表现出明显的非均质性，这表明甲烷水合物在沉积物内部的生成过程具有明显的非均质性：在子区间 A，电导率异常区沿气体径向扩散外围呈明显的斑点状随机分布特征，一方面指示沉积物中甲烷水合物优先成核区域受气-水分布的影响，优先在气-水接触面形成，另一方面说明气-水分布规律一致的沉积物中甲烷水合物成核具有一定的随机性。在 B ~ C 子区间（3 ~ 165h），a-a 截面整体电导率始终降低，且电导率偏移量较大的位置集中在优先成核区域周围，并在压力降低末期（图 6.33，t =

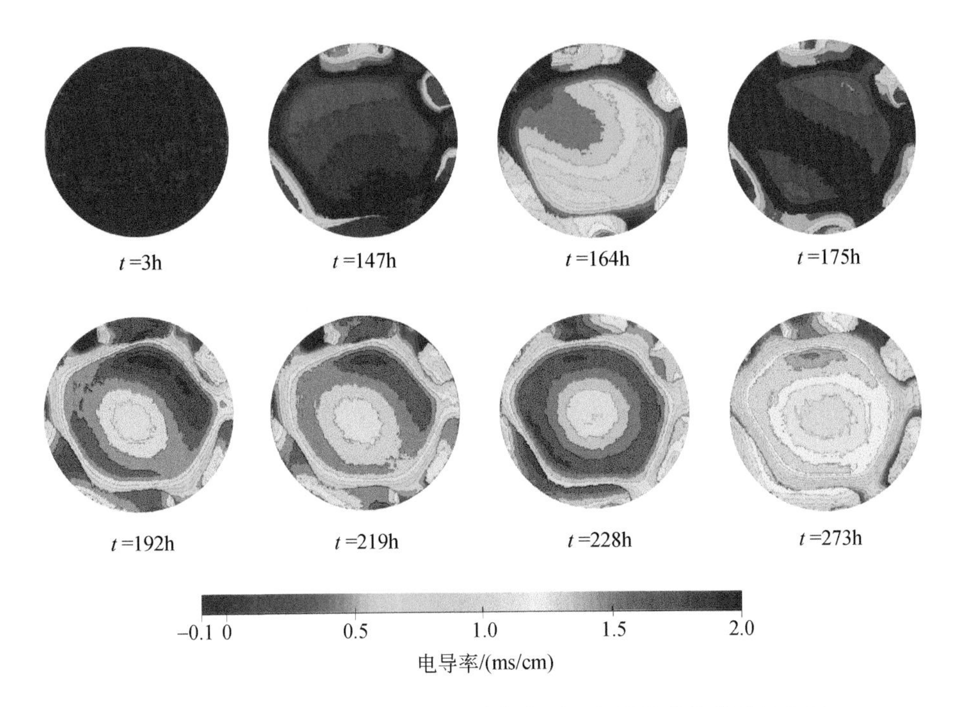

图 6.33　典型时刻 *a*-*a* 截面电导率场相对于初始条件的偏离量分布

165h）发生电导率偏移位置的转移，这表明在第一注气阶段，尽管甲烷水合物成核沿气-水接触面呈现随机分布特征，但是压力消耗过程中甲烷水合物的生长位置在发生实时的转移，再次证明排盐效应导致的盐离子浓度差异对甲烷水合物生成过程的控制作用。

在子区间 D（165～175h），沉积物体系平均压力维持稳定但 *a*-*a* 截面电导率总体不降反增，此即前文所述的排盐效应对沉积物体系平均电导率影响的滞后效应：在压力降低阶段，甲烷水合物生成过程与排盐效应同步进行，导致局部区域盐度升高，抑制甲烷水合物的进一步生成，盐离子浓度差异导致甲烷水合物生成位置发生转移；在压力稳定阶段初期，甲烷水合物生成过程停止，但沉积物体系内部仍然在进行实时的物质传输过程，即沉积物体系内部孔隙水在盐度差作用下的重新分布及盐离子的析出-再溶解过程。另外，子区间 D 末期电导率层析结果正偏移位置发生改变，是由于在 $t=17\sim174.5$h 区间再次向反应釜内注入甲烷气体，引起孔隙中气-水分布规律改变造成的。上述现象在 $t=228$h 和 $t=273$h 时刻电导率偏移量分布图的对比中表现得尤为突出，说明沉积物中甲烷水合物饱和度越高，甲烷水合物生成对盐离子运移通道的阻塞作用更加突出，导致压力稳定后盐离子的重新分布速率变缓。

虽然排盐效应促使沉积物中甲烷水合物生长位置不断发生改变，但从甲烷水合物饱和度分布规律的角度分析，截面整体电导率正偏移量呈现出明显的环状分布特征（除局部边界区域），指示甲烷水合物在沉积物截面中的环带状分布特征。结合图 6.33（b）所指示的初始气-水分布规律及 $t=3$h 时沉积物截面甲烷水合物成核区域的分布特征，说明沉积物中气-水非均质分布特征是沉积物中最终甲烷水合物饱和度非均质分布的决定因素，甲烷水合物在气-水接触面大量生成并富集，然后逐渐向储层外围扩展。

此外，从图 6.33 的电导率场偏移量分布图中可以看出，在正偏移量最大的局部区域周围，始终存在围绕该区域的电导率负偏移区域或正偏移极小区域。导致这种正偏移量梯度的主要原因可能是：局部甲烷水合物快速生成过程中，排出孔隙中的盐离子，导致盐离子在甲烷水合物快速生成区域富集，促使电导率负偏移区域或正偏移极小区域的存在。当压力稳定时间足够长时，盐离子和孔隙水重新分布，负偏移区域（或正偏移极小区域）逐渐消失（如 t=273h）。

参考文献

白登海，于晟．1995. 电阻率层析成像理论和方法．地球物理学进展，10（1）：56-75.

陈强，刘昌岭，业渝光，等．2008. 多孔介质中气体水合物的成核研究．石油学报（石油加工），24（3）：345-349.

陈玉凤，李栋梁，梁德青，等．2013. 含天然气水合物的海底沉积物的电学特性实验．地球物理学进展，28（2）：1041-1047.

底青云，王妙月．2001. 积分法三维电阻率成像．地球物理学报，44（6）：843-851.

董清华，严忠琼．1998. 井间电阻率成像在工程勘察中的应用．工程勘察，1：73-75.

郝锦绮，冯锐，李晓芹，等．2000. 对样品含水结构的电阻率 CT 研究．地震学报，22（3）：305-309.

李敬功．2006. 储层三维电阻率成像监测技术在濮城油田的应用．石油天然气学报，28（1）：65-67.

李清松，潘和平，赵卫平．2005. 井间电阻率层析成像技术进展．工程地球物理学报，2（5）：374-379.

李小森，冯景春，李刚，等．2013. 电阻率在天然气水合物三维生成及开采过程中的变化特性模拟实验．天然气工业，33（7）：18-23.

李新，肖立志．2013. 天然气水合物的地球物理特征与测井评价．北京：石油工程出版社．

李彦龙，孙海亮，孟庆国，等．2019. 沉积物中天然气水合物生成过程的二维电阻层析成像观测．天然气工业，39（10）：132-138.

陆敬安，杨胜雄，吴能友，等．2008. 南海神狐海域天然气水合物地球物理测井评价．现代地质，22（3）：447-451.

罗彩红，邢健，郭蕾，等．2016. 基于井间电磁 CT 探测的岩溶空间分布特征．岩土力学，37（S1）：669-673.

毛先进，鲍光淑．1999. 2.5 维电阻率成像的新方法．物探与化探，23（2）：150-152.

苗雨坤，邹长春，彭诚，等．2018. 天然气水合物储层井周电阻率成像有限单元法正演模拟//2018 年中国地球科学联合学术年会论文集（十八）．中国北京，10 月 21 日．

沈金松，王志刚，马超，等．2014. 井间电磁油气储层监测技术的发展和应用．石油地球物理勘探，49（1）：213-224.

孙建孟，罗红，焦滔，等．2018. 天然气水合物储层参数测井评价综述．地球物理学进展，33（2）：715-723.

宛新林，席道瑛，高尔根，等．2005. 用改进的光滑约束最小二乘正交分解法实现电阻率三维反演．地球物理学报，48（2）：439-444.

王俊超，师学明，万方方，等．2012. 探测孤石高阻体的跨孔电阻率 CT 水槽物理模拟实验研究．CT 理论与应用研究，21（4）：647-657.

吴小平，徐果明．2000. 利用共轭梯度法的电阻率三维反演研究．地球物理学报，43（3）：420-427.

臧德福，晁永胜，李智强，等．2017. 金属套管井间电磁校正方法研究．测井技术，41（4）：383-388.

张大海，王兴泰．1999. 二维视电阻率断面的快速最小二乘反演．物探化探计算技术，21（1）：2-13.

张辉，孙建国 . 2003. 井间电阻率层析成像研究新进展 . 地球物理学进展，18（4）：7-11.
张进铎 . 2007. 井间地震技术在油气藏开发中的应用 . 中国石油勘探，12（4）：42.
Daily W，Owen E. 1991. Cross-borehole resistivity tomography. Geophysics，56（8）：1228-1235.
Loke M H，Acworth I，Dahlin T. 2003. A comparison of smooth and blocky inversion methods in 2D electrical imaging surveys. Exploration geophysics，34（3）：182-187.
Priegnitz M，Thaler J，Spangenberg E，et al. 2013. A cylindrical electrical resistivity tomography array for three-dimensional monitoring of hydrate formation and dissociation. Review of Scientific Instruments，84（10）：104502.
Shima H. 1992. 2-D and 3-D resistivity image reconstruction using crosshole data. Geophysics，57（10）：1270-1281.
Shima H，Sakayama T. 1987. Resistivity tomography：an approach to 2-D resistivity inverse problems. SEG Technical Program Expanded Abstracts 1987. 59-61. Society of Exploration Geophysicists.
Suryanto B，Saraireh D，Kim J，et al. 2017. Imaging water ingress into concrete using electrical resistance tomography. International Journal of Advances in Engineering Sciences and Applied Mathematics，9（2）：109-118.
Wu J X，Guo X J. 2017. A multi-electrode resistivity logging design to monitoring natural gas hydrate reservoir decomposition//2017 International Conference on Energy，Power and Environmental Engineering. Shanghai，China. 23 April.
Wu Y，Li H，Wang M，et al. 2005. Characterization of air-water two-phase vertical flow by using electrical resistance imaging. The Canadian Journal of Chemical Engineering，83（1）：37-41.
Wait J R. 1959. A phenomenological theory of overvoltage for metallic particles. Overvoltage Research and Geophysical Application，4：22-28.
Yang X，Sun C Y，Su K H，et al. 2012. A three-dimensional study on the formation and dissociation of methane hydrate in porous sediment by depressurization. Energy Conversion and Management，56：1-7.
Zohdy A A. 1989. A new method for the automatic interpretation of Schlumberger and Wenner sounding curves. Geophysics，54（2）：245-253.

第七章　含天然气水合物岩心复电阻率响应特征

第一节　含天然气水合物岩心复电阻率实验

含天然气水合物岩心复电阻率测试的基本原理已在第一章介绍。本章主要介绍利用自主研发的模拟实验装置进行含天然气水合物岩心复电阻率响应特征的研究。实验系统如图7.1所示，主要由以下几部分组成：高压反应釜、低温恒温箱、温度和压力传感器、数据采集器、电化学工作站以及用于控制电化学工作站并进行数据存储、显示和处理的计算机。

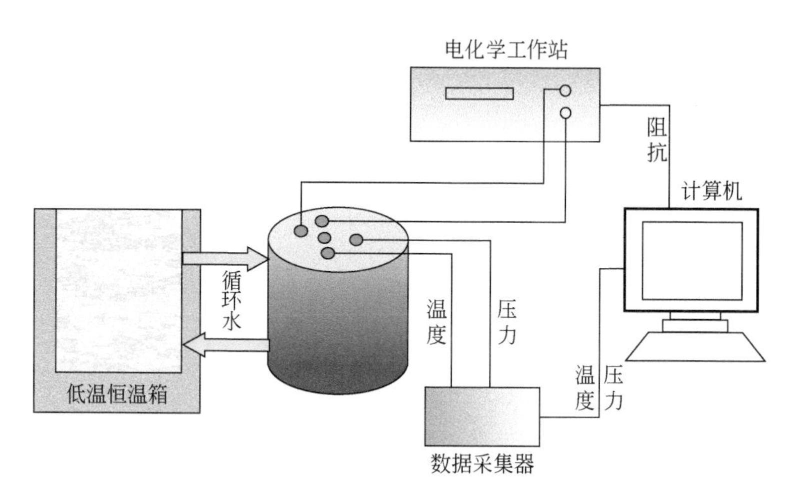

图7.1　天然气水合物阻抗谱测量系统示意图

一、电化学工作站

由计算机控制的电化学测试仪通常称为电化学工作站，它其实是由电化学交流阻抗测量仪、信号发生器、恒电位仪、恒电流仪和AD转换器等组成的测量系统，主要用于电化学参数的测量和电学材料的腐蚀性研究。

含甲烷水合物多孔介质体系可以视为串并联RLC电路系统。对该系统施加一个直流极化电势，使其处于平衡电势条件下，然后叠加不同频率的小幅度的正弦波微扰信号，考察系统对扰动的跟随性，进而测出系统的全阻抗特性。研究所用的电化学工作站是德国Zahner公司的IM6，其主要包括频率发生器、恒电位/电流仪及分析仪。它提供交流阻抗测试及多种常规电化学测试，可实现的最大频率范围为10mHz～8MHz，大电流可支持至

100A，信噪比为同类产品中最好的，测试精度高，重现性良好。IM6 主机外形图如图 7.2 所示。

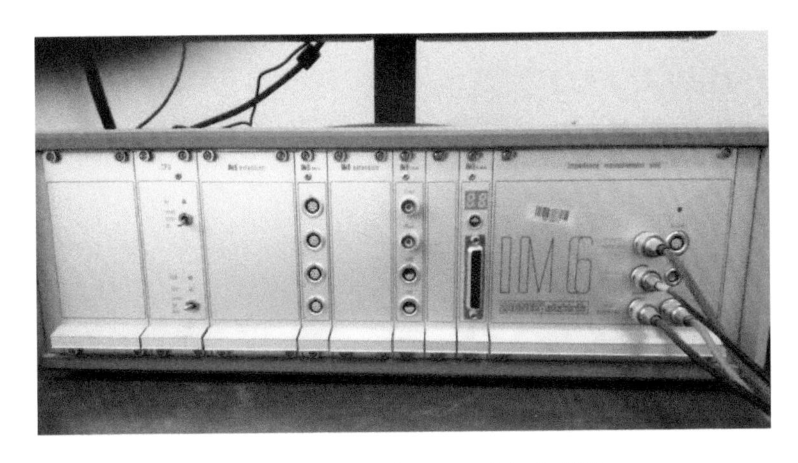

图 7.2　电化学工作站 IM6 主机外形图

复电阻率测试主界面如图 7.3 所示，其中包含了各项功能参数的设置，主要包括如下内容。

Sweep Mode（扫描模式）：有两种方式可供选择，分别是从高频至低频扫描和从低频往高频扫描。扫描起始频率由 Start 设置，upper limit 表示扫描上限频率，lower limit 设置扫描下限频率。图 7.3 中，软件默认设置表示：从高频往低频扫描，起始频率为 1kHz，从 1kHz 先向 100kHz 高频方向扫描，然后再从 100kHz 向低频 100mHz 方向扫描。此扫频方式具有自校验功能，当发现从 1kHz 至高频范围内交流阻抗曲线在 2 次扫描过程中出现不重合时，说明被测体系在短时间内出现不稳定的现象，可手动停止测量。

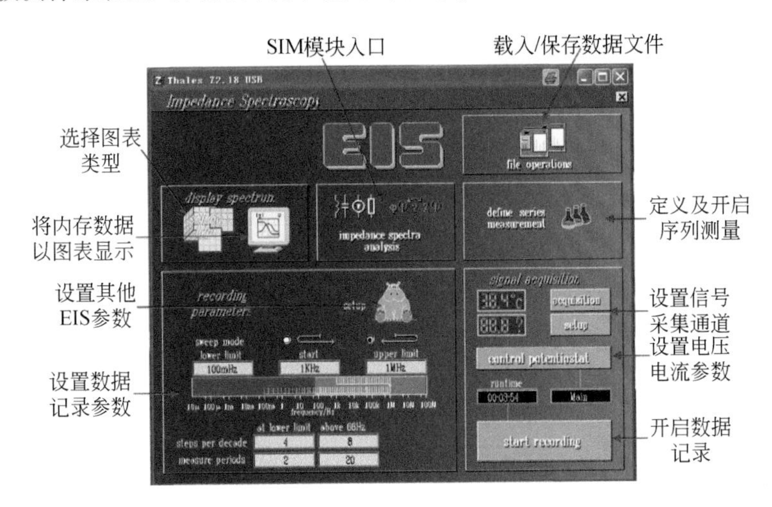

图 7.3　复电阻率测试主界面

Steps per Decade（每一数量级的取点数）：设置测量频率范围的每一个数量级的取点数。以 66Hz 为界限，可分别设置不同的数目，默认值分别是低频到 66Hz 之间取 4 个点和

66Hz 到高频之间取 10 个点。

Measure Periods（测量周期）：定义所取的每一个点重复测量的周期，并取平均值。同样以 66Hz 为界限，可分别设置不同的数目，默认值分别是低频到 66Hz 之间测量周期数为 4 和 66Hz 到高频之间测量周期数为 20。

二、反应釜及温控系统

如图 7.4 所示，实验中使用的高压反应釜外形为圆柱形结构，最大容积为 942.5mL，耐压为 20MPa，其外壁为双层结构，夹层允许循环水流动以对反应釜进行制冷，内壁衬为具有绝缘和耐腐蚀作用的聚四氟乙烯。由于要检测反应体系整体的阻抗参数，考虑到平行电场具有简单稳定的电学特性，故使用聚四氟乙烯材料制作方形核心反应器，选择正对的两面作为基底，用两片铜片电极作为测量电极。高压反应釜的上端盖可以拆卸，在上端盖上钻孔以便于连接压力、温度传感器以及两个工作电极。

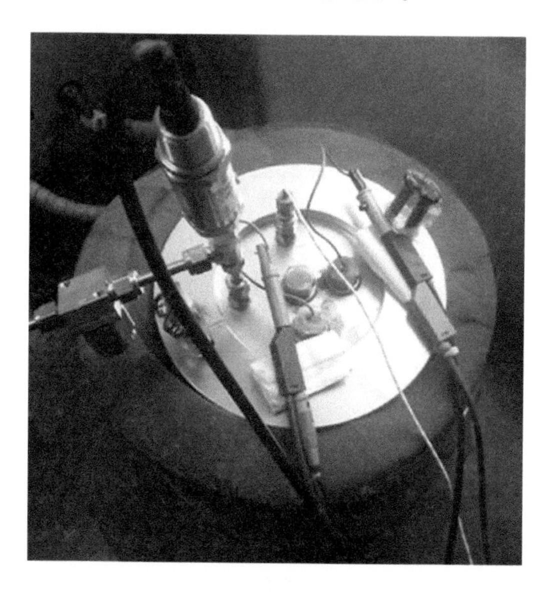

图 7.4　高压反应釜实物图

三、温度、压力采集系统

天然气水合物实验中，反应体系内部的温度、压力是非常重要的过程参数。一方面，温度、压力可以实时标示反应进程；另一方面，反应体系内天然气水合物饱和度数据也是依据温度、压力数据计算得出的。高压反应釜的气体压力可通过压力传感器来记录，此处采用的压力传感器的量程为 0～40MPa，精度为 0.1 级。反应体系的温度是从反应釜上端插入釜内的 PT100 热电阻温度计来记录，其量程为−50～260℃，精度为 0.1 级。整个系统的温度、压力由数据采集系统 Agilent 34972A 采集显示。

第二节　天然气水合物生成分解过程复电阻率特征

一、天然气水合物生成过程复电阻率变化

1. 实验材料

为了简化研究体系，实验选用的多孔介质为经过筛选的天然海砂。由于甲烷在水中的溶解度不大，其溶解后产生的少量离子不足以引起体系电学参数的变化，因此实验选用接近于实际海水浓度的3.5% NaCl溶液作为导电介质。为防止其他离子的干扰，配置氯化钠溶液时选用去离子水。实验所选用的材料及材料的规格等详细信息见表7.1。

表7.1　实验材料及其规格表

实验材料	规格	备注
甲烷气体	纯度99.99%	南京特种气体厂
沉积物	粒径0.25～0.35mm 孔隙度40%	天然海砂
孔隙水	3.5% NaCl溶液	实验室配置
水	去离子水	实验室配置

2. 实验步骤

（1）对高压反应釜及气路的密封性进行检测；一轮完整的实验周期较长，所以必须确保整个系统的气密性，排除漏气对实验数据造成的影响；在进行密封性检测时，不仅要在常温常压下进行检测而且需要在实验条件下（低温高压）进行。

（2）用去离子水对反应釜进行清洗烘干，将一定量（根据方形反应釜的尺寸以及方形反应釜、温度传感器在高压反应釜内的相对位置确定）的天然海砂放入方形反应釜内；用去离子水配置质量分数为3.5%的NaCl溶液（配置好的溶液放置时需密封，防止溶液蒸发），将NaCl溶液缓缓倒入反应釜内，直至海砂达到水饱和状态。

（3）密封高压反应釜，将温度、压力传感器通过数据采集器与计算机相连，配置数据采集通道确保其正常工作；将高压反应釜盖上的电极板引线与电化学工作站主机的测试电极相接，通过其自带软件对阻抗谱测试参数进行设置。Sweep Mode（扫描模式）为由高频至低频；Start（起始频率）为1kHz；upper limit（上限频率）为1MHz；lower limit（下限频率）为0.1Hz。具体扫描方式为：从起始频率扫至上限频率，然后由上限频率扫至下限频率。具体测试参数的设置方法，可根据实验要求参照软件说明书灵活设置。

（4）用甲烷气体对反应釜及整个管路系统进行“冲洗”，确保系统内无空气；向反应釜内冲入甲烷气体直至压力满足实验要求（实验要求压力为8.5MPa），在室温下静置一段时间，使甲烷气体在多孔介质中充分扩散溶解；将恒温水浴槽温度设为20℃，并对整个体系的温度、压力及阻抗谱数据进行采集。

（5）设置恒温水浴槽温度为2℃，开始甲烷水合物生成过程；记录整个过程体系的温度、压力及阻抗谱数据；当温度、压力基本保持稳定时，可认为生成过程结束。

3. 实验结果分析

对实验所测得的甲烷水合物–海砂–3.5%盐水体系阻抗谱数据进行处理，得到不同测量频率下（0.1Hz～1MHz）含甲烷水合物多孔介质的阻抗幅值和相角。根据公式（7.1）计算复电阻率幅值，再根据公式（7.2）求出复电阻率实部和复电阻率虚部。

$$\rho = R\frac{S}{L} \tag{7.1}$$

式中：ρ 为复电阻率幅值，$\Omega \cdot m$；R 为阻抗幅值，Ω；S 为填充于方形反应器中海砂部分的横截面积，m^2；L 为填充于方形反应器中海砂部分的宽度，m。

$$\begin{cases} \rho' = \mathrm{Re}\rho(\omega) = \rho(\omega)\cos\theta \\ \rho'' = \mathrm{Im}\rho(\omega) = \rho(\omega)\sin\theta \end{cases} \tag{7.2}$$

式中：ρ 为复电阻率幅值，$\Omega \cdot m$；θ 为相角，rad。

图7.5是不同测试频率下甲烷水合物生成过程复电阻率幅值的变化图。如图7.5所示，随着甲烷水合物的生成，测试体系的复电阻率幅值有较为明显的波动，该变化可以有效地识别多孔介质中甲烷水合物生成过程。实验进程的最初阶段，复电阻率幅值波动尤为明显，随着实验的推进波动逐渐减小，原因可能是：在甲烷水合物生成的开始阶段，反应体系各组分状态较混乱，因此会导致复电阻率幅值的波动。在较低的测试频率（0.1Hz）下，随着甲烷水合物的生成，复电阻率的幅值呈减小趋势，这与较高测试频率复电阻幅值呈增大趋势的变化存在一定的差异。可能的原因是：当测试频率较低时，容抗效应对整个反应体系的影响会逐渐增加。本实验通过两个平行的极板对介质进行测量，因此可以等效为平行板电容器来讨论系统的容抗效应。实验过程中电极板的面积以及极板间距都不会发生变化，容抗主要由介电常数决定。而体系内介质的温度、矿化度、各相饱和度及盐度等因素都会对介电常数产生影响，因此容抗也存在不确定性。在较高的测试频率下（1MHz），复电阻率幅值的波动尤为明显，可能是因为达到设备的临界测试频率时，设备容易受到自身和外界的干扰。

二、天然气水合物分解过程复电阻率变化

1. 实验方法

当甲烷水合物生成实验进入停滞阶段，即反应体系的温度、压力数据达到平衡状态，此时可认为甲烷水合物生成过程结束。甲烷水合物分解过程可采用逐步升温和放气降压两种方法，两种方法的原理都是通过破坏体系内部的相平衡状态，使原本甲烷水合物稳定存在的温度压力条件发生改变，甲烷水合物开始分解，当体系达到新的相平衡状态时甲烷水合物分解结束。在改变温度压力条件后要等到体系达到新的相平衡状态后，再采集2h的阻抗谱数据，同时保持整个过程对温度、压力数据的实时采集。在进行升温和放气时需要注意：每一次的升温和放气的幅度要适中，幅度较小会让甲烷水合物达不到期望分解的程度，幅度较大使甲烷水合物分解过度而错过一些需要的饱和度点；每次操作间隔时间要足

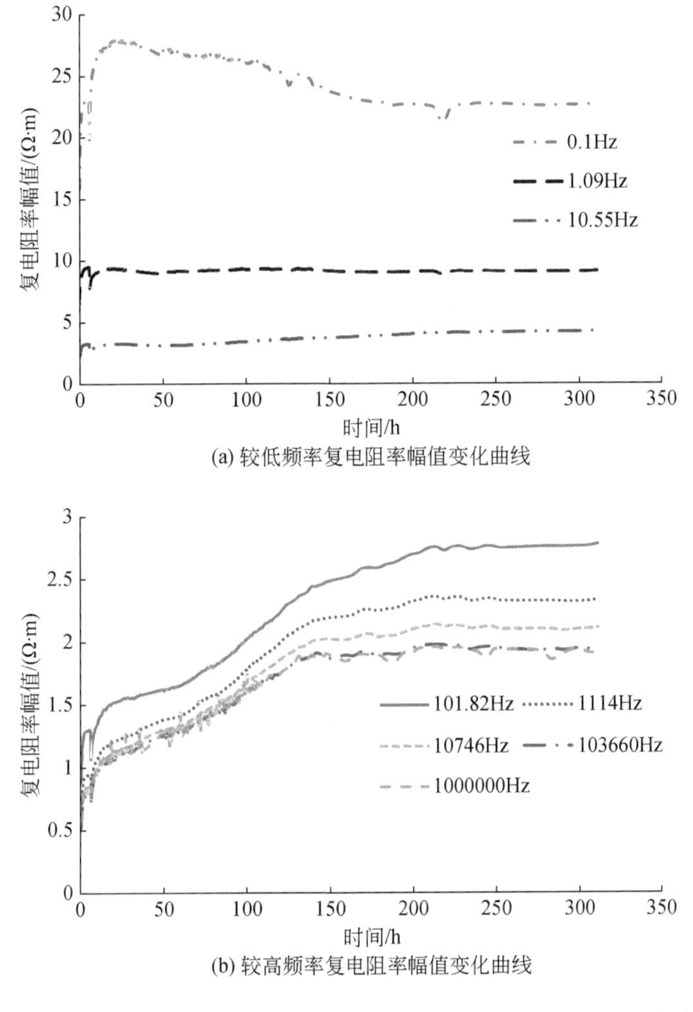

(a) 较低频率复电阻率幅值变化曲线

(b) 较高频率复电阻率幅值变化曲线

图 7.5　甲烷水合物生成过程中不同测试频率下复电阻率幅值变化曲线图

够，确保甲烷水合物在该条件下分解完全并达到新的平衡状态。

2. 实验结果分析

岩心中甲烷水合物饱和度仍旧通过反应过程温度压力的变化计算获得。图 7.6 是甲烷水合物分解过程中不同测试频率下反应体系复电阻率幅值随甲烷水合物变化的曲线图。在甲烷水合物分解过程中，复电阻率参数的测量不是连续的，而是通过升温和放气两种方法选取几个具有代表性的饱和度点，来测量其阻抗谱参数。分解过程的曲线是通过几个饱和度点的数据拟合而成，因此曲线较为平滑没有明显的波动。在较低的测试频率（0.1Hz）下，随着甲烷水合物的分解（饱和度的升高）复电阻率的幅值呈增大趋势。当测试品频率大于 10Hz 时，随着甲烷水合物的分解（饱和度的升高）复电阻率的幅值呈减小趋势。

通过对不同测试频率下甲烷水合物生成、分解过程复电阻率特征变化规律的讨论，不难发现：利用含甲烷水合物多孔介质的复电阻率特征可以有效地识别甲烷水合物生成分解

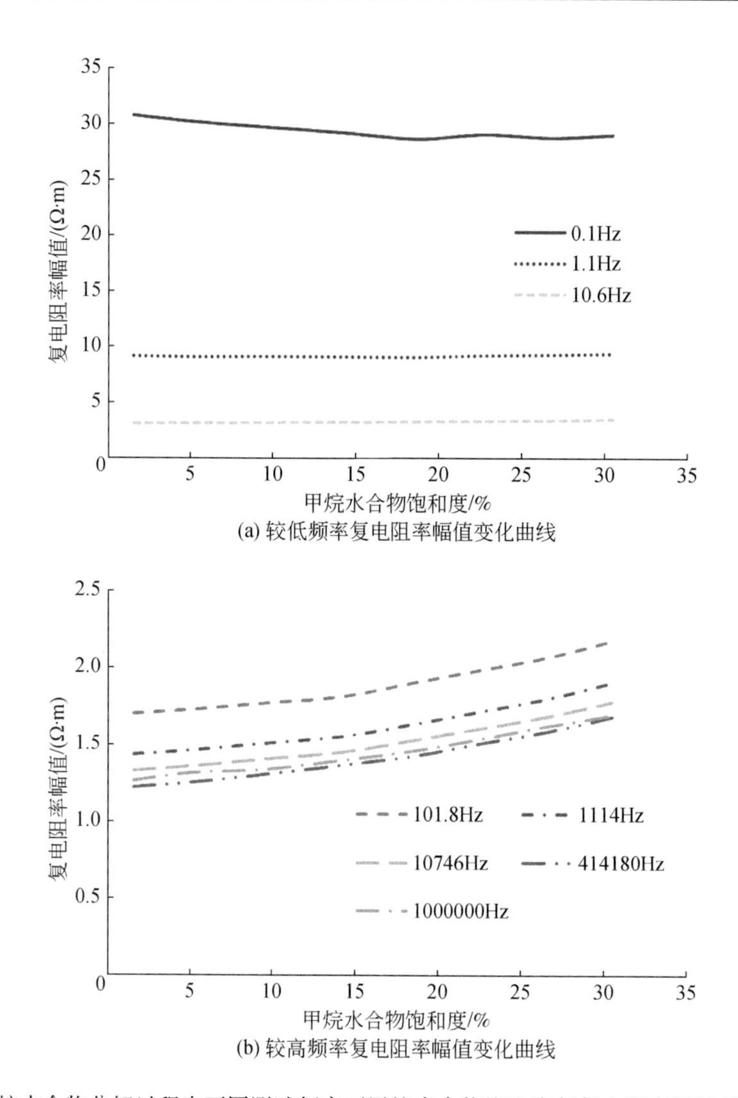

(a) 较低频率复电阻率幅值变化曲线

(b) 较高频率复电阻率幅值变化曲线

图 7.6　甲烷水合物分解过程中不同测试频率下甲烷水合物饱和度与复电阻率幅值的关系曲线图

过程甲烷水合物饱和度的变化；在不同的测试频率下，甲烷水合物生成分解过程的复电阻率变化规律不同。

第三节　含天然气水合物岩心复电阻率频散特性分析

一、含天然气水合物岩心复电阻率频散机理

目前，对含天然气水合物多孔介质频散特性的研究较少，对其物理机理还没有明晰的认识。不少学者对含油水岩石的电学参数频散特性进行了一定的实验和理论探索研究，但目前尚未形成统一的认识。

有学者认为岩石的频散主要与电化学效应引起的激发极化有关。苏庆新（1999）在100Hz～10MHz频段内考察了油驱替水过程中岩石阻抗谱随含水饱和度变化的规律，研究结果表明：岩石的介电频散与孔隙结构密切相关，原因在于岩石的界面极化；凡有孔隙结构的介质，当含有导电流体时必有频散；岩石比表面积越大，则其介电常数越大。肖占山等（2006）对复电阻率测井的频散机理进行了研究，结果发现在较低频段范围内造成岩石频散的主要原因是激发极化，较高频段范围内的主要原因是介电极化，在中频段范围内的主要原因是电磁感应效应。也有学者认为，岩石的频散主要与位移电流引起的介电极化有关。范宜仁等（1994）通过实验研究发现岩石电阻率存在频散现象，认为在100Hz～100kHz频率范围内电阻率频散主要受到岩石松弛极化的影响。介电极化主要包括位移极化、转向极化及结构极化。

通过相关学者对岩石复电阻率频散特性的研究，含天然气水合物沉积物的电性参数频散特性相对于单一的岩石更为复杂。测试频率在0.1Hz～1MHz范围内，含甲烷水合物多孔介质复电阻率的频散特性可能与激电效应和电磁感应效应有关。复电阻率虚部和相角频散特性曲线的极值点为200kHz，可以认为极值点是激电效应与电磁感应效应的分界点（赵云生等，2014），极值点之前激发极化效应为主要影响因素，极值点之后电磁感应效应逐渐加强。

图7.7是甲烷水合物饱和度为30.51%时，复电阻率幅值、相角、实部及虚部在测试频率0.1Hz～1MHz范围内的频散特性曲线。实测的相角和复电阻率虚部的值都为负值，为了便于对比，在作图时都将其取绝对值。由图7.7可知，随着测试频率的增大，复电阻率幅值由29.04Ω · m减小至1.69Ω · m，实部由20.90Ω · m减小至1.68Ω · m，虚部绝对值由20.16Ω · m减小至0Ω · m后又增大至0.11Ω · m，频率对复电阻率幅值、实部以及虚部的影响逐渐减小。在0.1Hz～100Hz范围内复电阻率幅值、实部及虚部频散现象更为明显。随着频率的增加，相角绝对值先减小后增大，由43.96°减小至0.01°后又增大至4.15°。在10～100Hz范围内相角减小速度较快；在经过一段缓慢的减小后，当频率接近

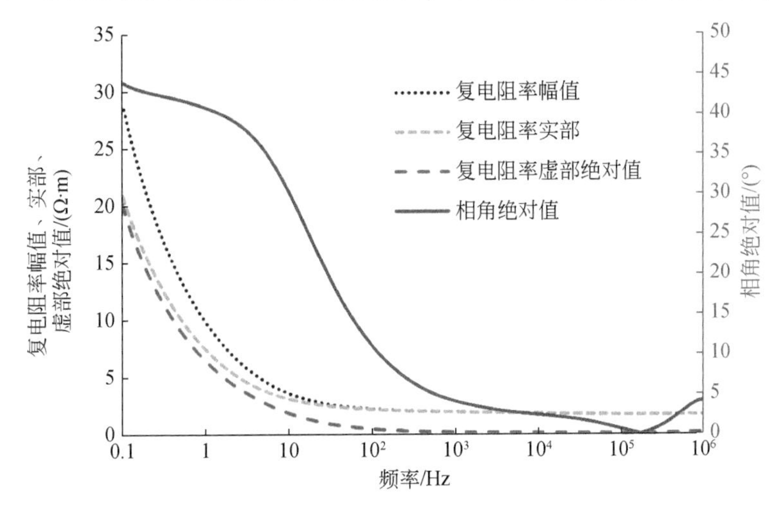

图7.7　复电阻率各参数频散曲线（饱和度30.51%）

200kHz 时，相角有明显增大的趋势；综上所述，含甲烷水合物多孔介质的复电阻率具有显著的频散特性。

二、天然气水合物饱和度对电性参数频散特征的影响

1. 不同频段频散特征的表示

在不同的测试频率频段范围内，复电阻率各参数频散曲线的变化趋势有所差异。为了更精确地描述各参数的频散特性，需要在不同的测试频率范围内分别定义不同的频散特征来描述其频散特性。通过分析频散曲线的变化规律，将分为两个频段来分别表示频散特征。

在 0.1～10Hz 测试频率范围内，双对数坐标系中复电阻率幅值、实部和虚部（取绝对值）与测试频率呈近似线性关系，定义频散曲线斜率作为该频段的频散特征。频散曲线斜率表示各参数频散的显著程度，频散越显著，斜率的绝对值就越大。

在 10Hz～1MHz 测试频率范围内，为了量化电性参数的频散特性，用频散度作为该频段的频散特征，频散度越大表示电性参数对频率的依赖程度越强。

复电阻率幅值频散度表示如下（童茂松等，2005）：

$$Z_{\mathrm{PFE}}=\frac{Z_{\mathrm{L}}-Z_{\mathrm{H}}}{Z_{\mathrm{L}}}\times 100\% \tag{7.3}$$

式中：Z_{PFE}为幅值频散度（PFE 为 percent frequency effect，频散度）；Z_{L}为低频复电阻率的幅值；Z_{H}为高频复电阻率的幅值。

相角频散度表示如下：

$$\theta_{\mathrm{PFE}}=\frac{\theta_{\mathrm{L}}-\theta_{\mathrm{H}}}{\theta_{\mathrm{L}}}\times 100\% \tag{7.4}$$

式中：θ_{PFE}为相角频散度；θ_{L}为低频相角；θ_{H}为高频相角。

复电阻率实部频散度表示如下：

$$R_{\mathrm{PFE}}=\frac{R_{\mathrm{L}}-R_{\mathrm{H}}}{R_{\mathrm{L}}}\times 100\% \tag{7.5}$$

式中：R_{PFE}为实部频散度；R_{L}为低频复电阻率实部；R_{H}为高频复电阻率实部。

复电阻率虚部频散度表示如下：

$$X_{\mathrm{PFE}}=\frac{X_{\mathrm{L}}-X_{\mathrm{H}}}{X_{\mathrm{L}}}\times 100\% \tag{7.6}$$

式中：X_{PFE}为虚部频散度；X_{L}为低频复电阻率虚部；X_{H}为高频复电阻率虚部。

2. 甲烷水合物饱和度对电性参数频散曲线斜率的影响

图 7.8 给出了甲烷水合物饱和度为 30.51% 时，0.1～10Hz 测试频率范围内双对数坐标系下各电性参数的频散曲线。复电阻率幅值、实部和虚部（取绝对值）与测试频率呈近似线性关系，可用式（7.7）表示。

$$\lg y=k\lg x+b \tag{7.7}$$

式中：y 为复电阻率幅值、实部或虚部；x 为测试频率；k 为频散曲线斜率为该频段的频散

特征，表示各参数频散的显著程度，频散越显著则 k 的绝对值越大。基于最小二乘原理进行线性拟合，得到复电阻率幅值、实部、虚部与频率之间的拟合直线的斜率，分别为 $k_1=-0.4606$（$R^2=0.9997$）、$k_2=-0.4276$（$R^2=0.9983$）、$k_3=-0.5123$（$R^2=0.9992$）。由于相角的频散曲线斜率并不唯一，该频段相角的频散特征下文将不再讨论。

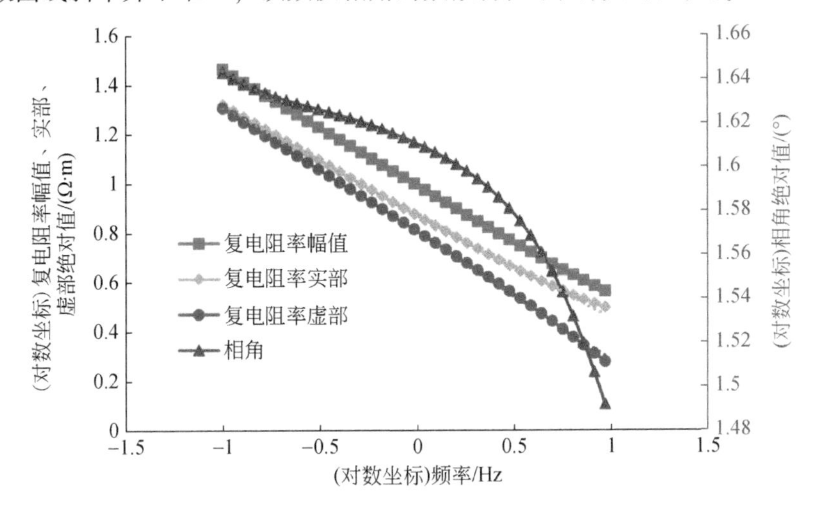

图 7.8　双对数坐标系下 0.1 ~ 10Hz 电性参数频散曲线（饱和度 30.51%）

在 0.1 ~ 10Hz 测试频率范围内，求取不同甲烷水合物饱和度条件下的复电阻率幅值、实部及虚部的频散特性曲线斜率 k，图 7.9 给出了饱和度与复电阻率幅值、实部及虚部频散特性曲线双对数坐标系下的斜率 k 绝对值的关系图。随甲烷水合物饱和度增大，复电阻率幅值、实部及虚部频散特性曲线的斜率 k 的绝对值减小，复电阻率幅值、实部及虚部的频散程度逐渐减弱。在同一饱和度下，复电阻率虚部的频散程度最强，复电阻率幅值次之，复电阻率实部最弱。对饱和度与频散特性曲线斜率进行拟合，得到饱和度与斜率 k 之间的关系。

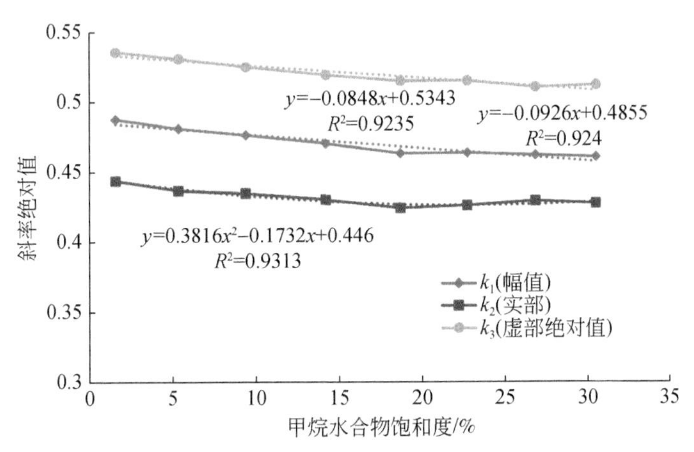

图 7.9　含甲烷水合物多孔介质电性参数的频散特性曲线斜率 k 的绝对值与饱和度之间的关系

3. 甲烷水合物饱和度对频散度的影响

图 7.10 为在 10Hz ~ 1MHz 频率范围内不同甲烷水合物饱和度时含甲烷水合物多孔介质复电阻率频散特性曲线。由图 7.10 可知，复电阻率幅值、实部随甲烷水合物饱和度的增大而增大。由于甲烷水合物类似于绝缘体，甲烷水合物的生成使多孔介质孔隙连通性变差，从而导致复电阻率实部增大。在 100Hz ~ 100kHz 范围内复电阻率虚部的绝对值也随饱和度的增大而增大，原因可能是部分孔隙水转化为甲烷水合物后，剩余水的矿化度增大，矿化度增大会使岩样的介电常数增大，使得复电阻率虚部增大。但是总的来说复电阻率虚部和相角在不同饱和度下的变化规律较复杂，并没有明显的规律。由于对于甲烷水合物复电阻率的研究较少，对甲烷水合物的频散机理也并不明晰，其变化机理有待进一步研究。

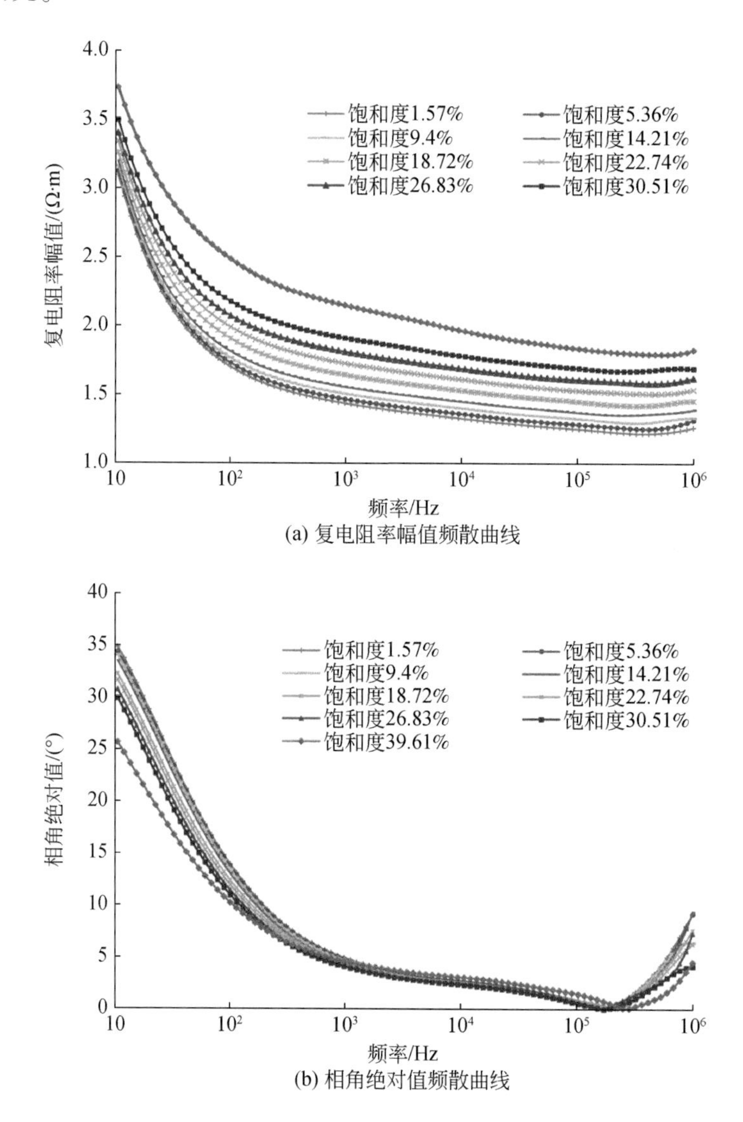

(a) 复电阻率幅值频散曲线

(b) 相角绝对值频散曲线

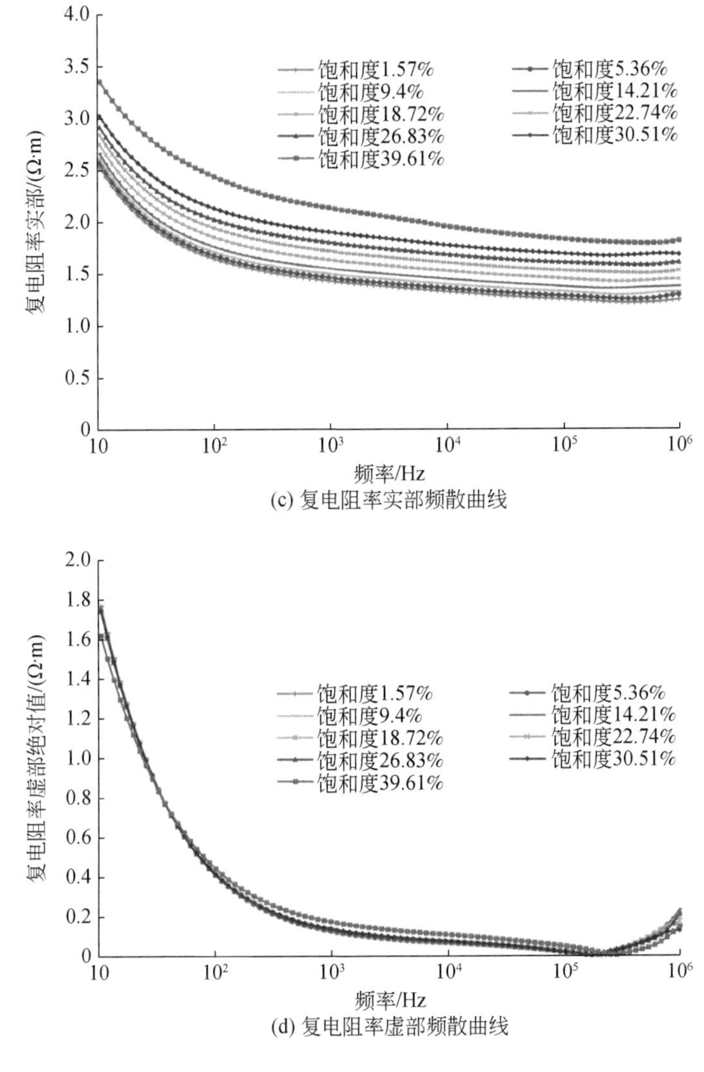

(c) 复电阻率实部频散曲线

(d) 复电阻率虚部频散曲线

图 7.10　甲烷水合物饱和度不同时复电阻率频散曲线

根据图 7.10 的数据，按照式（7.3）~式（7.6）计算复电阻率幅值、复电阻率实部以及复电阻率虚部频散度。在计算频散度时，选取 10Hz 为低频点，1MHz 为高频点，在实际计算中高、低频点可根据具体情况进行适当选取。

图 7.11 是甲烷水合物饱和不同时，含甲烷水合物多孔介质的复电阻率各参数的频散度。由图 7.11 可知，在 10Hz ~ 1MHz 测试频率范围内，随着甲烷水合物饱和度的增大，复电阻率幅值和复电阻率实部的频散度逐渐减小，通过线性拟合发现甲烷水合物饱和度与复电阻率幅值和虚部之间基本呈线性关系；而随饱和度的增大，相角和复电阻率虚部绝对值的频散度与饱和度之间没有明显的变化规律，推测原因为甲烷水合物的生成导致多孔介质体系内的界面更多更加复杂，使得界面极化效应对频散特性的影响也较为复杂，频散度随甲烷水合物饱和度的增大呈现出不规律的变化。

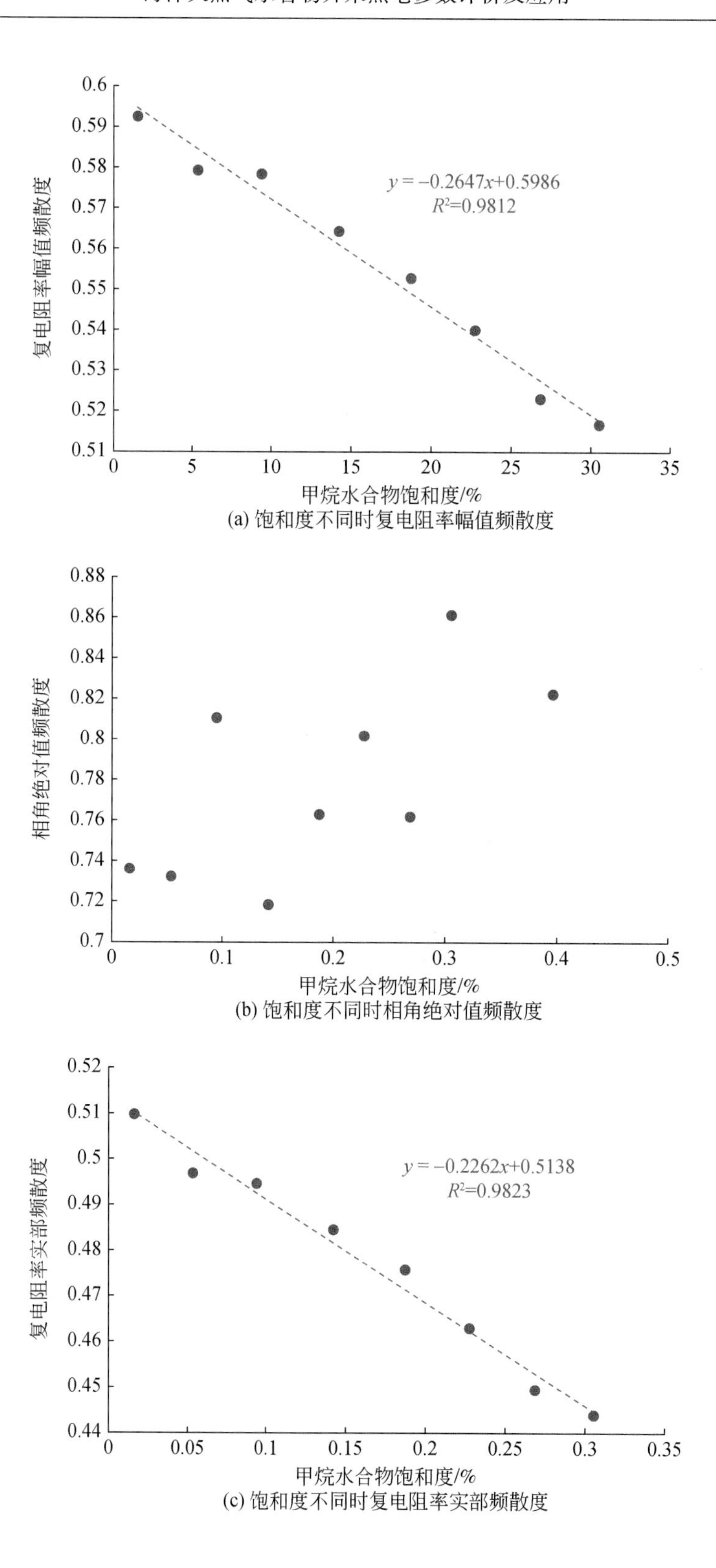

(a) 饱和度不同时复电阻率幅值频散度

(b) 饱和度不同时相角绝对值频散度

(c) 饱和度不同时复电阻率实部频散度

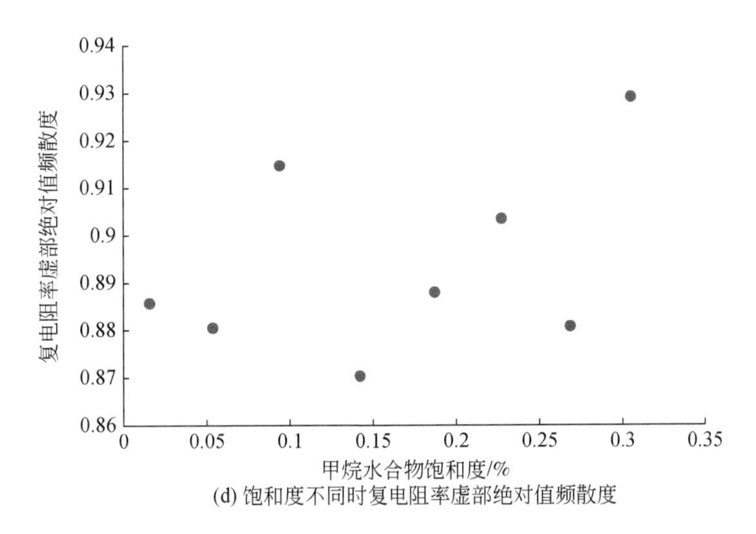

(d) 饱和度不同时复电阻率虚部绝对值频散度

图 7.11　甲烷水合物饱和度不同时复电阻率各参数的频散度

第四节　含天然气水合物岩心复电阻率模型研究

一、常用复电阻率模型

等效电路拟合是模拟岩石频散特性的常用方法，基于不同的等效电路模型可以得到不同的数学表达式，其出发点是利用不同的参数组合来描述系统的电学特性。理论上，不同介质的电学特性都可以找到与之对应的等效电路模型。

1. Wait 模型

Wait 模型是最早提出的复电阻率模型（Wait，1959）。等效电路如图 7.12 所示，R 和 R_1 为电阻，$Z'=Z'(\mathrm{i}\omega)$ 为复阻抗。复电阻率表达式为

$$\rho=\rho_s\left(1-\frac{A}{1+2A/3}\right) \tag{7.8}$$

$$A=3v\frac{1-\delta}{1+2\delta}$$

$$v=4\pi r^3N/3$$

$$\delta=\frac{\sigma}{\sigma_P}+\frac{t_m}{\mathrm{i}\varepsilon_m\omega r}$$

式中：ρ_s为主矿物的电阻率；A 为无限均匀介质中单位体积上的平均极化率；r 为球形颗粒的半径；N 为单位体积颗粒数目；σ_P为单一球形颗粒的电导率；t_m为球形颗粒外绝缘膜厚度；ε_m为介电常数；σ 为悬浮介质电导率；ω 为角频率。

2. Madden 和 Cantwell 模型

Madden 和 Cantwell（1967）模型等效电路与图 7.12 相同。R 和 R_1 为电阻，复阻抗

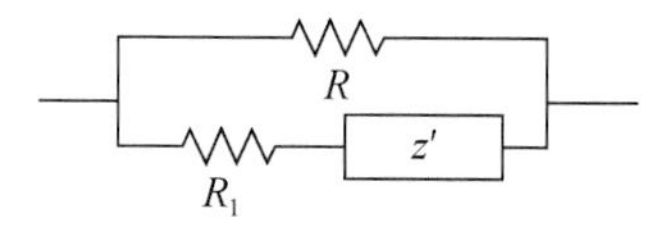

图 7. 12　Wait 模型等效电路

$Z'=a/(\mathrm{i}\omega)^{1/4}$。复电阻率表达式为

$$\rho=\rho_0\left[1-m\left(1-\frac{1}{1+(\mathrm{i}\omega\tau)^{1/4}}\right)\right] \tag{7.9}$$

$$m=(\rho_0-\rho_\infty)/\rho_0=R/(R+R_1)$$

$$\tau=[(R+R_1)/a]^4$$

式中：ρ_0为零频率电阻率；m 为充电率（极化率）；ρ_∞为无限高频率下电阻率；τ 为时间常数；a 为实常数。

3. Ward 和 Fraser 模型

Ward 和 Fraser（1967）模型等效电路如图 7. 13 所示，R_1、R_2、R_3和 R_g为电阻，C_g为颗粒间的电容，C_{dl}为双电层电容，$Z_W=a/(\mathrm{i}\omega)^{1/2}$为复阻抗，$a$ 为实常数。复电阻率表达式为

$$\rho=\rho_D\left[1-\frac{1}{1+(\rho_g+\gamma/\mathrm{i}\omega/\rho_D)}\right] \tag{7.10}$$

式中：ρ 为电阻率；ρ_D 为与 Dias 模型相关的电阻率参数；ρ_g 为 R_g 电路元件的电阻率；γ 为模型参数。

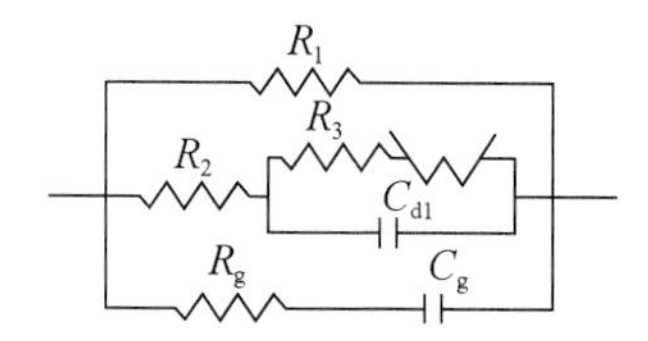

图 7. 13　Ward 和 Fraser 模型等效电路

4. Dias 模型

Dias（2000）提出的等效电路如图 7. 14 所示，r、R 和 R_S为电阻，C_{dl}为双电层电容，$Z_W=a/(\mathrm{i}\omega)^{1/2}$。$r+Z_W$ 代表界面上的激发极化效应。复电阻率表达式为

$$\rho=\rho_0\left[1-m\left(1-\frac{1}{1+\mathrm{i}\omega\tau'(1+\mu^{-1})}\right)\right] \tag{7.11}$$

$$m=(\rho_0-\rho_\infty)/\rho_0=R/(R+R_S),$$

$$\tau'=\tau(1-\delta)/\delta(1-m)$$

$$\tau=rC_{dl}=\tau^2\eta^2$$

$$\tau''=(aC_{dl})^2$$

$$\mu=\mathrm{i}\omega\tau+(\mathrm{i}\omega\tau'')^{1/2}$$

式中：ρ_0为零频率电阻率；m 为充电率，$0\leqslant m<1$；τ、τ'、τ''为弛豫时间，三个参数分别对应双电层产生的感应电流、自由孔隙产生的感应电流和双电层产生的扩散电流；η 为电化学参数，表示扩散电流与感应电流之间的关系；δ 为极化电阻系数，表示激电异常出现的频率，δ 越大激发极化发生的频率越高，$0<\delta<1$。

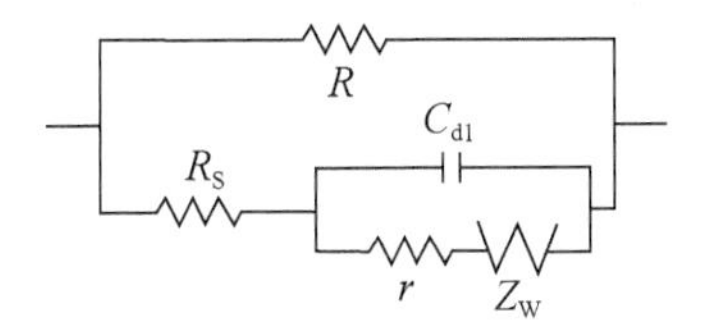

图 7.14　Dias 模型等效电路

5. Warburg 模型

Warburg 模型等效电路如图 7.15 所示（Dias，2000），r、R 和 R_S为电阻，阻抗 $Z_W=a/(\mathrm{i}\omega)^{1/2}$。复电阻率表达式为

$$\rho=\rho_0\left[1-m\left(1-\frac{1}{1+(\mathrm{i}\omega\tau')^{1/2}}\right)\right]\tag{7.12}$$

$$m=(\rho_0-\rho_\infty)/\rho_0=R/[(r+R_S)+R]$$

$$\tau=[(r+R_S+R)/a]^2$$

式中：ρ_0为零频率电阻率；ρ_∞为无限高频率的电阻率；m 为充电率；τ 为时间常数；a 为实常数。

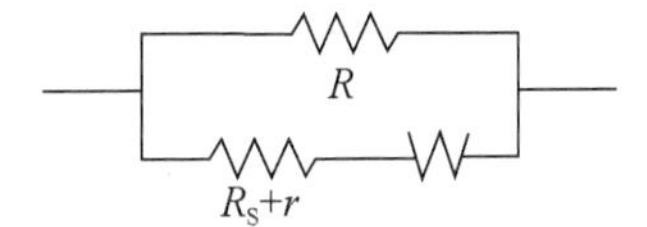

图 7.15　Warburg 模型等效电路

6. Zonge 模型

Zonge 模型（Zonge，1972）等效电路如图 7.16 所示，R 和 R_1为电阻。阻抗 $Z'=(R+R_1)/(\theta f(\theta))$，其中 $f(\theta)=\coth\theta-1/\theta,\theta=(\mathrm{i}\omega\tau)^{1/2}$，$0<N\leqslant1$。复电阻率表达式为

$$\rho=\rho_0\left\{1-m\left[1-\frac{1}{1+\theta\left(\coth\theta-\frac{1}{\theta}\right)}\right]\right\}\tag{7.13}$$

$$m=(\rho_0-\rho_\infty)/\rho_0=R/(R+R_1)$$

$$\tau=[(R+R_1)/a]^{1/c}$$

式中：m 为充电率，τ 为时间常数；$0\leqslant c\leqslant1$。

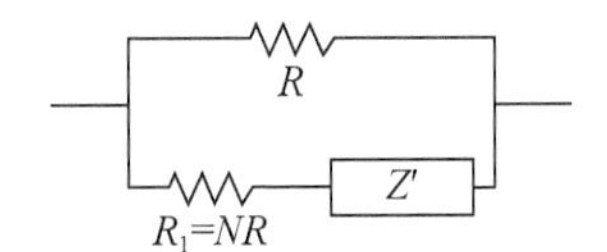

图 7.16　Zonge 模型等效电路

7. Debye 模型

Debye 模型等效电路如图 7.17 所示（Dias，2000），R 和 R_1 为电阻。阻抗 $Z_C=(\mathrm{i}\omega)^{-1}$。复电阻率表达式为

$$\rho=\rho_0\left[1-m\left(1-\frac{1}{1+\mathrm{i}\omega\tau}\right)\right] \tag{7.14}$$

$$m=(\rho_0-\rho_\infty)/\rho_0=R/(R+R_1)$$

$$\tau=C(R+R_1)$$

式中：m 为充电率，τ 为时间常数。

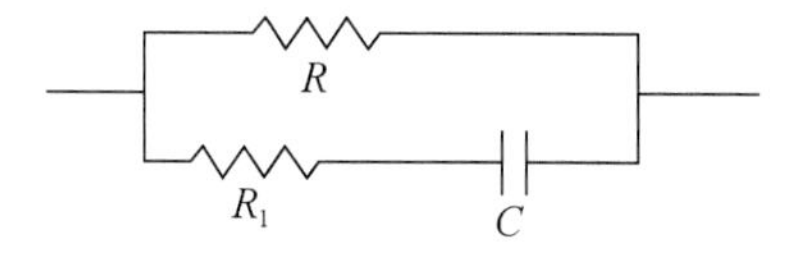

图 7.17　Debye 模型等效电路

8. Cole-Cole 模型

Cole-Cole 模型等效电路如图 7.18 所示（Pelton et al.，1978），R 和 R_1 为电阻，阻抗 $Z'=a/(\mathrm{i}\omega)^c$。复电阻率表达式为

$$\rho=\rho_0\left[1-m\left(1-\frac{1}{1+(\mathrm{i}\omega\tau)^c}\right)\right] \tag{7.15}$$

$$m=(\rho_0-\rho_\infty)/\rho_0=R/(R+R_1)$$

$$\tau=[(R+R_1)/a]^{1/c}$$

式中：ρ_0 为频率为零时的复电阻率；m 为充电率（极化率），表示极化效应的强弱，$0\leqslant m<1$；τ 为时间常数，表示极化过程的迟缓量，s；c 为频率相关系数，表示衰减曲线的形状，与体系颗粒大小有关，$0\leqslant c\leqslant 1$（蒋才洋，2014）。

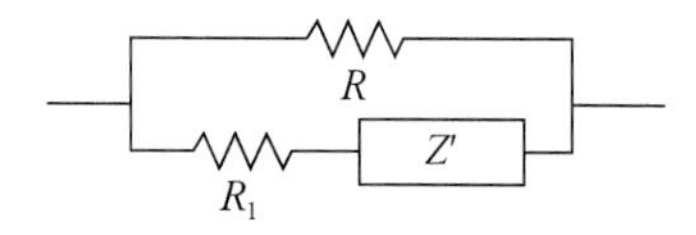

图 7.18　Cole-Cole 模型等效电路

9. 复 Cole-Cole 模型

通过研究发现 Cole-Cole 模型对岩石频散特性的解释存在一定缺陷，为了更好地描述岩石的频散特性，学者对 Cole-Cole 模型进行了改进。如复 Cole-Cole 模型，用两个单一的 Cole-Cole 模型相乘，等效电路如图 7.19 所示（Pelton et al.，1978）。复电阻率表达式为

$$\rho=\rho_0\left[1-m_1\left(1-\frac{1}{1+(\mathrm{i}\omega\tau_1)^{c_1}}\right)\right]\left[1-m_2\left(1-\frac{1}{1+(\mathrm{i}\omega\tau_2)^{c_2}}\right)\right] \tag{7.16}$$

$$m_1=R'/(R'+R)$$

$$m_2=R''/(R''+R_2)$$

$$\tau_1=[(R'+R_1)/a_1]^{1/c_1}$$
$$\tau_2=[(R''+R_2)/a_2]^{1/c_2}$$

式中：ρ_0为频率为零时的复电阻率；m_1、m_2为充电率；τ 为时间常数；c_1、c_2为频率相关系数，$0\leqslant c_1$，$c_2\leqslant 1$。

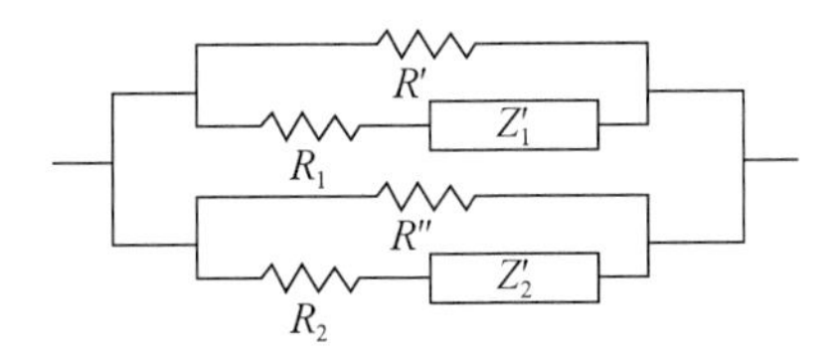

图 7.19　复 Cole-Cole 模型等效电路

10. Wong 模型

Wong 模型等效电路如图 7.20 所示（Dias，2000），复电阻率表达式为

$$\rho=\rho_s\left(1-\frac{3\sum_j N_j f_j}{1+2\sum_j N_j f_j}\right) \tag{7.17}$$

式中：ρ_s为均匀溶液电阻率；N 为球形颗粒的数量；f 为球形颗粒介质的表面反射系数。

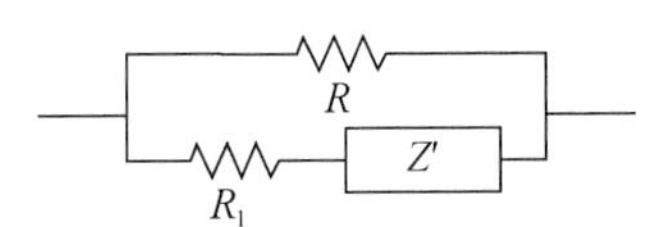

图 7.20　Wong 模型等效电路

11. 常相位角（CPA）模型

CPA 模型的复电阻率表达式为（杨振威等，2015）

$$\rho=\rho_0\left(\frac{1}{(1+\mathrm{i}\omega\tau)^a}\right) \tag{7.18}$$

式中：ρ_0为频率为零时的复电阻率；τ 为时间常数。Binley 等（2005）对地下蓄水层的砂岩样做了频谱特性实验，认为 CPA 模型适应于非固结沉积地层研究。

二、含天然气水合物岩心复电阻率模型评价

（一）拟合算法分析

对含天然气水合物多孔介质的复电阻率模型的选取原则主要考虑的是：该模型能否准确地描述含天然气水合物多孔介质在变频率信号激励下的响应，能否合理解释各个参数的物理意义，是否可以准确地拟合实验数据，最终是否可以通过该模型计算含天然气水合物多孔介质中天然气水合物的饱和度。

在模拟实验过程中发现，含天然气水合物多孔介质的复电阻率各参数存在明显的频散现象，因此，下文探讨上述复电阻率模型在含甲烷水合物多孔介质中的适应性。

本节使用1stOpt软件对复电阻率数据进行拟合，算法选用通用全局优化算法。上述通过等效电路建立的复电阻率模型描述了岩（矿）石的导电特性，但这些模型对含甲烷水合物多孔介质的适应性有待验证。因此通过理论分析和数据验证来综合选取适合含甲烷水合物多孔介质的复电阻率模型或者建立新的模型是十分重要的。

利用0.1Hz～1MHz测试频率范围内，含甲烷水合物多孔介质的复电阻率数据对常用的复电阻率模型进行参数拟合，求取模型参数值，见表7.2。上述模型中，Ward和Fraser模型、Zonge模型及Wong模型经参数拟合后，参数无解。可能的原因是这些模型并不适应于松散多孔介质，初步可认为这些模型不适合于含甲烷水合物多孔介质体系，因此下文不再讨论。

由表7.2可知，Debye模型、Cole-Cole模型及CPA模型参数拟合值相同，当其参数相同时三种模型的复电阻率表达式也是相同的，因此在含甲烷水合物多孔介质体系下可将三种模型视为一种模型讨论。以参数拟合的均方差和相关性作为评价指标，相较于其他模型，Warburg模型对实验数据的拟合效果最佳，但其他模型的拟合精度也在可接受的范围内。因此，从各模型对实验数据的拟合效果进行对比分析。

表7.2　几种常用模型拟合参数值

Madden和Cantwell模型		Dias模型		Warburg模型		Debye模型		Cole-Cole模型		复Cole-Cole模型		CPA模型	
参数	拟合值	参数	拟合值	参数	拟合值	参数	拟合值	参数	拟合值	参数	拟合值	参数	拟合值
ρ_0	3806	ρ_0	32	ρ_0	350	ρ_0	34	ρ_0	34	ρ_0	69	ρ_0	34
m	1	m	1	m	1	m	1	m	1	m_1	1	τ	1
τ	2.15×10^9	τ	1	τ	201	τ	1	τ	1	τ_1	1	a	1
		μ	4.29×10^9					c	1	c_1	0		
										m_2	1		
										τ_2	1		
										c_2	1		
均方差	2.2886		2.2771		0.9807		2.3325		2.3325		2.3318		2.3325
相关性	0.9471		0.9490		0.9990		0.9468		0.9468		0.9468		0.9468

图7.21是几种常用模型与含甲烷水合物多孔介质复电阻率实测数据拟合图。由图7.21可知，复电阻率实部的模型计算值与实测数据曲线的趋势相同，其中Warburg模型计算值与实测值最为接近。在0.1～100rad/s角频率范围内，复电阻率虚部的各模型计算值与实测数据存在较大差异；在100～10^7rad/s角频率范围内，复电阻率虚部的各模型计算值与实测值基本相同，其中Warburg模型计算值与实测值最为接近。在常用复电阻率模型中，Cole-Cole模型的应用范围较广，然而该模型对含甲烷水合物多孔介质复电阻率数据的拟合效果并不理想。

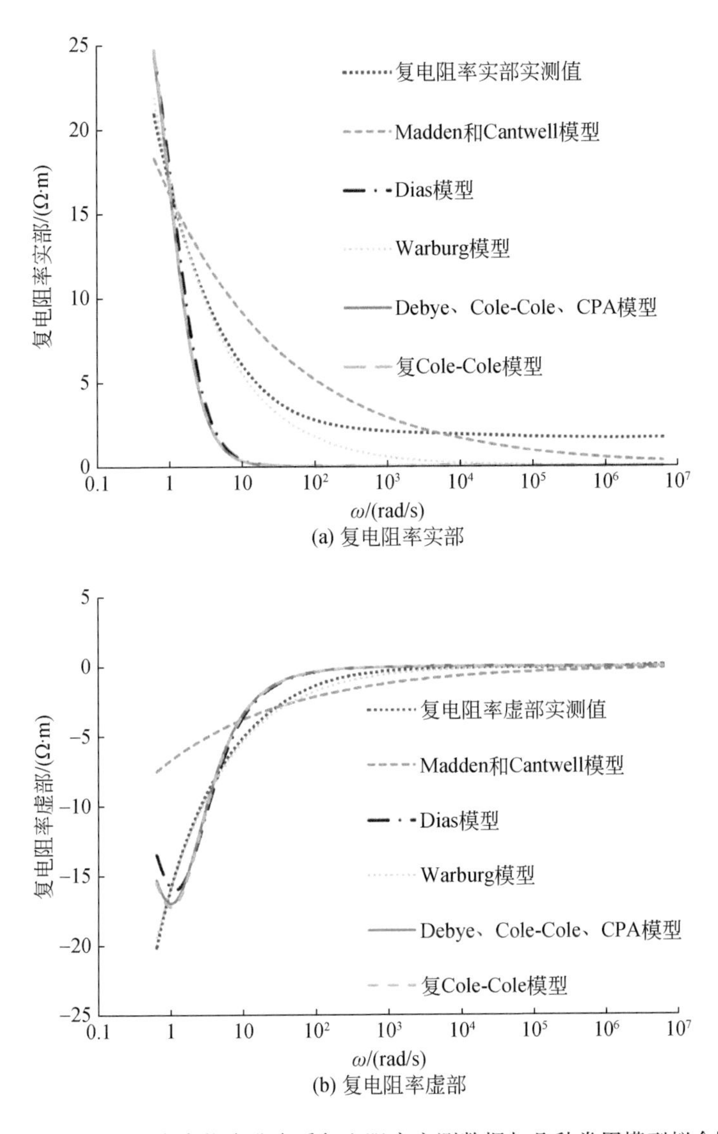

(a) 复电阻率实部

(b) 复电阻率虚部

图 7.21　含甲烷水合物多孔介质复电阻率实测数据与几种常用模型拟合图

通过上述模型计算值与实测值的对比不难发现，Warburg 模型相较于其他模型对实验数据的拟合效果更好。图 7.22 为含甲烷水合物多孔介质复电阻率实测值与 Warburg 模型拟合值的对比图。由图 7.22 可知 Warburg 模型的复电阻率虚部拟合值与实测数据基本吻合；在 0.1～100rad/s 角频率范围内，复电阻率实部模型计算值与实测值基本吻合，在 100～10^7rad/s 角频率范围内，复电阻率实部模型计算值与实测值存在一定误差，但相较于其他模型，Warburg 模型计算值更为接近。在实际应用中 Warburg 模型较为简单，参数定义相对明确，更便于推广应用。综上所述，Warburg 模型可应用于含甲烷水合物多孔介质体系复电阻率的数据解释。

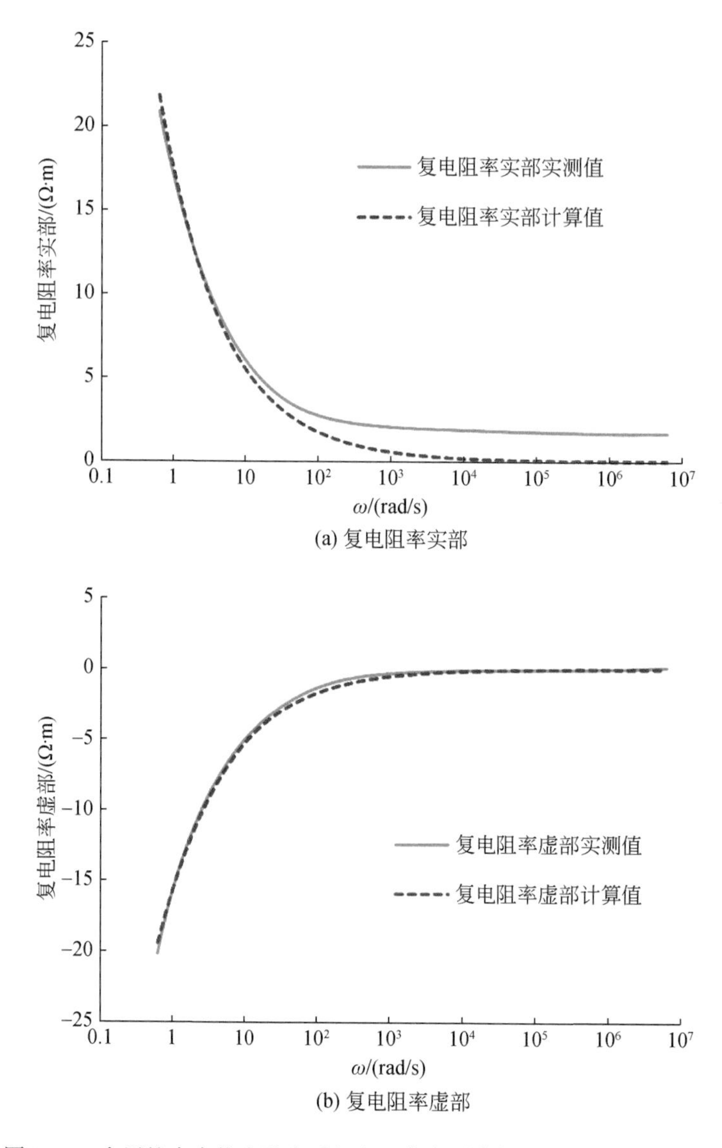

(a) 复电阻率实部

(b) 复电阻率虚部

图 7.22　含甲烷水合物多孔介质复电阻率实测值与 Warburg 模型拟合值

（二）天然气水合物饱和度对模型参数的影响

在实际野外天然气水合物勘探工作中，可以通过电学参数的异常来判断天然气水合物的赋存。通过上述研究我们发现，Warburg 模型可以较好地拟合含天然气水合物多孔介质的复电阻率数据，因此我们试图进一步通过明确 Warburg 模型参数与天然气水合物饱和度之间的定量关系，建立饱和度与角频率之间的经验关系式，从而达到计算天然气水合物饱和度的目的。如果可以应用复电阻率测井数据结合 Warburg 模型来估算天然气水合物的饱和度，将为饱和度的计算提供一种新的思路。

在不同甲烷水合物饱和度条件下求取 Warburg 模型各参数的值，见表 7.3。极化率 m

的值为1，不受饱和度的影响。随着甲烷水合物饱和度的增大，零频电阻率ρ_0、时间常数τ逐渐减小，具体变化趋势如图7.23所示。由图7.23可知，甲烷水合物饱和度与零频电阻率、时间常数之间很难建立定量关系。因此，通过Warburg模型计算甲烷水合物饱和度存在一定困难。

表7.3　甲烷水合物饱和度不同时Warburg模型各参数的取值

饱和度	ρ_0	τ	m
1.57%	1097410	2.15×10^9	1
9.40%	1075314	2.15×10^9	1
14.21%	1063759	2.15×10^9	1
18.72%	854079	1.41×10^9	1
22.74%	1464	3918	1
26.83%	426	312	1
30.51%	350	201	1

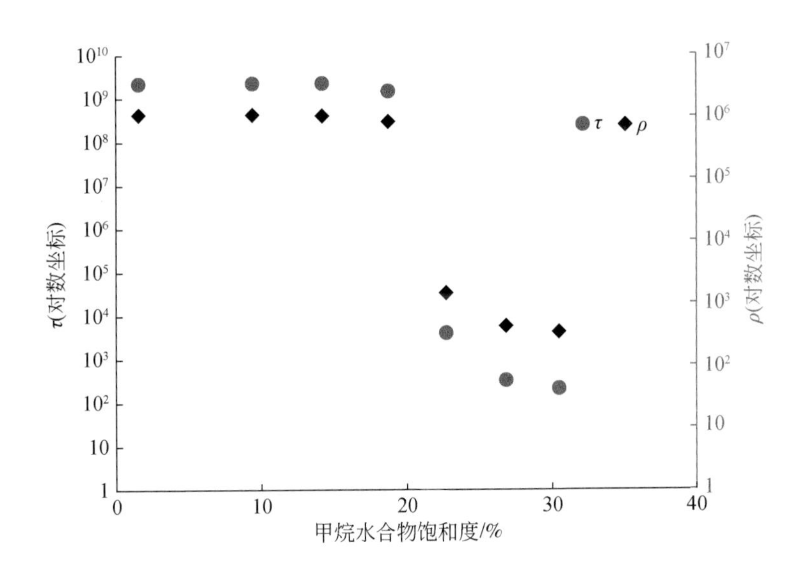

图7.23　Warburg模型参数随甲烷水合物饱和度的变化

三、含天然气水合物岩心饱和度计算模型研究

（一）含天然气水合物岩心复电阻率模型的建立

系列复电阻率参数构成了具有各自特征的曲线，称为阻抗谱，在进行数据解释时，可以根据实际情况从不同角度选择与之对应的阻抗图谱（崔晓莉和江志裕，2001）。阻抗复数平面的Nyquist图是阻抗数据表达形式中较为常用的一种，它以阻抗实部（Z'）为X轴，

阻抗虚部（$-Z''$）为 Y 轴，构成了阻抗复数平面的 Nyquist 曲线。不同体系对应的等效电路不同，与之对应的 Nyquist 图的形状也不相同。在 Nyquist 图中，电阻用 X 轴上的一点表示，电容用与 Y 轴重合的一条线段表示，Warburg 阻抗用一条斜率为 45°的直线表示（唐长斌等，2019）。通过分析 Nyquist 图中各曲线的形状，可进一步分析体系电化学反应过程的动力学参数和反应机理。

根据 Nyquist 图中的曲线形状可以得到与之对应的等效电路模型，阻抗复数平面图上一条与坐标轴呈 45°的直线是在交流阻抗测量中经常遇到的图谱，这种情况可用具有 $\omega R_W C_W = 1$关系的一个电阻（R_W）和一个电容（C_W）串联组成的等效电路模型表示（图 7.24）（曹楚南和张鉴清，2002），并且 R_W和 C_W与 $\omega^{-1/2}$呈线性关系。

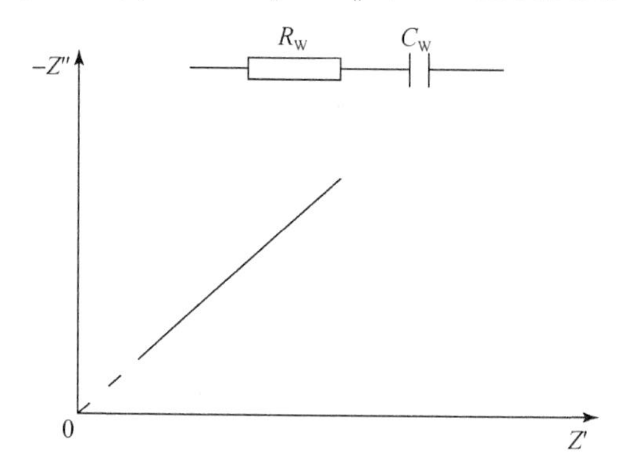

图 7.24　Nyquist 图与所对应等效电路

图 7.25 是甲烷水合物饱和度为 30.51% 时的阻抗谱 Nyquist 图。由图 7.25 可知，该体系在阻抗复数平面图上近似为一条与坐标轴呈 45°的直线，该体系可假设为电阻和电容的串联。通过复电阻率实部和虚部可得到 R_W和 C_W与 $\omega^{-1/2}$的关系如图 7.26 所示。由图 7.26 可知，R_W和 C_W与 $\omega^{-1/2}$呈现近似线性关系。因此，可以将含甲烷水合物多孔介质体系等效成一个电阻 R_W和一个电容 C_W的串联。

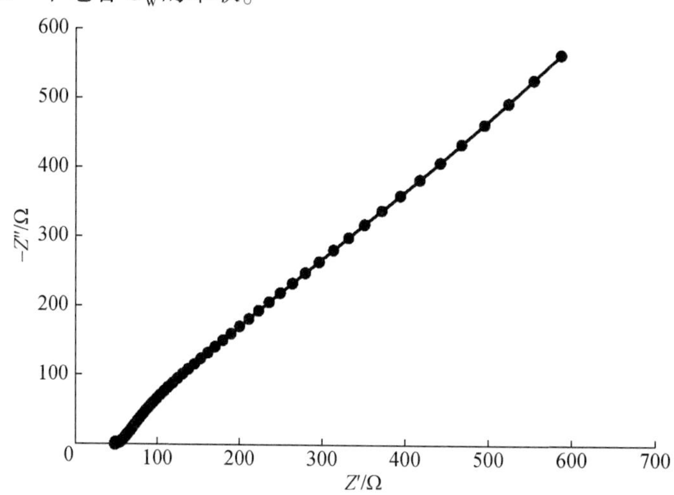

图 7.25　含甲烷水合物多孔介质体系的阻抗谱 Nyquist 图（饱和度 30.51%）

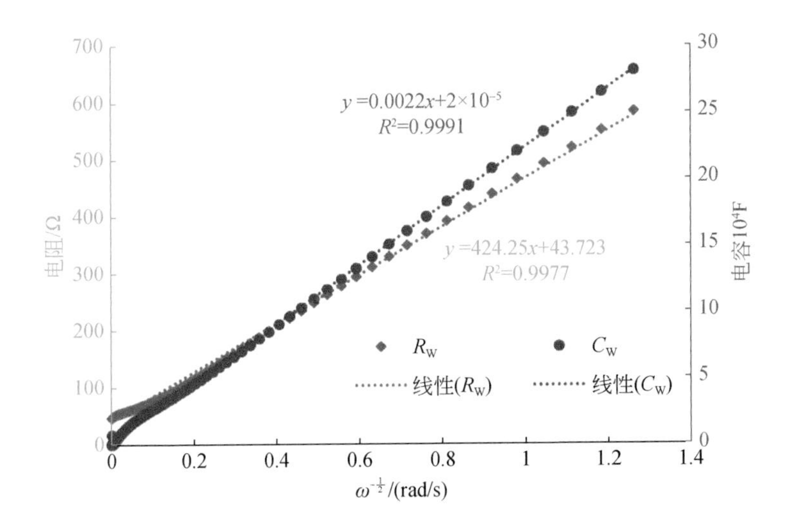

图 7.26　R_W 和 C_W 与 $\omega^{-1/2}$ 之间的关系（饱和度 30.51%）

$$R_W = a\omega^{-1/2} + b \tag{7.19}$$

$$C_W = c\omega^{-1/2} + d \tag{7.20}$$

等效电路的表达式如式（7.21）所示，通过式（7.19）、式（7.20）与式（7.21），可建立复电阻率与频率之间的关系（等效电路模型），如式（7.22）所示：

$$\rho^* = \frac{S}{L}\left(R_W + \frac{1}{\mathrm{j}\omega C_W}\right) \tag{7.21}$$

式中：S 为电极截面积；L 为电极间距离；ρ^* 为复电阻率，$\Omega \cdot \mathrm{m}$；$\omega = 2\pi f$，f 为测试频率，Hz。

$$\rho^* = 0.0357\left[a\omega^{-1/2} + \frac{1}{\mathrm{j}\omega(c\omega^{-1/2} + d)} + b\right] \tag{7.22}$$

甲烷水合物饱和度不同时，式（7.22）所表示的等效电路模型各参数的取值不同，通过对实验数据进行拟合得到了饱和度与各参数之间的关系（如图 7.27 所示，其中（a）~（c）分别为甲烷水合物饱和度与参数 a、b 和 c 之间的关系，为方便计算取 d 为 0.00002），进而可得到含甲烷水合物多孔介质的复电阻率与饱和度之间的定量关系式［表示为式（7.23）］。在测试频率和复电阻率参数已知的条件下，可应用式（7.23）计算甲烷水合物的饱和度。

$$\rho^* = (27.94S_h^2 - 6.32S_h + 14.5)\omega^{-1/2} + 1.44S_h + 1.09 + \frac{0.0357}{\mathrm{j}\omega(0.0023S_h^{0.0344}\omega^{-1/2} + 0.00002)} \tag{7.23}$$

（二）模型验证

通过分析含甲烷水合物多孔介质体系的阻抗谱 Nyquist 图，得到该体系的等效电路模型，然后在甲烷水合物饱和度对模型参数的影响规律的基础上，建立了含甲烷水合物多孔介质体系复电阻率与饱和度之间的定量关系，即复电阻率模型。在复电阻率模型的建立过

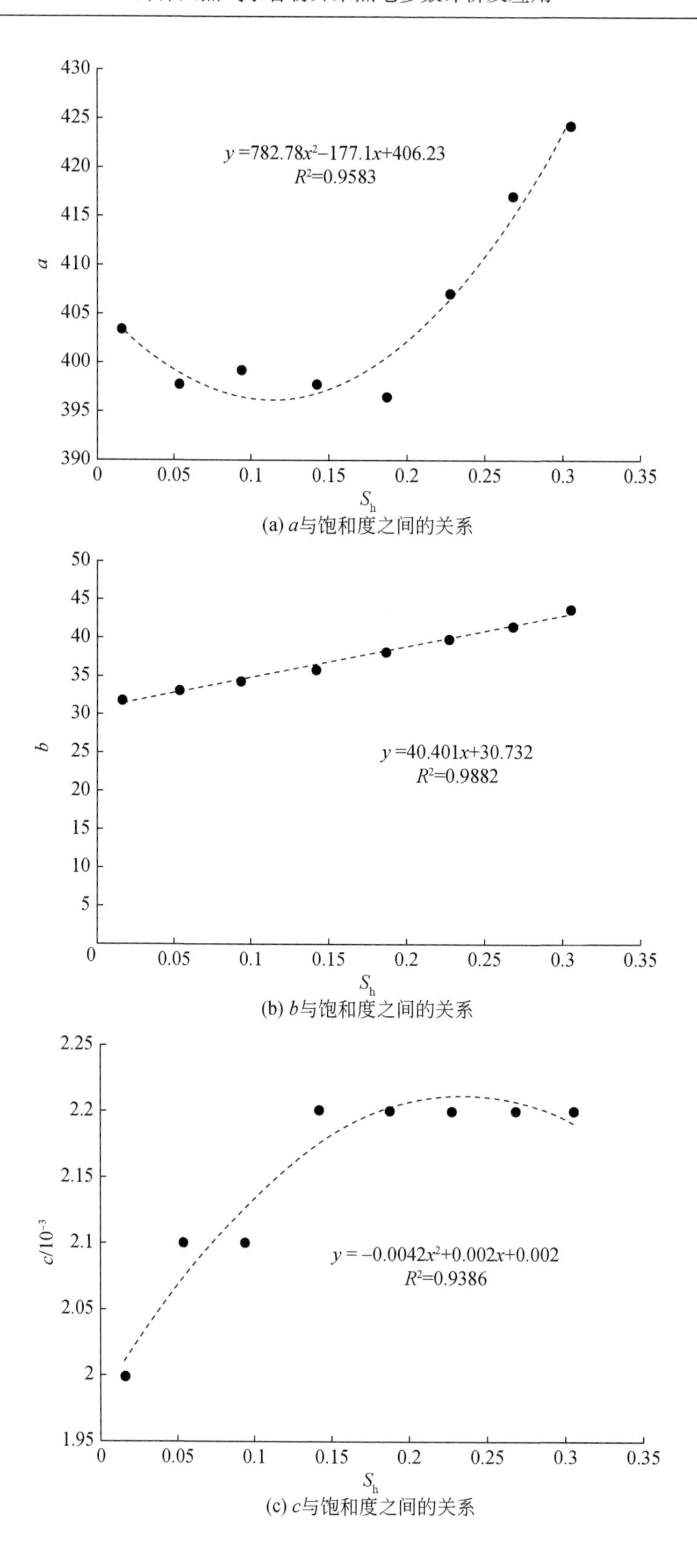

(a) a与饱和度之间的关系

(b) b与饱和度之间的关系

(c) c与饱和度之间的关系

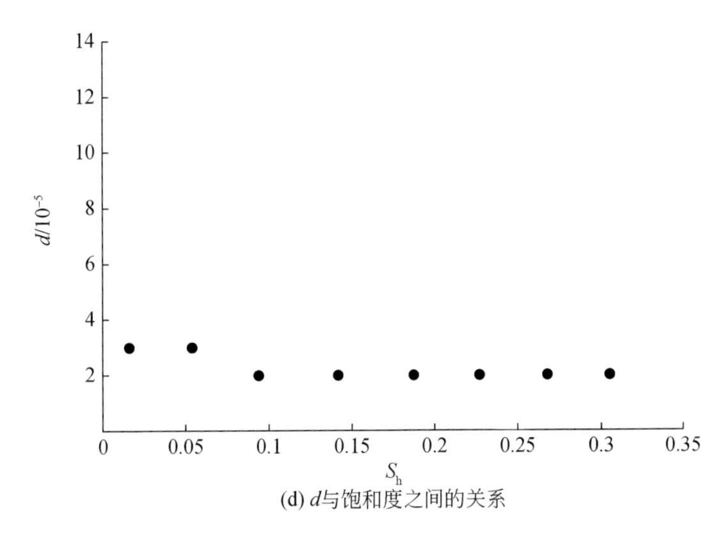

(d) d与饱和度之间的关系

图 7.27　等效电路模型中各参数与饱和度之间的关系

程中存在一些近似和简化运算，这会导致模型对实际数据的拟合时产生误差。因此通过实验数据来验证复电阻率模型的适应性是必不可少的步骤。

图 7.28 是甲烷水合物饱和度为 22.74% 时的实验测量与模型计算的复电阻率实部与虚部的频散特性对比曲线。由图 7.28 可知，该模型可以较好地拟合实验数据，拟合效果优于 Warburg 模型。在不同饱和度下该模型的拟合效果与图 7.28 中所示的饱和度情况下的效果基本一致，因此其他饱和度的拟合效果不再一一详述。

（三）天然气水合物饱和度计算

通过上述建立的复电阻率模型，得到了不同角频率下甲烷水合物饱和度与复电阻率之间的定量关系。因此，在含甲烷水合物多孔介质复电阻率已知的条件下，可以通过该模型计算甲烷水合物的饱和度。利用 MATLAB 求解非线性方程，可得到不同角频率下的甲烷水

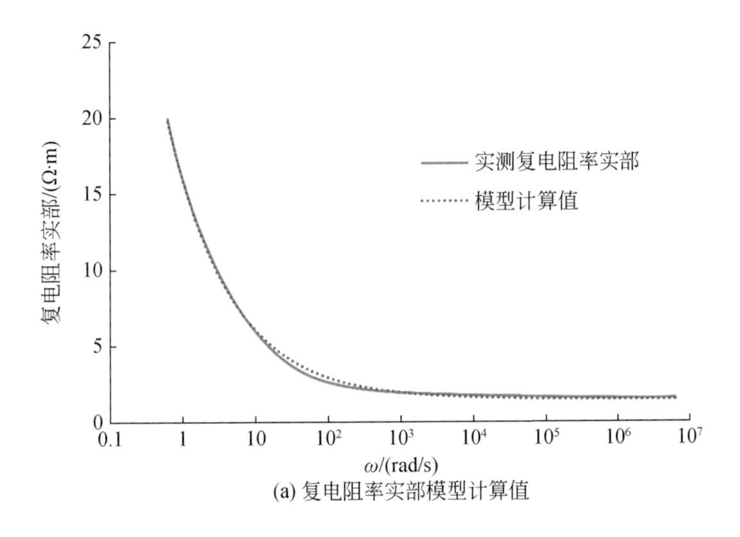

(a) 复电阻率实部模型计算值

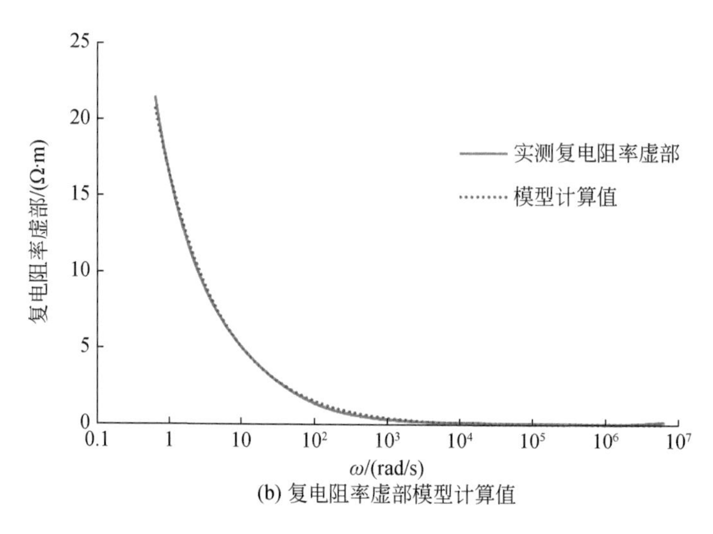

(b) 复电阻率虚部模型计算值

图 7.28　复电阻率实部和虚部实测值与模型计算值

合物饱和度，如图 7.29 所示。由图 7.29 可知，甲烷水合物饱和度为 30.51% 时，在 2 ~ 5rad/s(0.3 ~0.7Hz)、438 ~822rad/s(70 ~130Hz) 角频率范围内饱和度计算值与实际值较为接近，3.22rad/s(0.51Hz)、639.75rad/s(101.82Hz) 为计算值和实际值相同的频率点。甲烷水合物饱和度为 9.4% 时，在 0.8 ~ 1rad/s(0.12 ~ 0.15Hz)、8 ~ 10rad/s(1.3 ~ 1.6Hz)、58 ~85rad/s(9 ~13Hz)、933 ~1751rad/s(148 ~278Hz) 角频率范围内饱和度计算值与实际值较为接近，10.03rad/s（1.6Hz）、66.31rad/s（10.55Hz）、1200.71rad/s (191.1Hz) 为计算值和实际值相同的频率点。当甲烷水合物饱和度较低时，在不同角频率下饱和度计算值的波动较大。

通过上述分析发现，在不同角频率（测试频率）下该模型的饱和度计算值与实际值并不完全一致，在某些角频率范围内误差较大。因此在使用该模型计算甲烷水合物饱和度时，应选取适当的频率范围，在用其他模型计算饱和度时也需尽量避免波动较大的频段。

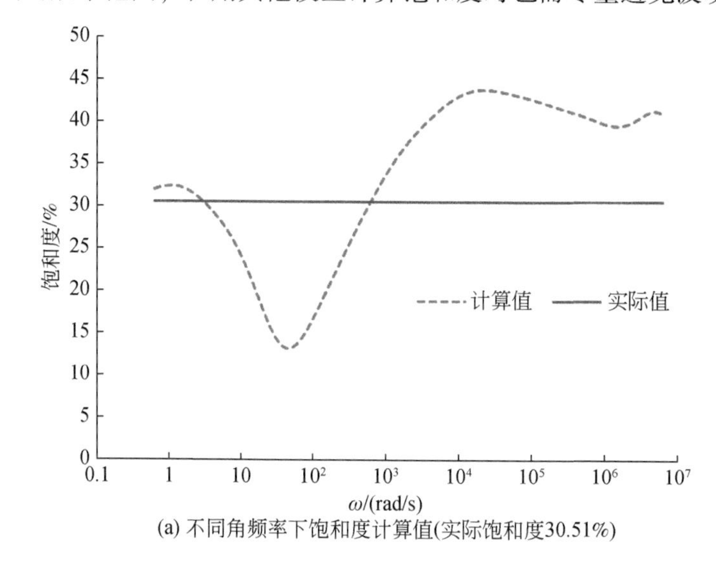

(a) 不同角频率下饱和度计算值(实际饱和度30.51%)

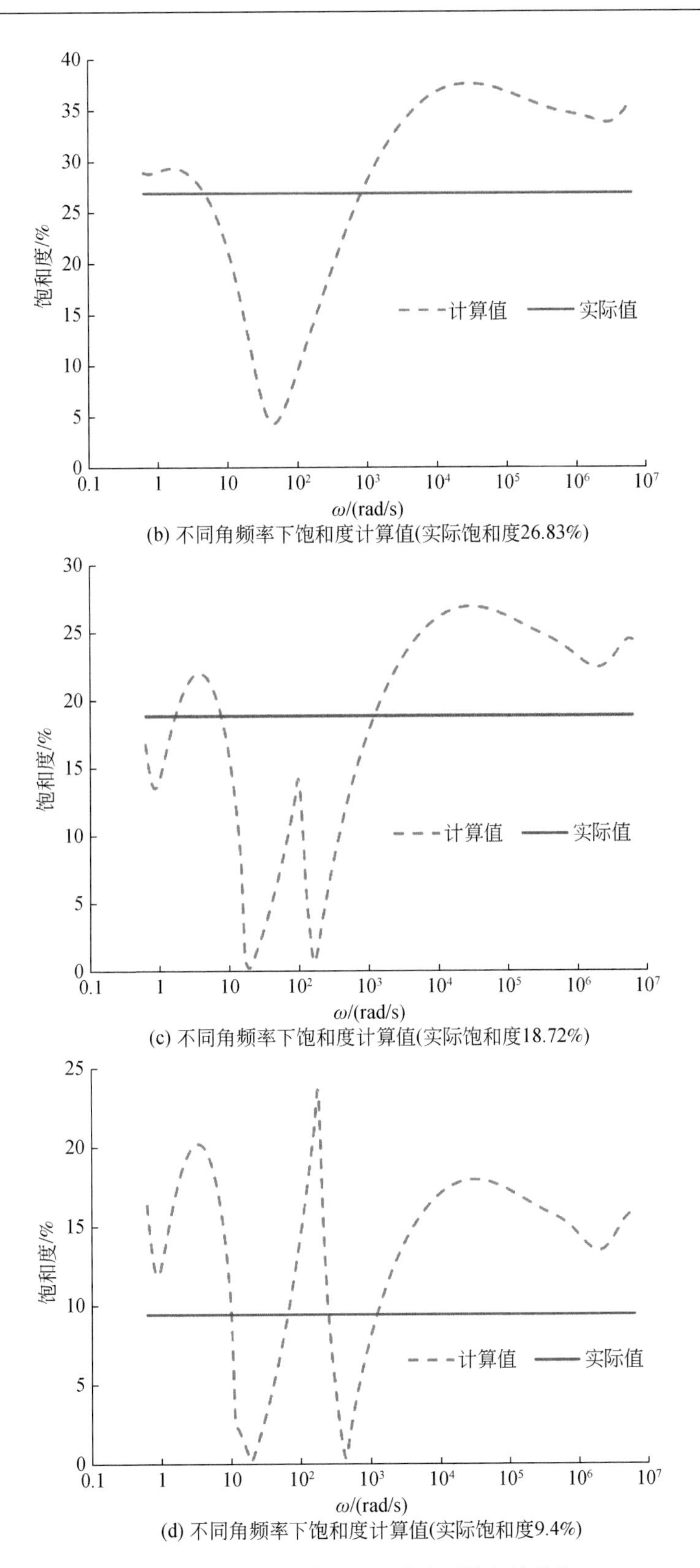

(b) 不同角频率下饱和度计算值(实际饱和度26.83%)

(c) 不同角频率下饱和度计算值(实际饱和度18.72%)

(d) 不同角频率下饱和度计算值(实际饱和度9.4%)

图 7.29　不同角频率下饱和度实测值与计算值

该模型的建立不仅提供了一种理论上计算甲烷水合物饱和度的方法，而且在野外实际天然气水合物勘探中，对测试频率的选择也可以起到一定的指导作用。

参考文献

曹楚南，张鉴清．2002. 电化学阻抗谱导论．北京：科学出版社．

崔先文，何展翔，刘雪军，等．2004. 频谱激电法在大港油田的应用．石油地球物理勘探，39（B11）：101-105.

崔晓莉，江志裕．2001. 交流阻抗谱的表示及应用．上海师范大学学报：自然科学版，30（4）：53-61.

戴前伟，陈德鹏，刘海飞，等．2009. 双频激电井地电位技术研究剩余油分布．地球物理学进展，24（3）：959-964.

范宜仁，陆介明，王光海，等．1994. 岩石电阻率频散现象的实验研究．石油大学学报：自然科学版，18（1）：17-23.

葛双超，邓明，陈凯．2014. 复电阻率测量方法与模型仿真．地球科学进展，29（11）：1271-1276.

蒋才洋．2014. 岩（矿）石复电阻率测试与复阻抗模型研究．南昌：东华理工大学．

柯式镇，刘迪军，冯启宁．2003. 线圈法岩心复电阻率扫频测量系统研究．勘探地球物理进展，26（4）：309-312.

苏庆新．1999. 低频下岩石的电学模型和介电频散的关系．测井技术，23（2）：127-132.

苏朱刘，吴信全，胡文宝，等．2005. 复视电阻率（CR）法在油气预测中的应用．石油地球物理勘探，40（4）：467-471.

唐长斌，薛娟琴，许妮君．2019. 电化学基础与测试技术课堂教学质量提升策略研究．化工高等教育，4：96-100.

童茂松，李莉，王伟男，等．2005. 泥质砂岩的复电阻率实验研究．测井技术，29（3）：188-190.

肖占山，徐世浙，罗延钟，等．2006. 含气泥质砂岩频散特性的实验研究．天然气工业，26（10）：63-65.

杨振威，许江涛，赵秋芳，等．2015. 复电阻率法（CR）发展现状与评述．地球物理学进展，30（2）：899-904.

赵云生，肖占山，仇亚平，等．2014. 特殊岩性岩石电性参数频散特性试验研究．石油天然气学报，36（12）：98-101.

Binley A，Slater L D，Fukes M，et al. 2005. Relationship between spectral induced polarization and hydraulic properties of saturated and unsaturated sandstone. Water Resources Research，41（12）：12417-12429.

Dias C A. 2000. Developments in a model to describe low-frequency electrical polarization of rocks. Geophysics，65（2）：437-451.

Madden T R，Cantwell T. 1967. Part D. Induced Polarization. Mining Geophysics，Volume Ⅱ：373-400.

Pelton W H，Ward S，Hallof P，et al. 1978. Mineral discrimination and removal of inductive coupling with multifrequency IP. Geophysics，43（3）：588-609.

Souza H D，Sampaio E E. 2001. Apparent resistivity and spectral induced polarization in the submarine environment. Anais da Academia Brasileira de Ciências，73（3）：429-444.

Ward S，Fraser D. 1967. Conduction of Electricity in Rocks. Berkeley：University of California.

Zonge K L. 1972. Electrical properties of rocks as applied to geophysical prospecting. Tucson：The University of Arizona.